AF555538

LA

# SÉLECTION NATURELLE

Corbeil. — Typ. et stér. de Crété fils.

LA

# SÉLECTION NATURELLE

ESSAIS

PAR

ALFRED RUSSEL WALLACE

TRADUITS DE L'ANGLAIS SUR LA DEUXIÈME ÉDITION

Avec l'autorisation de l'auteur

PAR

LUCIEN DE CANDOLLE

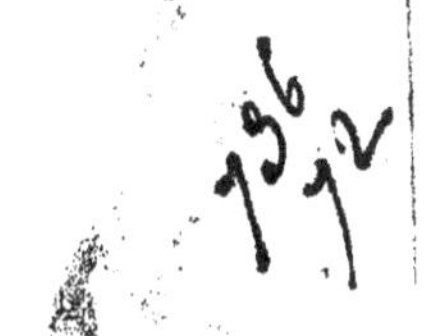

PARIS

C. REINWALD ET Cie, LIBRAIRES-ÉDITEURS

15, RUE DES SAINTS-PÈRES, 15

1872

# AVANT-PROPOS DU TRADUCTEUR

La théorie de la sélection naturelle est très-connue, très-populaire dans plusieurs pays ; en France, pourtant, bien que discutée par les savants et défendue par quelques hommes éminents, elle n'est point passée dans l'opinion publique, et n'a guère encore pénétré dans les préoccupations ordinaires des classes instruites. Cette circonstance est fâcheuse : d'abord pour la science elle-même, qui est ainsi privée de tout ce que lui apporteraient d'observations et de critiques les hommes instruits, les observateurs et les penseurs de toute catégorie ; fâcheuse aussi pour la culture générale, qui reste ainsi trop étrangère à un côté important de la science moderne, celui qui peut-être pourra seul désormais fournir à la philosophie des données fécondes.

Cette considération m'a conduit à penser que ce serait chose utile que de mettre à la portée du public français un ouvrage tel que les Essais de M. Wallace.

Plus qu'aucun autre livre, celui-ci m'a paru posséder les qualités exigées pour un livre populaire ; outre l'exposition brève mais complète des principes mêmes, ainsi que la discussion toujours élevée et courtoise de leur portée philosophique et religieuse, le lecteur y trouvera l'application de la théorie aux sujets les plus curieux et les plus variés : distribution géographique et succession géologique des organismes, classification, instinct et mœurs des animaux, *mimique* (1); tous ces côtés de l'histoire naturelle sont successivement passés en revue, tous fournissent à M. Wallace des preuves en faveur de sa théorie. Je dis *tous*, mais il y a une restriction à faire. On verra en effet, chose à coup sûr piquante, que M. Wallace, après avoir été l'un des promoteurs originaux et l'un des plus ardents défenseurs de la sélection naturelle, a tout à coup abandonné cette doctrine sur un point spécial : il s'agit de l'espèce humaine. Les deux derniers Essais sont consacrés à cette question ; ausssitôt après leur publication ils furent l'objet d'une polémique intéressante ; M. Claparède, entre autres, chercha à réfuter les idées de M. Wallace, et celui-ci à son tour a publié une réponse que le lecteur trouvera à la fin de ce volume.

Je ne chercherai point ici à apprécier les motifs pour lesquels M. Wallace ne croit pas pouvoir ramener le développement de la race humaine à la même cause qui, selon lui, a seule produit tous les autres organismes.

L'idée du transformisme, longtemps oubliée, a de nouveau pris pied dans la science. Sous son influence (2) il semble qu'une lumière nouvelle ait lui sur toutes les

(1) Le terme anglais *mimicry*, n'ayant pas d'équivalent en français, un néologisme était inévitable; le mot de *mimique* m'a paru le plus conforme au génie de la langue française.

(2) Cette influence est si grande, que la simple énumération des publications relatives à la théorie de Darwin occupe, dans un ouvrage paru récemment en Allemagne, plus de 29 pages in-8°.

questions ; elle atteint même aujourd'hui les domaines qui paraissaient d'abord lui rester étrangers. Peut-être, sur cette voie nouvelle, trouvera-t-on la solution des problèmes les plus difficiles, tels que la véritable nature des fonctions psychiques de l'homme ou l'origine du langage articulé. Alors, la plupart des difficultés que signale M. Wallace disparaîtront peut-être, et le développement des races humaines sera rattaché, avec celui de tous les organismes, à une cause unique.

Mais est-il bien certain que celle-ci sera la sélection naturelle seule? Cette théorie ne paraîtra-t-elle pas toujours plus insuffisante à mesure que celle de l'évolution embrassera un plus grand nombre de phénomènes ? — Quelques savants vont déjà jusqu'à appliquer celle-ci à l'ensemble de tous les êtres qui composent l'univers (1). Cette manière de voir s'appuie certainement sur des faits et sur des rapprochements ingénieux et profonds. Admettons que ceux-ci acquièrent un jour la valeur de preuves positives : espère-t-on, par le principe de l'utilité combinée avec l'hérédité, expliquer la transformation de substances minérales en protoplasme ?

Telles sont les questions qui se posent, tels sont les doutes qui surgissent pour celui qui, étudiant la marche générale des sciences, y cherche les bases d'une conviction philosophique. Je ne veux que les indiquer en passant, et je ne prétends point les discuter. Mon but, plus facile et plus modeste, est seulement de contribuer à étendre le cercle des personnes qui, s'intéressant à

(1) Hæckel, *Die natürliche Schöpfungsgeschichte.* Berlin, 1870.
— *Generelle Morphologie der Organismen.* Berlin, 1866.

ces problèmes, pourront concourir à les élucider. Je me suis donc efforcé de conserver à ces Essais les qualités qui, indépendamment de leur haute valeur scientifique, en font une lecture éminemment appropriée aux gens du monde.

Sur quelques points douteux, M. Wallace a bien voulu me fournir les éclaircissements nécessaires : grâce à son obligeance, je crois que cette traduction peut être considérée comme l'expression fidèle de sa pensée.

L. de C.

GENÈVE, juin 1872.

# PRÉFACE

## DE LA PREMIÈRE ÉDITION.

---

Ce volume se compose de différents travaux qui ont paru dans des journaux périodiques, qui ont été communiqués à des sociétés scientifiques dans les quinze dernières années, joints à quelques autres qui sont publiés ici pour la première fois. Je réimprime les deux premiers sans altération, parce qu'ils me semblent avoir une valeur historique, puisque je leurdois d'être considéré comme un promoteur indépendant de la théorie de la sélection naturelle. J'ai seulement ajouté quelques très-courtes notes explicatives, et donné des titres aux paragraphes, pour les mettre en harmonie avec le reste du volume. Les autres Essais ont été soigneusement corrigés, souvent considérablement augmentés, et dans quelques cas écrits de nouveau presque en entier, de manière à exprimer plus clairement et plus fidèlement mes opinions actuelles ; et comme la plupart d'entre eux ont paru dans des publications dont la circulation est très-limitée, je crois que la plus grande partie de ce volume sera nouvelle pour beaucoup de mes amis et pour la majorité de mes lecteurs.

Je désire exposer en quelques mots les raisons qui

m'ont décidé à publier cet ouvrage. Le second Essai, surtout quand on le rattache au premier, contient une esquisse rapide de la théorie de l'origine des espèces (par le moyen de ce que M. Darwin a depuis lors appelé la sélection naturelle), telle que je l'ai conçue, avant d'avoir la moindre notion du but et de la nature des travaux de M. Darwin. Le mode de leur publication n'était pas de nature à attirer l'attention, si ce n'est celle des naturalistes sérieux, et je suis convaincu que bien des gens qui en ont entendu parler, n'ont jamais eu l'occasion de constater leur valeur réelle. Il arrive en conséquence, que, tandis que quelques écrivains m'attribuent plus de mérite que je n'en ai, d'autres peuvent très-naturellement me classer avec le Dr Wells et M. Patrick Matthew, qui, comme M. Darwin l'a montré dans l'esquisse historique ajoutée à la quatrième et à la cinquième édition de l'Origine des espèces, ont certainement posé avant lui le principe fondamental de la sélection naturelle, mais n'en ont fait aucun usage subséquent, et n'en ont pas vu les vastes et importantes applications.

J'ose espérer que le présent ouvrage prouvera que j'ai compris dès l'origine la valeur et la portée de la loi que j'avais découverte, et que j'ai pu, depuis, l'appliquer avec fruit à quelques recherches originales. Mais ici s'arrêtent mes droits. J'ai ressenti toute ma vie, et je ressens encore la plus vive satisfaction, de ce que M. Darwin a été à l'œuvre longtemps avant moi, et de ce que la tâche difficile d'écrire l'Origine des espèces ne m'a pas été laissée. J'ai depuis longtemps fait l'épreuve de mes forces, et je sais qu'elles n'y auraient pas suffi. Je sens bien que, comme beaucoup d'hommes dont je reconnais la supériorité, je n'ai pas cette patience infatigable pour accumuler d'immenses quantités des faits les plus divers, cet admirable talent pour en tirer parti, ces connaissances physiologiques exactes et étendues, cette finesse pour inventer les expériences et l'adresse pour les mener à bien, et ce style admirable, à la fois clair, persuasif et précis, qui font de M. Darwin l'homme de notre époque qui est peut-être le plus propre à la grande œuvre qu'il a entreprise et accomplie.

Mes forces m'ont, il est vrai, permis de m'emparer çà et là de quelque groupe important de faits encore inexpliqués, et de chercher, par un raisonnement général, à les rattacher à quelque loi connue, mais je ne me sens pas propre au travail plus laborieux et plus scientifique d'inductions détaillées, qui a, entre les mains de M. Darwin, produit de si brillants résultats.

Un autre motif m'a engagé à ne pas retarder cette publication : il est quelques points importants sur lesquels mes opinions diffèrent de celles de M. Darwin, et je désire les enregistrer sous une forme accessible au public, avant l'apparition du nouvel ouvrage qu'il a annoncé, et dans lequel il discute je crois, en détail, la plupart des questions en litige.

Je donne ci-dessous la date et le mode de publication de chacun des Essais contenus dans ce volume, en indiquant le degré de correction qu'ils ont subi.

Ier Essai. — *De la loi qui a régi l'introduction de nouvelles espèces.*

Publié d'abord dans les « *Annals and magazine of*

*natural History*, » Septembre 1855. Réimprimé sans altération du texte.

II. — *De la tendance des variétés à s'écarter indéfiniment du type primitif.*

Publié d'abord dans le « *Journal of the Proceedings of the Linnean Society*, » août 1858. Réimprimé sans altération du texte, sauf une ou deux corrections grammaticales.

III. — *La mimique et les autres ressemblances protectrices des animaux.*

Publié d'abord dans le « *Westminster Review*, » juillet 1867. Réimprimé avec quelques corrections et des additions importantes, entre autres les observations et les expériences de M. Jenner Weir sur les couleurs des chenilles mangées ou rejetées par les oiseaux.

IV. — *Les Papillonides des îles malaises, preuves qu'ils apportent à la théorie de la sélection naturelle.*

Publié d'abord dans les « *Transactions of the Linnean Society*, » volume XXV (lu en mars 1864), « sous ce titre : Des phénomènes de la variation et de « la distribution géographique, étudiés chez les Papil- « lonides de la région malaise. »

On a omis, dans la réimpression de l'Introduction de l'Essai des tables, des renvois à des planches, etc. Il y a été fait plusieurs additions et corrections. Dans l'intervalle entre la lecture de mon travail et sa publication le docteur Felder ayant fait paraître son « Voyage de la Novara » (Lépidoptères), j'ai dû changer les noms que j'avais donnés à plusieurs de mes espèces nouvelles, et cela expliquera la différence entre quelques-uns des noms employés dans ce volume et ceux de l'essai original.

V. — *De l'instinct chez l'homme et chez les animaux.*

Encore inédit.

VI. — *Philosophie des nids d'oiseaux.*

Publié d'abord dans le journal « *Intellectual Observer* » juillet 1867. Réimprimé avec des additions et des corrections considérables.

VII. — *Théorie des nids d'oiseaux montrant la relation de certaines différences de couleur chez les femelles avec le mode de nidification.*

Publié d'abord dans le *Journal of Travel and natural History* (n° 2), 1868. Réimprimé avec des corrections et des additions considérables, dans lesquelles j'ai cherché à expliquer ma pensée et à rendre plus claires les parties que mes critiques n'avaient pas bien comprises.

VIII. — *Création par loi.*

« Publié d'abord dans le « *Quarterly journal of science* », octobre 1867.

Réimprimé avec quelques changements et additions.

### IX. — *Le développement des races humaines d'après la loi de la sélection naturelle.*

Publié d'abord dans l' « *Anthropological Review*, » mai 1864.

Réimprimé avec quelques additions et modifications importantes.

J'avais eu l'intention d'augmenter considérablement cet Essai ; mais, en me mettant à l'œuvre, je me suis aperçu que je risquais d'affaiblir l'effet de mes argument sans ajouter à leur force. J'ai donc préféré le laisser tel quel, sauf quelques passages, écrits trop à la hâte, et qui ne rendaient pas tout à fait ma pensée. Je crois que, sous sa forme actuelle, ce travail contient l'énoncé d'une vérité importante.

### X. — *Des limites de la sélection naturelle appliquée à l'homme.*

Cet Essai est le développement de quelques lignes qui terminaient un article sur les « temps géologiques et l'origine des espèces », publié dans le « *Quarterly Review* », en avril 1869.

Je me suis hasardé à toucher à une catégorie de problèmes, qu'on regarde en général comme dépassant les limites du domaine de la science, mais qui y rentreront, je crois, un jour.

J'ajoute, pour la commodité des personnes qui connaissent la forme originale de ces Essais, quelques indications des changements et des principales additions qui y ont été faites.

## ADDITIONS ET CORRECTIONS

### A L'ÉDITION ORIGINALE DES ESSAIS.

Le premier et le second n'ont pas subi de changements : des notes seulement ont été ajoutées aux pages.

### III^e *Essai.*

Pages.

53. Exemple de couleur protectrice chez le ramier et le rouge-gorge.

61. Des sphinx qui ressemblent à des excréments d'oiseau ou à du mortier.

85. Correction de quelques noms de Papilio d'Afrique, et référence aux observations de M. Trimen.

88. Les observations de M. Jenner Weir sur les oiseaux qui refusent de manger le *Spilosoma menthastri.*

102. Un cas additionnel de mimique chez les serpents, dans l'*Oxyrhopus trigeminus.*

107. Un cas de mimique chez les faucons, cité par M. Salvin.

114. Addition du nom de *Diadema anomala.*

118. De l'utilité des couleurs vives chez les chenilles, avec un compte rendu des observations de MM. Jenner Weir et Butler.

### IV^e *Essai.*

134. Additions à la discussion sur le rang des Papillo-

nides, et sur les principes qui déterminent le rang des groupes dans le règne animal.

167. Exemples de variabilité, tirés de la Revue des roses d'Angleterre, par M. Baker.

176. Faits additionnels sur les variations locales de couleur.

199. Nouveau genre d'oiseaux (Ceycopsis), à Célèbes.

202. Remarques finales.

Ve *Essai.*

223. De la manière dont nichent les Sterna et les mouettes (ces lignes ont été réécrites).

225. Le chant des oiseaux, selon Daines Barrington et autres.

229. Que les jeunes oiseaux apprennent à bâtir à l'aide de la mémoire et de l'imitation.

VIe *Essai.*

232. Mode de nidification d'après Levaillant.

239. De l'adaptation imparfaite de quelques nids.

VIIe *Essai.*

241. Introduction modifiée, et quelques passages supprimés.

242. Comment les modifications d'organisation peuvent affecter la forme du nid.

245. Exemples tirés des habitudes des enfants et des sauvages.

245. Réponse aux objections qu'on fait au terme d'habitude héréditaire.

248. Le passage concernant les caractères plus ou moins variables en relation avec la nidification, a été réécrit.
258. Sur le choix ou la réjection des femelles par les mâles, et les différents modes suivant lesquels les oiseaux femelles ont pu acquérir la couleur.
259. Des couleurs probables des ancêtres des oiseaux femelles.
266. De la couleur protectrice du jaseur (Bombycilla garrula).

### VIIIe *Essai.*

302. Du degré de variation chez les chiens.
310. Article du *Times* sur la sélection naturelle.
312. Des formes intermédiaires ou généralisées des animaux éteints, considérées comme indiquant une transmutation ou un développement.
316. Tableau exposant l'origine des espèces par la sélection naturelle.

### IXe *Essai.*

332. De la corrélation probable entre la couleur et l'immunité à l'égard de certaines maladies chez l'homme.
343. Du développement futur probable de l'homme.

Le paragraphe final a été réécrit.

Londres, mars 1870

# PRÉFACE

## DE LA DEUXIÈME ÉDITION.

---

L'accueil flatteur fait à ces Essais par le public et la presse, ayant nécessité une seconde édition moins d'un an après la publication de la première, j'ai saisi cette occasion de faire quelques corrections indispensables. J'ai aussi ajouté quelques passages au cinquième et au sixième Essai, et deux notes, destinées à expliquer quelques portions du dernier Essai qui ne me paraissent pas avoir toujours été bien comprises. Ces additions sont les suivantes :

Pages.

225. Faits nouveaux touchant l'acquisition par certains oiseaux du chant d'autres espèces.

230. Remarques de M. Spruce sur l'accouplement des jeunes oiseaux avec les vieux.

237. Observations de M. Pouchet sur des modifications dans les nids d'hirondelles.

Suppression du passage concernant le nid du roitelet huppé qui avait été inséré d'après l'autorité de Rennie, mais n'a pas été confirmé par les observateurs plus récents.

271. L'importance de la protection pour les oiseaux femelles, d'après Daines Barrington.

393. Note A.

394. Note B.

---

LA

# SÉLECTION NATURELLE

---

## I

### DE LA LOI QUI A RÉGI L'INTRODUCTION DE NOUVELLES ESPÈCES.

Que la distribution géographique des espèces dépend des changements géologiques.

Les faits singuliers que présente la distribution géographique des animaux et des plantes, sont de nature à intéresser vivement tout naturaliste qui se voue à l'étude de ce sujet.

Plusieurs de ces faits diffèrent beaucoup de ce qu'on aurait supposé d'abord, et ont été jusqu'à présent considérés comme très-curieux, mais tout à fait inexplicables. Aucune des théories proposées depuis l'époque de Linné ne satisfait aujourd'hui; aucune n'a assigné une cause aux faits connus alors; aucune n'est assez large pour renfermer tous les faits nouveaux qui ont été découverts depuis et qui le sont encore chaque jour.

Dans les dernières années cependant, les recherches de la géologie sont venues jeter une vive lumière sur cette question, en montrant que l'état actuel de la terre et des êtres organisés qui l'habitent, n'est que le dernier état par lequel passe le monde à la suite d'une longue et continuelle série de changements qu'il a subis, en sorte que toute tentative d'expliquer sa condition présente sans avoir égard à ces évolutions (ce qui a eu lieu fréquemment), doit conduire à des conclusions très-imparfaites et même erronées.

La géologie prouve en résumé les faits suivants :

Pendant une période dont la durée n'est pas connue, mais doit avoir été immense, la surface du globe a subi des changements successifs : des terres se sont abaissées au-dessous du niveau de l'Océan, d'autres en ont émergé ; des chaînes de montagnes ont surgi ; des îles sont devenues des continents, tandis que d'autres continents étaient submergés en partie, jusqu'à former des îles ; et ces révolutions ont eu lieu, non pas une fois, mais peut-être cent, peut-être mille fois ; — ces phénomènes ont été plus ou moins continus, mais leur marche a été inégale, et, pendant toute leur durée, la vie organique sur la surface de la terre a subi des modifications correspondantes ; modifications graduelles, mais complètes, c'est-à-dire qu'à la fin d'une période, il ne restait plus une seule des espèces qui avaient vécu au commencement. — Ce renouvellement complet des formes de la vie paraît aussi avoir eu lieu plusieurs fois. Depuis la dernière époque géologique jusqu'à l'époque actuelle ou historique, le changement des formes organiques a été graduel ; on peut, pour beaucoup d'espèces aujourd'hui vivantes, déterminer le moment où elles apparurent pour la première fois, constater leur augmentation dans les formations plus récentes, où d'autres espèces s'éteignent et disparaissent : ainsi l'état actuel du monde organique dérive évidemment, par une suite d'extinctions et de créations graduelles, de celui qui caractérise les dernières époques géologiques. Nous sommes par conséquent fondés à conclure à une relation semblable entre les diverses périodes géologiques, c'est-à-dire à un progrès graduel de l'une à l'autre.

Maintenant, admettant que tels sont à peu près les résultats des recherches géologiques, nous voyons que la distribution géographique actuelle des êtres vivants doit être la suite de tous ces changements antérieurs qu'ont subis soit la surface de la terre, soit ses habitants. Sans doute d'autres causes que nous ne connaîtrons jamais ont agi ; nous devons donc nous attendre à trouver bien des détails qu'il sera difficile d'expliquer sans avoir recours à des changements géologiques qui sont très-probables, bien que dans chaque cas particulier nous n'ayons pas de preuve directe de leur action.

Notre connaissance du monde organique soit dans son état actuel, soit dans le passé, a pris un grand accroissement dans les vingt dernières années ; l'ensemble considérable de faits que nous avons à notre disposition devrait suffire pour établir une loi générale qui les expliquerait tous, en indiquant la direction que devront suivre les recherches nouvelles.

Il y a environ dix ans que l'auteur de cet essai a

conçu l'idée d'une pareille loi ; et, depuis lors, il a saisi toutes les occasions pour la soumettre à l'épreuve des faits récemment découverts et dont il a eu connaissance, aussi bien que de tous ceux qu'il a pu observer lui-même. Tous ont servi à le convaincre de l'exactitude de son hypothèse.

L'exposition complète du sujet prendrait trop de temps ; mais, pour répondre à quelques opinions qui ont été dernièrement mises en avant et que nous croyons erronées, nous nous hasardons aujourd'hui à présenter nos idées au public, en les appuyant seulement par les arguments et les faits qui ont pu se présenter à nous dans un lieu très-éloigné, où manquent tous les moyens de vérification et d'information exacte.

### Loi déduite de faits géographiques et géologiques bien connus.

Notre hypothèse est basée sur les principes suivants, qu'enseignent la géographie organique et la géologie.

### Géographie.

1. Les grands groupes, tels que les classes et les ordres, sont en général répandus sur toute la terre, tandis que les groupes secondaires (familles et genres), n'occupent fréquemment qu'un espace restreint, souvent un district très-limité.

2. Dans les familles largement répandues, il arrive souvent que les genres ont des domaines limités ; dans les genres qui occupent un très-grand espace, les

groupes définis d'espèces ont chacun un district géographique distinct.

3. Lorsqu'un groupe riche en espèces est restreint à un district, il arrive presque invariablement que les espèces les plus voisines habitent la même localité ou des localités très-rapprochées, en sorte que la relation naturelle d'affinité entre les espèces se retrouve dans leur distribution géographique.

4. Si l'on compare deux pays ayant le même climat, mais séparés par une grande étendue de mer ou de hautes montagnes, on trouve souvent que les familles, genres et espèces de chacun d'eux ont pour représentants dans l'autre, des groupes correspondants qui leur sont alliés de près, mais particuliers au pays où ils vivent.

### Géologie.

5. La succession chronologique des êtres organisés a eu lieu suivant des lois très-semblables à celles de leur distribution géographique actuelle.

6. La plupart des grands groupes et quelques-uns des petits ont traversé plusieurs périodes géologiques.

7. Dans chaque période cependant, il y a des groupes spéciaux, qui ne se présentent dans aucune autre, et qu'on trouve, soit dans une, soit dans plusieurs formations.

8. Il y a plus d'affinité entre les espèces qui composent un genre, si elles ont existé durant la même période ; la même observation s'applique aux genres qui font partie de la même famille.

9. De même que, si aujourd'hui un groupe (espèce ou genre) se trouve dans deux localités très-éloignées l'une de l'autre, on le rencontre aussi dans les localités intermédiaires, de même, en géologie, l'existence d'une espèce ou d'un genre n'a pas subi d'interruption; en d'autres termes, aucune espèce, aucun groupe d'espèces n'a pris naissance deux fois.

10. De ces faits on peut déduire la loi suivante : — *Chaque espèce a pris naissance en coïncidence géographique et chronologique avec une autre espèce très-voisine et préexistante.*

Cette loi est en harmonie avec les faits; elle les explique parfaitement, ce que nous allons montrer en étudiant les quatre principales branches du sujet, savoir :

1° Le système des affinités naturelles;

2° La distribution géographique des animaux et des plantes;

3° Leur succession chronologique, question qui implique l'examen des groupes représentatifs et de ceux dans lesquels le Prof. Forbes a cru trouver la polarité;

4° Les phénomènes des organes rudimentaires.

**Système de classification rationnelle, tel qu'il résulte de cette loi.**

Si la loi énoncée plus haut est vraie, il en résulte que la série naturelle des affinités représentera aussi l'ordre suivant lequel les différentes espèces ont apparu, chacune d'elles ayant eu pour prototype une espèce très-semblable, qui existait à l'époque de son origine.

Il est évidemment possible que deux ou trois espèces

distinctes aient eu un type primitif commun, et que chacune d'elles à son tour soit devenue le type dont auront été créées d'autres espèces très-voisines. Il résulterait de là que, aussi longtemps que chaque espèce n'a servi de modèle qu'à une seule nouvelle espèce, la ligne des affinités sera simple, et pourra être représentée par une droite sur laquelle on placera les différentes espèces en succession directe. Mais, si deux ou plusieurs espèces ont été formées indépendamment les unes des autres sur le plan d'un type commun, alors la série des affinités sera complexe, et représentée par une ligne brisée avec deux ou plusieurs branches.

Or, tous les essais de classification naturelle des êtres organisés, montrent que ces deux plans ont prévalu dans la création. Quelquefois, et pour un certain nombre de divisions, la série des affinités peut être bien représentée par une progression directe d'espèce à espèce ou de groupe à groupe; mais en général on se trouve vite dans l'impossibilité de procéder ainsi. On rencontre constamment deux ou plusieurs modifications d'un organe ou des modifications de deux organes distincts, qui mènent à deux séries différentes d'espèces, et celles-ci finissent par s'écarter tellement l'une de l'autre qu'elles forment des genres ou des familles distinctes. Ce sont là les séries parallèles ou *groupes représentatifs* des naturalistes, et on les rencontre souvent dans des pays différents, ou bien à l'état fossile dans des formations distinctes. Ils sont considérés comme analogues lorsqu'ils ont conservé une ressemblance de famille, bien qu'assez éloignés de leur prototype commun pour que leur structure diffère en beaucoup de points importants.

Nous voyons combien il est difficile de déterminer dans chaque cas, si une relation donnée est une affinité ou une analogie ; car évidemment, à mesure que nous remontons le long des séries parallèles ou divergentes, vers le type commun, l'analogie que nous avons observée entre les deux groupes devient une affinité.

Nous nous apercevons aussi de la difficulté qu'il y a à établir une vraie classification naturelle même dans un groupe petit et bien défini ; c'est chose presque impossible dans l'état actuel de la nature, avec le grand nombre des espèces et les modifications si variées des formes et des organismes ; abondance qui provient probablement de ce qu'une grande quantité d'espèces ont servi de types pour les formes actuelles, et produit, par suite, une division compliquée de la ligne d'affinités, aussi inextricable que le réseau formé par les rameaux d'un chêne ou le système vasculaire du corps humain. La grande difficulté du problème apparaît surtout, si nous n'avons que des fragments de tout ce vaste système ; le tronc et les branches principales sont représentés par des espèces éteintes dont nous n'avons nulle connaissance, tandis que nous avons à mettre en ordre une masse énorme de rameaux, de petits rejetons et de feuilles dispersées, déterminant pour chacun de ces éléments la place qu'il a dû occuper à l'origine, relativement aux autres.

Nous serons donc obligés de rejeter tous les systèmes de classification qui arrangent dans un cercle les espèces ou groupes, aussi bien que ceux qui assignent un nombre déterminé aux divisions de chaque groupe.

Ces derniers ont été très-généralement rejetés par les naturalistes, comme contraires à la nature, malgré l'habileté avec laquelle ils ont été défendus; mais le système circulaire des affinités semble plus solidement établi dans la science, et quelques savants éminents l'ont adopté jusqu'à un certain point. Toutefois nous n'avons jamais pu trouver un cas dans lequel le cercle fût fermé par une affinité directe et rapprochée. Presque toujours on lui a substitué ce qui était évidemment une analogie, ou bien l'affinité est très-obscure sinon tout à fait douteuse.

L'enchevêtrement des lignes d'affinité dans les groupes considérables, permet aussi de donner facilement une apparence de probabilité à de tels arrangements purement artificiels.

M. Strickland leur a porté le dernier coup. Ce savant regretté a montré clairement dans le beau mémoire qu'il a publié dans les *Annales d'histoire naturelle*, la vraie méthode synthétique pour découvrir le système naturel.

### Distribution géographique des êtres organisés.

Ici nous allons voir que tous les faits sont parfaitement en harmonie avec l'hypothèse ci-dessus qui en donne une explication facile. Si nous trouvons dans un pays des espèces, des genres, des familles entières qui lui sont particulières, il faut nécessairement qu'il ait été isolé pendant une période assez longue pour que plusieurs séries d'espèces aient été créées sur le type d'autres espèces préexistantes; celles-ci s'étant éteintes aussi bien que beaucoup de formes plus anciennes, les groupes paraissent isolés. Si, dans un cas, le type primitif avait un habitat étendu, il peut avoir produit deux ou plusieurs groupes d'espèces différant de lui chacun à sa manière; de là des groupes représentatifs ou analogues. On peut expliquer de cette façon, par exemple, les Sylviadæ d'Europe et les Sylvicolidæ de l'Amérique du Nord, les Heliconidæ de l'Amérique du Sud et les Euplœæ de l'Orient, le groupe de Trogons qui habite l'Asie et celui de l'Amérique méridionale.

Il est une classe de phénomènes qui n'ont point encore été expliqués, même d'une façon purement conjecturale: ce sont ceux qu'on observe par exemple dans l'archipel des Galapagos. Ces îles sont peuplées de petits groupes de plantes et d'animaux qui leur sont propres, mais sont alliés de très-près aux espèces de l'Amérique méridionale. D'origine volcanique, elles remontent à une haute antiquité et n'ont probablement jamais été rattachées au continent de plus près qu'elles ne le sont aujourd'hui. Elles doivent avoir été peuplées, ainsi que d'autres îles récentes, par l'action des vents et des courants, et à une époque assez éloignée pour que les espèces originaires se soient éteintes, laissant seulement les prototypes modifiés. Nous pouvons expliquer de la même manière le fait que chacune de ces îles possède une faune et une flore particulières. On peut supposer que la même émigration primitive les peupla toutes des mêmes espèces qui ont servi alors de types à des formes diversement modifiées, ou bien que ces îles ont reçu leur population successivement les unes des autres, et que dans chacune d'elles de nouvelles espèces ont été créées sur le plan des premières.

Sainte-Hélène nous offre un exemple semblable d'une île très-ancienne qui a reçu une flore tout à fait spéciale, quoique pauvre. D'autre part, on ne connaît aucune île d'une origine géologique récente (par exemple de la fin de l'époque tertiaire), qui possède des genres ou des familles, ou même beaucoup d'espèces, qui lui soient propres.

Si une chaîne de montagnes a atteint une grande élévation et l'a conservée durant une longue période géologique, les pays situés de part et d'autre à la base de la chaîne, ont souvent leurs espèces très-différentes, parmi lesquelles on rencontre des espèces représentatives de quelques genres ; ou même des genres entiers sont propres à l'un des côtés de la chaîne, ce qui se voit très-bien par exemple dans les Andes ou les Montagnes Rocheuses. Un phénomène semblable a lieu lorsqu'une île a été séparée d'un continent à une époque très-ancienne. La mer peu profonde qui baigne la presqu'île de Malacca, et les îles de Java, Sumatra et Bornéo, était probablement un continent ou une grande île à une époque ancienne, et fut peut-être submergée lors du soulèvement des chaînes volcaniques de Java et de Sumatra. De là le grand nombre d'espèces animales communes à quelques-uns de ces pays ou à tous, tandis qu'en même temps il s'y trouve plusieurs espèces représentatives très-voisines, propres à chacune des régions, et qui montrent qu'il s'est écoulé une période considérable depuis leur séparation. Les faits de la distribution géographique des organismes et ceux de la géologie peuvent donc s'expliquer les uns par les autres dans les cas douteux, pourvu que les principes que nous défendons soient clairement établis.

Dans les îles qui ont été séparées d'un continent ou soulevées par l'action des volcans ou des coraux, ainsi que dans les chaînes de montagnes dont l'élévation est récente, on n'observe pas de groupes particuliers, ni même d'espèces représentatives. La Grande-Bretagne en est un exemple ; sa séparation du continent étant géologiquement très-récente, elle n'a presque pas une seule espèce en propre ; et la chaîne des Alpes, dont le soulèvement est très-moderne, sépare des faunes et des flores dont les différences peuvent presque entièrement s'expliquer par celles du climat et de la latitude.

Nous avons fait allusion plus haut (page 5) au fait important et frappant du voisinage géographique d'espèces alliées appartenant à des groupes nombreux. M. Lovell Reeve en donne un exemple intéressant, dans son beau travail sur la distribution des Bulimi. On peut citer aussi les colibris et les toucans ; on en voit souvent, dans un même district ou dans des districts rapprochés, de petits groupes d'espèces alliées, ce que nous avons pu nous-même vérifier. Le même phénomène s'observe chez les poissons : chaque grande rivière a ses genres particuliers, ou ses groupes d'espèces voisines appartenant à des genres nombreux.

Mais il en est ainsi dans toute la nature ; nous rencontrons les mêmes faits dans chaque classe, chaque ordre d'animaux. On n'a point, jusqu'à présent, essayé d'expliquer ces phénomènes singuliers ou de leur assigner une cause. Pourquoi les genres de palmiers et d'orchidées sont-ils presque toujours limités à un hémisphère ? Pourquoi les espèces alliées de trogons dont le dos est brun se trouvent-elles toutes en Orient, et ceux dont le dos est vert dans l'Occident ? Pourquoi la même distribution chez les aras et les kakatoès ?

Les Insectes nous fournissent une quantité énorme d'exemples analogues : les Goliathi d'Afrique, les Ornithoptères des îles Malaises, les Héliconides de l'Amérique méridionale, les Danaïdes de l'Orient ; et toujours les espèces très-semblables se trouvent géographiquement rapprochées.

Force est à tout esprit pensant de se demander pourquoi les choses sont ainsi. Il faut qu'une loi ait régi la création et la dispersion de ces organismes. Eh bien ! la loi que nous avons proposée, non-seulement explique ces faits constatés, mais les implique nécessairement ; les exceptions et les anomalies apparentes qui se rencontrent çà et là, trouvent facilement leur explication dans les grands changements géologiques qui ont eu lieu.

En exposant aujourd'hui nos idées sous cette forme imparfaite, nous avons surtout pour but de les soumettre à l'appréciation d'autres savants, et d'arriver à connaître tous les faits considérés comme incompatibles avec notre manière de voir. Nous ne réclamons l'adhésion pour notre hypothèse qu'autant qu'elle explique et relie entre eux des faits bien certains ; par conséquent aussi, nous demandons qu'on avance pour nous réfuter des faits seulement, et non pas des arguments *à priori* contre la probabilité de notre théorie.

### Succession géologique des êtres organisés.

Les phénomènes de la succession géologique des organismes sont exactement analogues à ceux de leur distribution géographique ; c'est-à-dire, que les espèces semblables se rencontrent associées dans les mêmes couches, et que la transition d'une espèce à une autre paraît avoir été graduelle.

La géologie nous prouve d'une manière positive que des espèces se sont éteintes pour faire place à d'autres, mais elle ne nous montre pas comment le fait a eu lieu.

L'extinction des espèces offre à la vérité peu de difficulté, et le *modus operandi* en a été fort bien expliqué par sir Ch. Lyell dans ses admirables *Principes.* Les révolutions géologiques, bien que très-lentes, doivent parfois avoir modifié les conditions extérieures assez pour rendre impossible l'existence de certaines espèces. Celles-ci se sont éteintes en général par degrés ; mais il peut y avoir eu dans quelques cas destruction soudaine d'une espèce peu répandue.

Mais comment les espèces éteintes ont-elles été remplacées par de nouvelles, et comment cette succession s'est-elle continuée jusqu'aux périodes géologiques les plus récentes ? C'est là le problème le plus difficile et en même temps le plus intéressant de toute l'histoire naturelle de la terre. Nos recherches actuelles nous feront peut-être avancer d'un pas vers sa solution, en faisant ressortir des faits connus une loi qui permette de déterminer quelle espèce a pu et a dû apparaître à une époque donnée.

### Que l'organisation perfectionnée d'animaux très-anciens est compatible avec cette loi.

On a beaucoup discuté dans ces dernières années sur cette question : est-ce que la succession des êtres vivants sur la terre a eu lieu suivant leur degré de développement et d'organisation, en commençant par le plus bas, pour s'élever jusqu'à l'organisme le plus parfait?

Les faits admis semblent prouver cette progression en général, mais non dans les détails. Les mollusques et les rayonnés ont existé avant les vertébrés; il est incontestable que les poissons ont précédé les reptiles et les mammifères, et que, parmi ces derniers, les plus élevés ont succédé à ceux qui occupent un degré plus bas de l'échelle. D'autre part, on dit que les mollusques et les rayonnés des époques les plus anciennes avaient une organisation plus parfaite que la plupart de ceux qui existent aujourd'hui, et que les poissons les plus anciens qu'on connaisse ne présentent nullement l'organisation la plus incomplète de leur classe.

Nous croyons que notre hypothèse est d'accord

avec tous ces faits, et peut beaucoup aider à les expliquer. Car, bien que quelques auteurs puissent y voir essentiellement une théorie du progrès, elle n'implique en réalité que le changement graduel. Il n'est du reste point difficile de montrer qu'un progrès réel dans l'échelle des organismes est parfaitement compatible avec toutes les apparences, même celles qui semblent indiquer un recul.

Reprenons la comparaison avec un arbre, comme représentant le mieux l'arrangement naturel des espèces et leur création successive. Supposons qu'un groupe quelconque ait atteint, à une époque géologique ancienne, une grande richesse en espèces et une organisation perfectionnée. Supposons encore que cette grande branche d'espèces alliées soit partiellement ou complétement détruite par des révolutions géologiques. Plus tard un nouveau rameau naît du même tronc, c'est-à-dire de nouvelles espèces sont successivement créées, ayant pour prototypes les mêmes organismes élémentaires qui ont été les types du groupe précédent, mais qui, contrairement à celui-ci, ont survécu aux conditions nouvelles.

Ce nouveau groupe, sous l'influence de circonstances nouvelles, subit des modifications dans sa structure et son organisation, et devient le représentatif du groupe primitif dans un autre terrain géologique. Toutefois il peut arriver que la nouvelle série d'espèces, quoique plus récente, ne parvienne jamais à un degré d'organisation aussi complet que les espèces primitives, et qu'elle s'éteigne à son tour, faisant place à une troisième modification de la même racine; cette nouvelle forme pourra présenter un nombre d'espèces plus ou moins grand que l'une ou l'autre de celles qui l'ont précédée, un degré d'organisation plus ou moins élevé, des variétés de conformation plus ou moins nombreuses. Bien plus, il se peut que chacun de ces groupes n'ait pas entièrement disparu, mais qu'il ait laissé quelques espèces, dont les prototypes modifiés se rencontrent dans les époques suivantes, derniers vestiges de leur grandeur et de leur abondance primitives. Ainsi, chaque cas de recul apparent peut être en réalité un progrès, mais un progrès interrompu; de même, lorsqu'un monarque de la forêt perd une branche, celle-ci est peut-être remplacée par un rameau faible et malsain. Tel paraît avoir été le cas pour la classe des mollusques; ce groupe, à une époque très-ancienne, présentait, dans les Céphalopodes testacés, une organisation très-développée, avec une grande variété de formes et d'espèces. Dans chacune des périodes suivantes, des espèces et des genres modifiés ont remplacé les premiers qui s'éteignaient, et en avançant vers l'époque actuelle, nous ne trouvons plus que quelques petits représentants de ce groupe, tandis que les Gastéropodes et les Bivalves ont acquis une énorme prépondérance.

Dans la longue série des révolutions que la terre a subies, elle n'a pas cessé un instant de recevoir de nouveaux habitants, et, toutes les fois que l'un des groupes supérieurs a disparu, partiellement ou complétement, les formes plus élémentaires qui ont mieux résisté aux conditions modifiées, ont servi de types pour fonder des races nouvelles.

C'est là, croyons-nous, la seule manière que nous ayons d'expliquer dans tous les cas les groupes représentatifs à des périodes successives, ainsi que les fluctuations que nous rencontrons dans l'échelle des organismes.

### Objections à la théorie de la polarité du professeur Forbes.

M. Ed. Forbes a proposé récemment l'hypothèse de la polarité, pour expliquer le contraste que présentent les époques très-anciennes et l'époque actuelle d'une part, avec les périodes intermédiaires d'autre part, sous le rapport de la quantité relative des formes génériques ; on sait que leur abondance diminue à partir des temps primitifs et atteint son minimum à la limite des époques paléozoïque et secondaire.

L'hypothèse de M. Forbes nous semble inutile, car ces faits trouvent facilement leur explication dans les principes énoncés plus haut.

Les époques Paléozoïque et Néozoïque du professeur Forbes n'ont presque pas d'espèces communes ; même la plupart des genres et des familles ont entièrement changé de l'une à l'autre. Il est presque universellement admis qu'une pareille révolution dans le monde organique doit avoir occupé un très-long espace de temps. Il ne nous en est resté aucune trace, probablement parce que toute l'étendue des formations primitives accessible à nos recherches, fut soulevée à la fin de la période paléozoïque, et resta au-dessus des eaux pendant tout le temps nécessaire aux modifications organiques qui ont produit la faune et la flore de l'époque secondaire. Ainsi les monuments de cette transition sont soustraits à nos investigations par l'océan qui recouvre les trois quarts du globe. Or, il paraît très-probable qu'une longue période de repos ou de stabilité dans les conditions physiques d'une région, est éminemment favorable à l'existence d'un grand nombre d'individus, aussi bien qu'à une grande variété dans les espèces et les genres; la comparaison des tropiques avec les contrées tempérées et avec les contrées froides, nous montre aujourd'hui que les pays les plus propres à un accroissement et à une multiplication rapide des individus, renferment aussi le plus grand nombre d'espèces et de formes variées. D'autre part, il n'est pas moins probable qu'un changement petit, mais brusque, ou même un changement graduel, s'il est considérable, apporté aux conditions physiques d'un district, serait très-fâcheux pour l'existence des individus, pourrait causer l'extinction de beaucoup d'espèces, et serait également défavorable à la création d'espèces nouvelles. En ceci aussi, l'état actuel de notre globe nous offre quelque chose d'analogue; car on sait que la stérilité relative des zones tempérées et des zones froides, est due, moins à l'état moyen de leurs conditions physiques, qu'à leurs variations brusques et extrêmes; nous en avons la preuve dans ce double fait que, d'une part les formes tropicales pénètrent à une grande distance au delà des tropiques quand le climat est égal, et que d'autre part les régions montagneuses de la zone torride, qui se distinguent des régions tempérées surtout par l'uniformité de leur climat, sont riches en espèces et en genres.

Quoi qu'il en soit, il paraît raisonnable d'admettre que les espèces nouvelles qui ont été créées, doivent avoir apparu pendant une période de repos géologique, durant laquelle le nombre des créations aura dépassé celui des extinctions, en sorte que la quantité des espèces se sera accrue. En revanche, dans les périodes d'activité géologique, il est probable que, les extinctions dépassant les créations, le nombre des espèces aura diminué. Les terrains houillers montrent que ces phénomènes ont eu lieu, et qu'ils sont réellement dus aux causes auxquelles nous les attribuons : les dislocations et les contournements de cette formation, indiquent une période de grande activité et de convulsions violentes, et la formation qui la suit immédiatement est celle qui frappe le plus par sa pauvreté en formes organiques. Nous pouvons donc expliquer l'ensemble des faits, en nous représentant comme à peu près semblable l'action géologique, pendant le long intervalle inconnu qui s'écoula à la fin de la période paléozoïque, et en admettant que la violence et la rapidité des phénomènes diminuèrent pendant la période secondaire, assez pour permettre à la terre de se repeupler de formes variées (1). De cette façon, nous pourrons rendre compte

(1) Le professeur Ramsay a montré tout récemment, qu'il y eut probablement une époque glaciaire, contemporaine de la formation permienne, ce qui rend compte d'une manière plus satisfaisante de la rareté comparative des espèces.

de l'augmentation des formes organiques pendant certaines périodes, et de leur diminution pendant d'autres, sans avoir recours à d'autres causes que celles que nous savons avoir existé, ni à d'autres effets que ceux qu'on en peut raisonnablement déduire. Il est impossible de préciser de quelle manière ont dû s'effectuer les révolutions géologiques les plus anciennes : par conséquent, lorsque nous pouvons expliquer des faits importants, en admettant tantôt un ralentissement, tantôt une accélération, dans une série de phénomènes que sa nature même et l'observation prouvent avoir été irrégulière, nous devons certainement préférer une explication si simple à l'hypothèse obscure de la polarité.

Je me permettrai encore de présenter à M. Forbes quelques objections tirées de l'essence même de sa théorie.

Notre connaissance du monde organique à une époque géologique quelconque est nécessairement très-imparfaite. On pourrait en douter, si l'on ne considérait que le grand nombre d'espèces et de groupes, découverts par les géologues ; mais nous ne devons pas, pour l'apprécier, établir la comparaison seulement avec ceux qui existent aujourd'hui, mais avec un nombre beaucoup plus grand. Nous n'avons aucune raison de croire qu'à une époque plus ancienne la terre ait contenu beaucoup moins d'espèces que maintenant ; en tout cas la population des eaux, la mieux connue des géologues, fut probablement souvent aussi nombreuse, et même plus nombreuse que maintenant. Or nous savons qu'il y a eu beaucoup de changements complets dans les espèces ; plusieurs fois des séries d'organismes ont disparu pour faire place à d'autres, nouvellement créés, en sorte que la somme totale des formes organiques qui ont habité la terre depuis la première époque géologique, comparée à toutes celles qui la peuplent maintenant, doit être à peu près dans la même proportion que l'ensemble des hommes qui ont vécu sur la terre, comparé à sa population actuelle. De plus, il est certain que le globe fut, à toutes les époques plus ou moins, le théâtre de la vie, tout comme aujourd'hui, et, à mesure que périssaient les générations successives de chaque espèce, leurs dépouilles, et spécialement les parties solides, ont dû se déposer dans toutes les mers alors existantes, qui, comme on a des raisons de le croire, étaient plutôt plus étendues qu'à présent.

Par conséquent, pour comprendre quelle proportion du monde primitif et de ses habitants nous pouvons connaître, il faut comparer avec la surface totale de la terre, non pas l'étendue généralement accessible à nos recherches géologiques, mais bien celle de chaque formation, qui a été déjà étudiée. Par exemple, durant la période silurienne, la terre entière était silurienne; des animaux vivaient et mouraient, et laissaient leurs dépouilles en plus ou moins grande quantité sur la surface entière du globe, et il est probable qu'il y avait autant de différences qu'aujourd'hui entre les diverses latitudes et longitudes, au moins pour ce qui est des espèces. Quelle proportion y a-t-il entre les districts siluriens et la surface entière de la planète, terre et mer (car il est probable que les régions siluriennes sont beaucoup plus étendues sous les eaux que sur les terres), et quelle est la portion des terrains siluriens qui a été étudiée au point de vue des fossiles ? Est-ce que la portion de ces terrains non recouverte par les eaux serait la millième ou la dix millième partie de la surface entière du globe ?

Posez la même question au sujet de l'oolithe ou du calcaire, ou même au sujet de couches particulières appartenant à ces terrains mais différentes quant à leurs fossiles, et vous apprécierez alors combien est petite la partie du monde que nous connaissons.

Ce qui est encore plus important, c'est que probablement, je dirai même certainement, des formations entières, avec les vestiges de longues périodes géologique, sont recouvertes par l'océan, et mises pour toujours hors de notre portée. Autrement la plupart des lacunes qui existent dans la série géologique, pourraient être comblées ; car il se peut qu'une immense quantité d'animaux, qui pourraient servir à étudier les affinités de tant de groupes isolés, énigmes perpétuelles pour le zoologiste, restent ainsi ensevelis ; peut-être un jour de nouvelles révolutions les tireront-elles du sein des eaux, fournissant un objet d'étude à une race intelligente qui nous aura succédé sur la terre.

Ces considérations nous amènent à conclure que notre connaissance de la série générale des anciens habitants de la terre est nécessairement très-imparfaite et fragmentaire ; autant que le serait notre science du monde organique actuel, si nous étions obligés de faire nos observations et nos collections dans des lieux aussi limités en nombre et en étendue, que ceux où nous pouvons aujourd'hui recueillir des fossiles. Or l'hypothèse du professeur Forbes suppose essentiellement une science complète de la série entière des êtres organisés qui ont habité la terre. C'est là une objection péremptoire à cette théorie, indépendamment de toute autre considération.

On pourrait dire que cette objection est bonne contre toute théorie du sujet qui nous occupe ; mais ce n'est pas nécessairement le cas, et l'on ne peut adresser ce reproche à l'hypothèse que nous avons proposée, qui, prenant les faits connus comme fragments d'un vaste tout, en déduit quelque chose sur la nature et les proportions de ce même tout dont les détails nous échappent. Basée sur les groupes isolés de faits et reconnaissant leur isolement, elle cherche à en déduire la nature des portions intermédiaires.

### Organes rudimentaires.

Les organes rudimentaires constituent toute une série importante de faits, parfaitement d'accord avec la loi que nous cherchons à établir, et qui même en dérivent nécessairement.

Qu'il existe de tels organes, et qu'ils ne remplissent en général aucune fonction spéciale dans l'économie animale, c'est là ce qu'admettent les premières autorités en anatomie comparée. Pour rappeler quelques exemples bien connus, nous citerons les très-petits membres cachés sous la peau de plusieurs sauriens rapprochés des serpents, les crochets anaux du boa constrictor, la série complète de phalanges articulées dans la nageoire du lamantin et de la baleine. La botanique reconnaît depuis longtemps des faits semblables; on rencontre fréquemment des étamines avortées, des enveloppes florales et des carpelles rudimentaires.

Pourquoi ces organes sont-ils là? Telle est la question que doit se poser tout naturaliste philosophe. Quelle est leur relation avec les grandes lois de la création? Ne nous apprennent-ils pas quelque chose du système de la nature? Si chaque espèce a été créée isolément et sans aucune relation nécessaire avec des formes préexistantes, qu'est-ce que signifient ces rudiments d'organes, ces imperfections apparentes? Elles doivent avoir une cause; elles doivent être les résultats nécessaires de quelque grande loi naturelle. Si l'on admet avec nous, comme ayant régi la diffusion des animaux et des plantes sur la terre, cette grande loi que tout changement est graduel, qu'aucune créature n'est formée très-différente de tout ce qui existait avant elle; que, en cela comme en tout, la nature procède par degrés et sans secousse: — alors ces organes rudimentaires sont nécessaires, et constituent une partie essentielle du système naturel.

Par exemple, avant que les vertébrés supérieurs fussent formés, bien des échelons devaient être franchis, et beaucoup d'organes, d'abord à l'état rudimentaire, devaient en sortir par des changements nombreux.

L'aileron écailleux du pingouin reproduit la forme élémentaire d'aile propre au vol que possédait son prototype, et des membres, d'abord cachés sous la peau, puis faiblement projetés au dehors, formaient les transitions nécessaires, aboutissant à des organes de locomotion pleinement développés (1).

Nous rencontrerions encore beaucoup plus de modifications semblables, nous verrions des séries plus complètes, si nous connaissions toutes les formes qui ont cessé de vivre. Les grandes lacunes qui existent entre les poissons, les reptiles, les oiseaux et les mammifères, seraient certainement alors comblées par des groupes intermédiaires, et le monde organique, dans son ensemble, présenterait un système continu et harmonieux.

### Conclusion.

Nous l'avons donc fait voir, quoique brièvement et imparfaitement : la loi que « chaque espèce a pris naissance en coïncidence géographique et chronologique avec une autre espèce alliée préexistante », relie et fait comprendre une grande masse de faits isolés, inexpliqués jusqu'à aujourd'hui.

Cette loi jette une vive lumière sur le principe naturel de classification des êtres organisés ; elle rend

(1) La théorie de la sélection naturelle nous a dès lors appris que ce n'est pas ainsi que se sont formés les membres ; M. Darwin a expliqué que la plupart des organes rudimentaires ont été produits par l'avortement résultant du défaut d'usage.

compte de leur distribution géographique et de leur succession géologique, des phénomènes des groupes représentatifs et substitués, dans toutes leurs modifications, et des particularités anatomiques les plus singulières; en parfaite harmonie avec l'énorme masse de faits que les naturalistes modernes ont recueillis, elle se concilie, à ce que nous croyons, avec chacun d'eux. Elle est préférable à toutes les autres hypothèses proposées jusqu'à ce jour, par ce motif, que non-seulement elle explique ce qui existe, mais qu'elle l'entraîne nécessairement. Si on l'admet, on reconnaît que les faits les plus importants de la nature n'auraient pas pu être autres qu'ils ne sont, et s'en déduisent presque aussi forcément que les orbites elliptiques des planètes résultent de la loi de la gravitation.

---

## II

## DE LA TENDANCE DES VARIÉTÉS A S'ÉCARTER INDÉFINIMENT DU TYPE PRIMITIF.

De l'instabilité des variétés, considérée comme preuve de la différence permanente des espèces.

Les variétés produites à l'état domestique sont plus ou moins instables, et, laissées à elles-mêmes, manifestent souvent une tendance à revenir vers la forme normale de l'espèce mère. Ce fait constitue l'un des arguments les plus forts qui aient été avancés pour prouver que la différence des espèces est primitive et permanente. On considère cette instabilité comme une particularité distinctive de toutes les variétés, même de celles qui se produisent à l'état de nature parmi les animaux sauvages, et l'on veut y voir une précaution spéciale de la nature, ayant pour but la conservation intacte des espèces créées primitivement distinctes. Vu le manque presque absolu de faits et d'observations concernant les variétés parmi les animaux sauvages, cet argument a été d'un grand poids auprès des naturalistes, et il a produit une croyance très-générale et quelque peu prévenue, à la fixité de l'espèce.

Tout aussi générale est cependant la croyance à ce que l'on appelle « variétés permanentes ou vraies » ; on donne ce nom à des races d'animaux qui produisent sans cesse leurs semblables, mais dont la différence d'avec une autre race est si petite (quoique constante), que l'une des deux est considérée comme une *variété* de l'autre. Laquelle est la *variété*, laquelle est l'*espèce* primitive, c'est ce qu'on ne peut généralement pas déterminer, excepté dans les cas, d'ailleurs très-rares, où l'on a vu l'une des deux races produire un rejeton différent d'elle-même et semblable à l'autre.

D'ailleurs ce phénomène semblerait absolument incompatible avec « l'invariabilité permanente » de l'espèce; mais on élude la difficulté en admettant que de telles variétés ont des limites précises, qu'elles ne peuvent ensuite s'écarter davantage du type primitif, mais qu'elles peuvent y revenir, ce qui, par l'analogie des animaux domestiques, est regardé comme très-probable, sinon tout à fait prouvé.

On remarquera que cet argument repose complétement sur la supposition que les *variétés* qu'on rencontre dans l'état de nature sont, sous tous les rapports, analogues ou même identiques à celles des animaux domestiques, en sorte qu'elles seraient soumises aux mêmes lois, quant à leur permanence relative. Nous nous proposons de faire voir précisément que cette supposition est absolument erronée et que l'on reconnaît dans la nature une loi générale, suivant laquelle beaucoup de *variétés* survivent aux espèces mères, et donnent naissance à des formes modifiées, qui s'écartent toujours davantage du type primitif; c'est à ce même principe qu'est due, chez les animaux domestiques, la tendance des variétés à revenir à la forme mère.

### La lutte pour l'existence.

La vie des animaux sauvages est une lutte pour l'existence. Toutes leurs facultés, toutes leurs ressources sont employées à préserver leur propre vie et à pourvoir à celle de leurs descendants en bas âge. L'individu, comme l'espèce entière, ne saurait subsister sans la possibilité de se procurer de la nourriture pendant les saisons défavorables et d'échapper aux attaques de ses ennemis les plus dangereux.

Ces conditions limitent aussi la multiplication de l'espèce, et l'étude attentive de toutes les circonstances peut nous faire comprendre, et jusqu'à un certain point expliquer, ce qui au premier abord paraît étrange, savoir l'abondance excessive de certaines espèces, contrastant avec la grande rareté d'autres espèces très-semblables.

### La loi de la multiplication des espèces.

On voit d'emblée quelle est la proportion générale qui doit régner entre certains groupes d'animaux.

Les grandes espèces ne peuvent pas être aussi abondantes que les petites ; les carnivores doivent être moins nombreux que les herbivores; il ne saurait y avoir autant d'aigles ou de lions que de pigeons ou d'antilopes ; et les ânes sauvages des déserts de la Tartarie n'égaleront pas en nombre les chevaux des riches prairies et des pampas de l'Amérique.

On admet souvent que l'abondance d'une espèce dépend avant tout de sa plus ou moins grande fécondité. Mais les faits nous feront voir que cette condition n'y est que pour peu de chose, ou pour rien. L'animal le moins prolifique se multiplierait rapidement, si rien ne s'y opposait; tandis qu'évidemment la population animale du globe doit rester stationnaire, ou même diminuer, sous l'influence de l'homme. Des fluctuations peuvent se présenter. Mais une augmentation permanente est presque impossible, excepté dans des régions limitées.

Par exemple, l'observation nous fait voir que le nombre des oiseaux ne s'accroît pas annuellement suivant une progression géométrique, ainsi que cela aurait lieu, si quelque obstacle puissant ne s'opposait à leur multiplication. Presque tous les oiseaux produisent au moins deux petits chaque année; beaucoup en ont six, huit ou dix; la moyenne est certainement supérieure à quatre; si nous admettons que chaque femelle ait des petits quatre fois dans sa vie, nous resterons encore au-dessous de la moyenne, supposant qu'ils ne périssent pas par la violence ou le manque de nourriture. Cependant, à ce taux-là, à quel chiffre énorme s'élèverait la postérité d'un seul couple en quelques années! Un calcul simple montre qu'en quinze années elle atteindrait presque le nombre de dix millions (1). En réalité, nous n'avons aucun motif pour croire que le nombre des oiseaux d'un pays s'accroisse d'une quantité quelconque

(1) Cette estimation est au-dessous de la réalité, qui porterait ce nombre à 2 milliards.

dans le cours de quinze ans, ni de cent cinquante ans. Avec une pareille puissance de multiplication, chaque espèce doit avoir atteint ses limites peu d'années après son origine, et rester alors stationnaire. Il est donc évident que chaque année il doit périr un grand nombre d'oiseaux; en fait, autant qu'il en naît; or, la progéniture annuelle évaluée au plus bas chiffre, est égale au double du nombre des parents; par conséquent, quel que soit le nombre moyen de tous les individus existant dans un pays donné, *il en périt chaque année un nombre double;* — résultat frappant, mais qui paraît pour le moins très-probable, et qui peut-être reste plutôt au-dessous de la vérité. Il semble par conséquent que, pour ce qui concerne la continuation de l'espèce et le maintien du nombre moyen des individus, des couvées nombreuses sont superflues. En moyenne, tous les petits, sauf un seul, deviennent la proie des faucons, des vautours, des chats sauvages et des belettes, ou bien périssent de froid ou de faim pendant l'hiver.

Ce fait est prouvé d'une manière frappante par l'étude d'une espèce en particulier : on trouve alors que son abondance n'est point en rapport avec sa fécondité. Le pigeon voyageur des États-Unis offre peut-être l'exemple le plus remarquable de ce phénomène: la multiplication de cet animal est énorme, et cependant il ne pond qu'un œuf ou deux au plus, et l'on dit qu'il n'élève généralement qu'un seul petit. Pourquoi cet oiseau est-il si extraordinairement abondant, tandis que d'autres, dont la couvée est deux ou trois fois plus nombreuse, se multiplient beaucoup moins ? Le fait est facile à expliquer. La nourriture qui convient le mieux au pigeon se trouve répandue en grande abondance dans toute une vaste région, qui présente des différences de sol et de climat telles que l'oiseau ne saurait manquer du nécessaire : doué d'un vol rapide et prolongé, il peut parcourir sans fatigue toute l'étendue du district qu'il habite, et par conséquent découvrir un nouveau champ d'alimentation, lorsqu'une localité cesse de lui offrir ce qu'il lui faut. Cet exemple montre bien que l'accroissement rapide d'une espèce dépend presque uniquement de la facilité avec laquelle elle se procure une nourriture saine et abondante : si cette condition est remplie, il ne peut être entravé ni par une fécondité limitée, ni par les attaques des oiseaux de proie et de l'homme.

Ces circonstances spéciales ne se rencontrent d'une manière aussi frappante chez aucune autre espèce d'oiseaux; soit que leur nourriture soit exposée à plus de chances, soit que leur vol soit trop faible pour qu'ils puissent la chercher dans une région étendue, soit qu'elle devienne très-rare à certaines saisons et les oblige à recourir à des aliments moins sains, le fait est que, malgré leur fécondité plus grande, ils ne peuvent jamais se multiplier plus que ne le permet la quantité de subsistances que leur offre la saison la moins favorable.

Beaucoup d'oiseaux ne peuvent exister, quand leur nourriture diminue, qu'en émigrant vers des contrées dont le climat est sinon plus doux, au moins différent : cependant, comme ces oiseaux de passage sont rarement très-nombreux, il est clair que les pays qu'ils visitent ne leur offrent pas non plus une provision constante et abondante d'aliments convenables. Ceux dont l'organisation ne leur permet pas d'émigrer dans les saisons de disette ne se multiplient jamais beaucoup : c'est probablement la raison de la rareté des pics chez nous, tandis qu'ils sont sous les tropiques l'un des oiseaux solitaires les plus répandus. De même, le moineau est plus commun chez nous que le rouge-gorge, parce que sa nourriture est plus assurée : les graines qu'il mange se conservent l'hiver et nos cours de ferme et nos chaumes en fournissent une provision inépuisable. Les oiseaux aquatiques, les oiseaux de mer surtout, sont en règle générale très-nombreux; non qu'ils soient plus féconds que d'autres, car c'est tout le contraire, mais leur nourriture ne leur manque jamais, les bords de la mer et des rivières pullulant de petits mollusques et de crustacés.

Les mêmes lois s'appliquent exactement aux mammifères. Les chats sauvages sont très-prolifiques et ont peu d'ennemis ; pourquoi sont-ils plus rares que les lapins? La seule réponse possible est que leur alimentation est plus précaire.

Il paraît donc évident que, tant que les conditions physiques d'une contrée demeurent les mêmes, sa population animale ne peut pas augmenter sensiblement. Si une espèce augmente, d'autres qui se nourrissent des mêmes substances doivent diminuer en proportion. Le nombre des animaux qui meurent chaque année doit être immense, et, comme l'existence de chaque individu dépend de lui-même, les plus faibles, c'est-à-dire les plus jeunes, les malades, doivent disparaître, tandis que les plus sains et les plus vigoureux peuvent seuls prolonger leur vie, étant plus capables de se procurer régulièrement leurs aliments. C'est, comme nous le disions, une lutte pour l'existence, dans laquelle les êtres les moins parfaits doivent toujours succomber.

### Que l'abondance ou la rareté d'une espèce dépend de son adaptation plus ou moins parfaite aux conditions de l'existence.

Ce qui est vrai des individus qui composent une espèce doit l'être aussi pour les espèces alliées qui composent un groupe: celles qui peuvent le mieux se procurer régulièrement leur nourriture, se défendre contre leurs ennemis et résister aux vicissitudes des saisons, doivent nécessairement atteindre et conserver une supériorité de nombre. Les autres diminueront ou s'éteindront.

Entre ces extrêmes, il se présente plusieurs degrés, et c'est par là que nous expliquons la rareté ou l'abondance des espèces. Notre ignorance nous empêche souvent de remonter exactement des effets à leurs causes; mais si nous connaissions parfaitement l'organisation et les mœurs des espèces, si nous pouvions mesurer leur capacité respective pour pourvoir à leur sécurité et à leur subsistance dans toutes les conditions possibles, nous pourrions calculer l'abondance proportionnelle d'individus qui en serait le résultat nécessaire.

Nous espérons avoir réussi à établir les deux points suivants:

1° La population animale d'une contrée est généralement stationnaire, étant contenue par une disette périodique et par d'autres obstacles.

2° L'abondance ou la rareté des individus dans les diverses espèces est entièrement due à leur organisation et aux habitudes qui en résultent : celles-ci, rendant l'alimentation et la défense plus difficiles dans certains cas que dans d'autres, ne peuvent être compensées que par une différence dans la population appelée à vivre dans une région donnée.

Nous pouvons donc passer à l'étude des *variétés*, pour laquelle ce qui précède nous fournira des données très-importantes et d'une application directe.

### Que les variations utiles tendront à augmenter, les variations nuisibles ou inutiles à diminuer.

Toutes ou presque toutes les variations qui s'écartent du type de l'espèce doivent avoir quelque effet sur les habitudes ou les aptitudes de l'individu.

Même une différence de couleur peut, en le rendant plus ou moins apparent, affecter sa sécurité ; le développement des poils peut aussi modifier ses habitudes; des changements plus importants, tels qu'un accroissement de la force ou de la dimension des membres ou des organes externes, peuvent affecter la manière dont il se procure sa nourriture, ou l'étendue de pays qu'il peut habiter. Il est aussi évident qu'une modification quelconque exercerait une influence favorable ou fâcheuse sur la durée même de l'existence. Une antilope, par exemple, dont les jambes seront courtes ou faibles, sera d'autant plus exposée aux attaques des grands carnassiers ; le pigeon voyageur, dont les ailes seraient affaiblies, émigrerait difficilement en quête de ses aliments, et, dans les deux cas, le résultat serait la diminution de l'espèce ainsi modifiée ; un changement en sens contraire produirait une variété qui, avec le temps, acquerrait certainement la supériorité du nombre. Ces résultats sont aussi inévitables que ceux de l'âge, de l'intempérance ou de la famine, qui augmentent la mortalité ; dans les deux cas il se présentera des exceptions individuelles, mais, en moyenne, la règle se vérifiera. Toutes les variétés se résument en deux classes, celles qui, dans les mêmes conditions que l'espèce mère, n'atteindraient jamais le même nombre d'individus que celle-ci, et celles qui, avec le temps, le dépasseraient d'une manière durable.

Supposons maintenant une altération des conditions physiques du district : une sécheresse prolongée, la destruction de la végétation par les sauterelles, l'immigration de quelque animal carnivore, en un mot, une circonstance nouvelle qui oblige les espèces en question à réagir de toutes leurs forces contre les causes d'extermination ; il est clair que la variété la plus faible d'organisation et la moins nombreuse souffrira la première et s'éteindra sous la pression de difficultés insurmontables. Les mêmes causes, si elles persistent, attaqueront l'espèce mère. Elle diminuera graduellement, et pourra même s'éteindre et laisser le champ libre à la variété supérieure qui la remplacera dès que des circonstances favorables se représenteront.

Que les variétés perfectionnées arriveront avec le temps à extirper l'espèce mère.

La *variété* aurait dans ce cas remplacé l'*espèce* dont elle serait une forme plus parfaite, plus élevée dans l'échelle des organismes, plus apte à se protéger et à prolonger la race. Une variété semblable ne *pourrait* pas retourner à la forme primitive; car celle-ci, lui étant inférieure, ne lui ferait jamais concurrence dans la lutte pour l'existence. En accordant même qu'il existe une « tendance » à reproduire le type de l'espèce, la variété doit demeurer prépondérante, et survivre *seule* sous des conditions défavorables. Elle donnera elle-même naissance à d'autres, ayant des formes diversement modifiées, et qui, d'après la loi énoncée plus haut, tendront à prédominer. Les lois générales qui régissent l'existence des animaux à l'état de nature, nous montrent donc une *progression*, et une *divergence continue*. Nous ne prétendons pas cependant que ce résultat soit invariable.

On peut supposer que, dans des conditions physiques modifiées, la race la mieux adaptée au premier état de choses, puisse devenir incapable de soutenir la lutte pour l'existence et s'éteindre, tandis que l'espèce mère et ses premières variétés, quoique inférieures, continueraient à prospérer. Il peut aussi survenir des variations de peu d'importance, ou n'affectant pas les organes ou les facultés nécessaires à la conservation, de sorte que ces variétés-là peuvent vivre à côté des espèces mères, tantôt donnant naissance à des variétés nouvelles, tantôt retournant au type primitif. Tout ce que nous tenons à prouver est ceci : que certaines variétés tendent à se maintenir plus longtemps que l'espèce originaire, et que cette tendance doit amener des conséquences : car, quoique les conclusions basées sur des probabilités et des moyennes ne soient jamais justes quand on opère sur une petite échelle, on voit que s'il s'agit de chiffres élevés, elles se rapprochent des exigences de la théorie, et finissent par la corroborer tout à fait, quand on peut réunir une infinité d'exemples. Or, la nature agit sur une si vaste échelle, les nombres d'individus et le temps dont elle dispose se rapprochent si fort de l'infini, que toute cause, bien que faible et facile à entraver par des circonstances accidentelles, doit à la fin produire tous ses résultats légitimes.

### Explication du retour partiel des espèces domestiques au type.

Voyons maintenant de quelle manière les principes que nous venons d'exposer se vérifient chez les animaux domestiques. Entre eux et les animaux sauvages, il y a cette différence essentielle, que leur existence et leur bien-être ne dépendent point, comme chez ceux-ci, de l'entière possession de leurs facultés et de leurs sens, qui, au contraire, ne sont que partiellement exercés, et dans quelques cas même tout à fait sans emploi. Chaque bouchée de nourriture coûte à l'animal sauvage des recherches et souvent du travail ; l'exercice de la vue, de l'ouïe, de l'odorat, lui est nécessaire pour éviter le danger, pour se chercher un abri, pour protéger et nourrir ses petits et lui-même. Tous les muscles de son corps sont mis journellement et à toute heure en activité ; toutes ses facultés sont fortifiées par l'exercice. L'animal domestique que l'homme nourrit, abrite, enferme même, pour le garantir des intempéries des saisons, peut à peine élever ses petits sans l'assistance de l'homme. La moitié de ses sens lui sont donc inutiles, et ceux mêmes dont il se sert, comme aussi son système musculaire, ne sont que rarement et irrégulièrement mis en action : si donc chez un semblable animal il se produit une variété dans laquelle la puissance d'un organe ou d'un sens soit augmentée, cette faculté est tout à fait inutile, car elle n'est jamais employée, et pourrait même exister sans que l'animal s'en aperçût. L'animal sauvage, dans un cas semblable, profite immédiatement de tout surcroît de forces, et l'augmente par l'exercice. On verra même se modifier l'alimentation, les mœurs et toute l'économie de la race. Il se crée ainsi un être nouveau, plus parfait et qui se perpétuera aux dépens des variétés inférieures.

Il faut remarquer aussi que chez les animaux domestiques, toutes les variations ont la même chance de durée ; car celles qui, à l'état sauvage, le rendraient inhabile à vivre ne lui offrent aucun désavantage.

La nature seule n'aurait jamais donné naissance à nos porcs, si rapidement engraissés, à nos moutons à jambes courtes, à nos pigeons grosse-gorge, à nos chiens barbets ; car le premier pas vers ces formes dégénérées aurait amené l'extinction rapide de la race ;

encore moins pourraient-ils soutenir la concurrence des espèces sauvages. Le cheval de course, très-rapide, mais délicat, le cheval de labour, fort et pesant, seraient l'un et l'autre mal conformés pour l'état de nature. Lâchés dans les pampas, ils s'éteindraient probablement bientôt, ou, si les circonstances étaient favorables, ils perdraient ces qualités exagérées qui ne seraient jamais mises en activité; de sorte qu'en quelques générations ils reviendraient à un type commun, qui doit être celui chez lequel les facultés sont équilibrées de la façon la mieux calculée pour sa conservation.

Les animaux domestiques, remis en liberté, *doivent* donc ou redevenir analogues au type primitif de l'espèce, ou s'éteindre complétement (1).

Nous voyons donc que l'observation des animaux domestiques ne peut fournir aucune donnée sur la permanence des variétés à l'état de nature. Les deux classes sont si opposées l'une à l'autre en toute circonstance, que ce qui est juste par rapport à l'une, est presque toujours faux par rapport à l'autre. Les animaux domestiques sont anormaux, irréguliers, artificiels; ils sont sujets à des variations qui ne se présentent pas et ne peuvent jamais se présenter dans la nature, et plusieurs d'entre eux sont si loin de l'équilibre d'organisation et de facultés nécessaire à l'animal laissé à ses propres

(1) C'est-à-dire qu'ils varieront et que les variations tendant à les adapter à leur nouvel état, et à les rapprocher par conséquent des animaux sauvages, se continueront. Les individus qui ne varieront que d'une manière insuffisante périront.

ressources pour vivre et se multiplier, que leur existence même dépend de l'homme.

Que l'hypothèse ici présentée diffère beaucoup de celle de Lamarck.

Lamarck avait supposé que les changements progressifs des espèces avaient été produits par les efforts des animaux pour développer leurs organes et modifier par là leur structure et leurs habitudes. Cette hypothèse a été facilement et à plusieurs reprises réfutée par tous les écrivains qui ont traité de ce sujet, et ils paraissent avoir cru que, cela fait, la question tout entière était résolue; mais les vues que nous présentons rendent cette hypothèse inutile, en montrant que les résultats en question doivent être produits par l'action de principes constamment agissants dans la nature. Les puissants ongles rétractiles des oiseaux de proie et des races félines n'ont pas été produits ou accrus par un acte volontaire de ces animaux; mais, parmi les variétés nées des formes anciennes et inférieures de ces groupes, celles qui avaient les plus grandes facilités pour saisir leur proie, survivaient le plus longtemps. La girafe n'a pas non plus acquis son long cou en l'étendant constamment dans le but d'atteindre les branches des arbres élevés, mais simplement parce que toute variété douée d'un cou exceptionnellement long, *a pu trouver un supplément de nourriture au-dessus des branches mangées par ses compagnes, et leur survivre en temps de disette*. Les couleurs de certains animaux, surtout des insectes, si parfaitement semblables au sol, aux feuilles ou à l'écorce qu'ils habitent, s'expliquent de la même manière; car, quoique dans le cours des âges les couleurs aient pu varier, *les races que leur nuance dérobait le mieux à la vue de leurs ennemis ont dû survivre*. La même cause rend compte de l'équilibre si souvent observé dans la nature : l'insuffisance de certains organes est compensée par le développement de certains autres : des ailes puissantes, par exemple, accompagnant des jambes faibles, ou une grande vélocité remplaçant le défaut d'armes défensives; car nous avons montré que les variétés chez lesquelles existerait un défaut sans compensation ne pourraient subsister longtemps.

L'action de ce principe est exactement celle du régulateur centrifuge d'une machine à vapeur, qui arrête et corrige les irrégularités presque avant qu'elles se manifestent : de même, dans le règne animal, aucun défaut sans correctif ne peut devenir considérable, parce qu'il rend dès son origine l'existence difficile et une extinction rapide presque certaine. L'explication que nous proposons, rend compte aussi du caractère particulier des modifications de forme et de structure chez les êtres organisés : nous voulons dire les nombreuses lignes de divergence d'un type commun, la puissance croissante d'un organe spécial chez une succession d'espèces alliées et la persistance étonnante de certaines parties peu importantes, comme la couleur, la texture du poil ou du plumage, la forme des cornes ou des crêtes, dans des séries d'espèces dont les caractères essentiels sont très-différents. Elle donne aussi une raison à «l'organisme spécialisé» que le professeur Owen regarde comme caractéristique des formes récentes, comparées aux anciennes, et qui est le résultat évident de la modification progressive qui a lieu dans un organe appliqué à des fonctions spéciales dans l'économie animale.

### Conclusion.

Nous croyons avoir montré que, par une loi générale dans la nature, certaines variétés tendent à s'écarter toujours davantage du type primitif, progression à laquelle nous n'avons aucune raison d'assigner des limites définies; et que le même principe explique pourquoi des espèces domestiques tendent, quand elles redeviennent sauvages, à revenir au type primitif.

Cette progression, à pas lents, dans des directions diverses, toujours contenue et équilibrée par les conditions nécessaires à l'existence, peut, croyons-nous, être suivie assez loin pour expliquer tous les phénomènes présentés par les êtres organisés, leur succession et leur extinction dans le passé, et toutes les modifications extraordinaires de forme, d'instinct et d'habitudes qu'ils présentent.

## II

### LA MIMIQUE ET LES AUTRES RESSEMBLANCES PROTECTRICES DES ANIMAUX.

Il n'y a pas de preuve plus convaincante de la vérité d'une théorie générale que la possibilité d'y faire rentrer des faits nouveaux, et d'interpréter par son moyen des phénomènes considérés auparavant comme des anomalies inexplicables. C'est ainsi que la loi de la gravitation et celle des ondes lumineuses ont été établies et universellement acceptées par la science. On leur a successivement opposé un grand nombre de faits, apparemment incompatibles avec elles, et tous, l'un après l'autre, ont été trouvés être les résultats nécessaires de la loi qu'on voulait combattre par leur moyen. Une théorie fausse ne résistera jamais à cette épreuve ; chaque jour amène à la lumière des faits dont elle ne peut rendre compte, et ses avocats diminuent, en dépit de l'habileté et du talent employés à la défendre. Le grand nom d'Edward Forbes n'a pas empêché sa théorie de « la polarité de la distribution chronologique des êtres organisés », de mourir de sa belle mort ; mais un exemple plus frappant encore est celui du « système quinaire et circulaire de classification », proposé par Mac Leay, et développé par Swainson avec une science et une habileté qui n'ont pas été surpassées. Cette théorie était éminemment séduisante; elle était symétrique et complète, exposait et employait diverses analogies et affinités fort intéressantes. La série de volumes de l'*Encyclopédie* de Lardner, dans lesquels M. Swainson appliqua sa théorie à la plupart des groupes du règne animal, la fit connaître, et cet ouvrage fut longtemps le meilleur et le plus populaire à l'usage de la nouvelle génération de naturalistes.

Elle fut accueillie aussi avec faveur par l'ancienne école, ce qui était peut-être un signe de son peu de valeur. Un nombre considérable de naturalistes connus en parlèrent avec approbation ou soutinrent des opinions analogues, de sorte qu'elle fit du chemin pendant quelque temps; dans des circonstances aussi favorables, elle aurait dû se consolider pour peu qu'elle contînt un germe de vérité; elle s'éteignit cependant en quelques années. Son existence est aujourd'hui un simple fait historique, et si rapide fut sa chute, que son habile promoteur Swainson fut peut-être le dernier qui y ajouta foi.

Tel est le sort d'une théorie fausse. Tout autre est celui d'une doctrine vraie, et le progrès de l'opinion sur la question de la sélection naturelle nous en offre un exemple. En moins de huit ans, le livre de l'*Origine des espèces* a produit la conviction dans l'esprit de la majorité des savants les plus éminents. A mesure que des faits, des problèmes nouveaux, des difficultés nouvelles surgissent, ils sont expliqués et résolus par cette théorie, et toutes les branches de la science apportent des arguments en sa faveur. Le but de cet essai est de montrer de quelle manière elle coordonne et éclaircit divers faits curieux qui avaient longtemps passé pour des anomalies inexplicables.

### Importance du principe de l'utilité.

Aucun principe n'est peut-être aussi fécond en résultats que celui sur lequel M. Darwin insiste avec tant de force, et qui est en effet une déduction nécessaire de la sélection naturelle, savoir : qu'aucun des faits positifs de la nature organisée ne peut exister sans être ou avoir été une fois *utile* aux individus ou aux races qui en sont affectés. Ce principe s'applique à tous les organes spéciaux, à toutes les formes et couleurs caractéristiques, à toutes les particularités d'instinct ou d'habitudes, aux relations entre les espèces et les groupes d'espèces ; il nous donne la clef de plusieurs phénomènes obscurs, et nous permet de trouver une raison définie et un but précis à des détails minutieux que, sans cela, nous serions très-certainement portés à négliger comme insignifiants.

### Théories populaires sur la couleur des animaux.

On a reconnu depuis longtemps que la couleur du manteau des animaux était en relation avec leur mode de vivre, et on l'attribuait soit à une particularité spécifique donnée par le Créateur, soit à l'action directe du climat, du sol, ou de la nourriture. La première explication une fois acceptée a toujours arrêté les recherches dès l'abord, car celles-ci ne pouvaient que constater le fait. La seconde fut bientôt trouvée insuffisante, elle était incapable d'expliquer les phases variées des phénomènes, et se trouvait en contradiction avec certains faits bien connus. Les lapins sauvages, par exemple, sont toujours d'une teinte brune, propre à les cacher dans les herbes et la fougère ; mais, quand ils sont réduits en domesticité, sans changement de climat ni d'aliments, ils deviennent souvent noirs ou blancs, et ces variétés peuvent être multipliées indéfiniment et donner naissance à des races blanches et noires. La même chose a lieu chez les pigeons, et l'on a remarqué que la variété blanche des rats et des souris, ne dépend nullement d'une altération du climat, de la nourriture ou d'autres conditions externes. Il arrive souvent que les ailes d'un insecte non-seulement prennent la couleur des feuilles ou de l'écorce où il fait sa demeure habituelle, mais jusqu'à la forme et aux nervures de la feuille et aux aspérités de l'écorce : ces modifications de détail ne peuvent être attribuées au climat ni aux aliments, car l'insecte souvent ne se nourrit pas de la substance à laquelle il est semblable, et, même quand c'est le cas, on ne peut trouver aucune connexion rationnelle entre l'effet et la cause supposée. Il était réservé à la théorie de la sélection naturelle de résoudre tous ces problèmes, et d'autres encore qui ne semblaient pas au premier abord être en rapport direct avec eux. Il nous faut, pour rendre ceux-ci intelligibles, esquisser la série de phénomènes qu'on peut ranger sous le chef des ressemblances utiles ou protectrices.

### Du rapport entre la couleur et l'importance d'un abri sûr.

Il est nécessaire à presque tous les animaux, et essentiel à quelques-uns, de pouvoir se dérober aisément à la vue : c'est la seule défense de ceux qui ont de nombreux ennemis et ne peuvent leur échapper par la rapidité. De même, les bêtes de proie doivent, sous peine de mourir de faim, être conformées de manière à ne pas alarmer leur victime par leur présence ou leur approche. Beaucoup d'animaux ont reçu cette faveur de la nature : les habitants du désert sont ordinairement d'une couleur fauve, qui les rend presque invisibles sur le sable et parmi les pierres; le lion, les antilopes, le chameau surtout, en sont des exemples. Le chat d'Égypte (*felis maniculata*), et celui des pampas (*felis pajeros*) sont aussi d'une nuance terreuse; les kangourous d'Australie offrent les mêmes teintes, et l'on croit que le cheval sauvage était à l'origine couleur de sable ou d'argile. Les oiseaux du désert sont encore plus remarquables à ce point de vue. Les traquets, les cailles, les engoulevents, les « grouses » (*pterocles*), qui abondent dans les déserts de l'Asie et de l'Afrique centrale, sont tous colorés et tachetés de manière à imiter avec une exactitude étonnante l'aspect général du sol qu'ils habitent. Le Rév. Tristram, dans son mémoire sur l'ornithologie du nord de l'Afrique (*Ibis*, vol. I), dit que « dans le « désert privé d'arbres, de buissons, d'inégalités de « terrain qui puissent offrir un asile, il est absolument

« nécessaire aux animaux d'être assimilés pour la cou« leur au sol sur lequel ils vivent. Aussi le plumage « de la partie supérieure de tous les oiseaux sans « exception, alouettes, traquets, engoulevents, fau« vettes, « sand grouse » (*pterocles*), comme aussi la « fourrure de tous les petits mammifères, et la peau « de tous les serpents et lézards, sont d'une couleur « fauve ou isabelle. » Il est inutile, après le témoignage d'un observateur aussi distingué, de donner d'autres exemples tirés des animaux du désert. Les animaux polaires nous offrent un cas presque aussi frappant que le précédent : l'ours polaire est le seul de son espèce qui soit blanc, et il vit toujours dans la neige et la glace ; le renard bleu (*isatis*), l'hermine et le lièvre des Alpes ne sont blancs qu'en hiver, parce qu'en été le blanc serait plus visible que toute autre couleur, et par conséquent un danger plutôt qu'une protection. En revanche, le lièvre polaire de l'Amérique, qui habite des régions de neiges éternelles, est blanc toute l'année. Il y a cependant d'autres habitants des régions arctiques qui ne changent pas de couleur. La martre zibeline, par exemple, conserve pendant les froids rigoureux de l'hiver de Sibérie sa riche fourrure brune, mais ses habitudes sont telles que la protection de la couleur lui est peu nécessaire : elle peut subsister en hiver sur des fruits et des baies, et grimpe sur les arbres avec assez d'agilité pour attraper de petits oiseaux. La martre du Canada a aussi une fourrure brun-foncé, mais elle vit dans des terriers et fréquente le bord des rivières, où elle se nourrit de poissons et de petits animaux qui vivent dans l'eau ou près de l'eau. Parmi les oiseaux, le lagopède est un bel exemple de couleurs protectrices. Son plumage d'été s'harmonise si bien avec les pierres couvertes de lichens parmi lesquelles il se tient de préférence, qu'on peut en traverser une compagnie sans s'en apercevoir. Son manteau blanc le protége aussi efficacement en hiver. Le bruant de neige, le faucon pèlerin, la chouette harfang sont aussi des habitants des zones polaires, et on ne peut douter que leur couleur ne serve plus ou moins à les protéger.

Nous trouvons aussi des exemples parmi les animaux nocturnes. Les souris, les rats, les chauves-souris, les taupes, n'ont que des couleurs sombres, qui les rendent invisibles dans des cas où des teintes claires se verraient. Les hiboux et les engoulevents, marbrés de couleurs foncées qui se confondent avec l'écorce et les lichens, sont facilement cachés de jour, et presque invisibles de nuit.

Ce n'est que sous les tropiques, dans des forêts qui ne perdent jamais leur feuillage, que nous trouvons des groupes d'oiseaux chez lesquels le vert prédomine : les perroquets en sont le plus frappant exemple; mais il y a aussi en Orient un groupe de pigeons verts, et les barbus, les verdins (*phyllornis*), les guêpiers, les zostérops, les turacus et d'autres groupes plus petits ont assez de vert dans leur plumage pour disparaître facilement parmi les branches.

### Modifications spéciales de la couleur.

Nous avons constaté jusqu'à présent une conformité générale entre la couleur des animaux et leur habitation ; nous devons maintenant considérer certains cas d'adaptation plus spéciaux. On pourra objecter que, si d'une part la couleur du lion lui est très-favorable, d'autre part les taches élégantes du tigre, du jaguar et des autres grands félins ne s'accordent pas avec la théorie. Nous répondrons que ce sont des cas d'adaptation plus ou moins parfaite. Le tigre vit dans les jungles, se cache parmi des touffes d'herbes et de bambous, et les raies verticales de son pelage peuvent aisément se confondre avec les tiges de ces plantes et le rendent ainsi invisible aux animaux dont il fait sa proie.

Il est à remarquer que, excepté le lion et le tigre, tous les grands carnassiers grimpent sur les arbres, et presque tous ont une fourrure tachetée et *ocellée* qui peut les dissimuler dans la forêt, tandis que le puma, qui seul possède un pelage uniforme d'un brun cendré, a l'habitude de se coucher à plat ventre sur les branches de façon à se confondre avec l'écorce, se rendant presque invisible à la proie qu'il guette.

Nous avons déjà parlé du lagopède ; un engoulevent de l'Amérique du Sud (*caprimulgus rupestris*) nous offre aussi un exemple curieux. Il se repose d'habitude sur de petits îlots rocheux dans le Rio-Negro supérieur, et ses couleurs extraordinairement claires s'allient à celles du sable et de la pierre à tel point qu'on ne le découvre qu'en marchant dessus.

Le duc d'Argyll, dans son *Règne de la loi*, a fait remarquer combien la nuance de la bécasse concourt à sa protection. On retrouve dans son plumage toutes les teintes brunes, grises et jaunes des feuilles sèches où elle se pose d'ordinaire : les bécassines reproduisent les nuances et les formes caractéristiques de la végétation des marais. M. J. M. Lester, dans un travail lu à la Société d'histoire naturelle du collége de Rugby, observe « que le ramier, quand il est perché sur les branches « du sapin, son arbre de prédilection, est à peine « visible, tandis que s'il se tenait sur des arbres d'un « feuillage plus clair, les teintes bleues et violettes de « son plumage le trahiraient aussitôt. De même le « rouge-gorge se pose habituellement sur des feuilles « sèches, de sorte que sa poitrine rouge s'harmonise « avec leurs nuances roussâtres, le brun de son dos « avec les branches, le rendant moins apparent qu'il ne « serait ailleurs. »

Nous retrouvons le même phénomène chez les reptiles. Les lézards qui vivent sur les arbres, les iguanes, sont aussi verts que les feuilles dont ils se nourrissent : le philodryas viridissimus, grâce à sa couleur, est presque invisible quand il rampe dans le feuillage. Il est difficile d'apercevoir une petite grenouille verte (rainette), sur les feuilles d'un buisson placé sous verre dans un Jardin zoologique; combien plus dans les forêts marécageuses et toujours vertes des tropiques ! Il y a dans l'Amérique du Nord une grenouille qui se tient sur les rochers et les murs couverts de mousses et qui par sa couleur leur ressemble tellement, qu'aussi longtemps qu'elle reste tranquille elle échappe à toute observation. Quelques espèces de geckos, qui vivent sous les tropiques et d'ordinaire se tiennent immobiles sur le tronc des arbres, se confondent absolument avec leur écorce. Il existe dans toutes les régions tropicales des serpents qui habitent sur les arbres, s'enroulent aux branches, ou se reposent sur des masses de feuillage. Ils appartiennent à plusieurs groupes distincts, les uns venimeux, les autres inoffensifs, mais presque tous sont d'une belle couleur verte, quelquefois marbrée de raies ou de taches blanches ou grisâtres, qui leur est doublement utile : elle les cache à leurs ennemis, et à leur proie qui s'approche d'eux sans crainte. Le docteur Gunther me dit que parmi les serpents qui vivent habituellement sur les arbres, il n'y a qu'un seul genre (*dipsas*) dont la couleur soit rarement verte ; elle est en général mélangée de nuances noires, brunes ou olivâtres; or ces reptiles sont nocturnes et se cachent probablement dans des trous pendant le jour, de sorte que la couleur verte leur étant inutile, ils conservent les couleurs ordinaires aux serpents.

Les poissons présentent aussi des exemples du même phénomène. Certains poissons plats, tels que la plie et la raie, sont exactement de la couleur du sable sur lequel ils reposent. Parmi les récifs de corail de l'Orient, qui offrent l'aspect d'un jardin de fleurs, les poissons offrent les teintes les plus bigarrées, tandis que les poissons de rivière, même sous les tropiques, ont très-rarement des nuances vives ou apparentes. Le cheval de mer d'Australie (*hippocampus*) dont quelques variétés portent de longs appendices foliacés analogues à certaines algues d'un rouge vif, habite parmi des plantes marines de même couleur, et se dissimule ainsi parfaitement. Il y a maintenant dans l'aquarium de la Société zoologique une espèce de Syngnathus, qui au moyen de sa queue préhensile, s'attache à tout ce qui se trouve à sa portée, et se laisse entraîner par le courant, tout à fait semblable à une simple algue cylindrique.

C'est cependant dans le monde des insectes que nous trouvons les exemples les plus frappants du phénomène qui nous occupe. Pour faire bien comprendre à quel point le principe d'adaptation aux conditions environnantes est général chez eux, nous serons obligé d'entrer dans des détails qui nous permettront d'apprécier la signification des faits curieux dont nous aurons à traiter. Les insectes paraissent posséder des couleurs protectrices en proportion avec l'absence d'autres moyens de défense ou avec la lenteur de leurs mouvements. Il y a sous les tropiques des milliers d'insectes qui pendant le jour s'attachent à l'écorce des arbres morts; la majeure partie sont délicatement tachetés de teintes grises et brunes, qui, quoique symétriquement disposées et infiniment variées, se confondent si bien avec celles de l'écorce, qu'à deux ou trois pieds de distance l'animal est invisible. Certains insectes ne fréquentent qu'une seule espèce d'arbres: c'est le cas de l'*Onychoceras scorpio* de l'Amérique du Sud, qui, m'a dit M. Bates, ne se trouve que sur un arbre à écorce rugueuse, le Tapiriba, sur les bords de l'Amazone. Cet insecte est très-abondant, mais les rugosités de sa cuirasse sont si semblables à celles de l'écorce, et il s'attache aux branches de si près, qu'on ne peut le voir que quand il se meut. Une espèce voisine (*O. concentricus*), ne se trouve qu'à Para, sur un arbre distinct dont il imite l'écorce avec la même exactitude. Ces deux insectes sont très-abondants, et nous pouvons admettre que ce singulier moyen de se dérober à la vue est l'une des causes qui favorisent leur propagation. Nous trouverons de nouveaux exemples parmi les *Cicindèles :* notre *Cicindela campestris* commune, qui habite les bords herbeux des cours d'eau, est d'un beau vert, tandis que la *C. maritima* habite les sables du bord de la mer, et présente une couleur d'un jaune pâle bronzé qui la rend presque invisible. J'ai constaté des faits analogues chez les espèces alliées découvertes par moi dans l'archipel malais. La *Cicindela gloriosa*, d'un vert foncé velouté, ne se trouvait que sur les pierres humides et moussues du lit d'un torrent, où je ne l'apercevais qu'avec peine. Une autre grande espèce brune (*C. heros*) habitait surtout les feuilles sèches dans les sentiers des forêts ; une autre, qui fréquentait la boue humide des marais salants, était d'un vert olive si pareil à celui du terrain que son ombre seule la trahissait quand le soleil brillait. Sur les plages dont le sable était blanc et de nature coralline, j'ai trouvé une cicindèle très-claire ; sur les sables noirs et volcaniques, j'en ai invariablement rencontré de foncées.

Il existe en Orient de petits coléoptères de la famille

des Buprestidæ qui se posent d'ordinaire sur la nervure médiane des feuilles : ils ressemblent si fort à des morceaux d'excrément d'oiseau, que le naturaliste hésite à les prendre. Kirby et Spence mentionnent l'*Anthophilus sulcatus*, comme semblable aux graines des plantes ombellifères ; un petit charançon très-poursuivi par des coléoptères pillards du genre *Harpalus*, est exactement de la couleur du *loam* et se rencontre abondamment dans les gisements de ce terrain. M. Bates parle encore de la *Chlamys pilula*, que l'œil ne peut distinguer des excréments des chenilles, tandis que quelques-unes des *Cassidæ* rappellent par leur forme hémisphérique et leurs teintes d'or nacré des gouttes de rosée brillant sur les feuilles.

Un grand nombre de nos petits charançons (*curculionidæ*) bruns et tachetés, s'ils sont alarmés par l'approche d'un objet quelconque, se laissent rouler en bas de la feuille où ils sont posés, en repliant leurs pattes et leurs antennes dans des cavités préparées pour les recevoir, de sorte que l'animal devient une petite masse ovale, qu'il est inutile de chercher parmi les petits cailloux et les mottes de terre entre lesquelles il se tient immobile.

La distribution des couleurs respectives des papillons diurnes et des papillons nocturnes est très-instructive à ce point de vue. Les premiers portent leurs couleurs brillantes sur toute la surface supérieure de leurs quatre ailes, tandis que la surface inférieure est presque toujours de nuances sombres, et souvent très-sombres. Chez les derniers, au contraire, les ailes inférieures sont seules brillamment colorées, les supérieures étant sombres, et souvent de teintes imitatives ; elles recouvrent presque toujours les autres quand l'insecte est au repos. Cet arrangement des couleurs est éminemment protecteur, puisque le papillon diurne se repose toujours avec les ailes redressées de manière à cacher leur surface supérieure, d'un éclat si dangereux. Il est probable qu'en étudiant leurs habitudes, nous découvririons que la coloration des ailes inférieures est très-souvent imitative et protectrice. M. T. Wood a fait remarquer que la piéride aurore (*anthocharis cardamines*) se tient souvent le soir sur les têtes vertes et blanches d'une plante ombellifère, et que dans cette position, les marbrures de la partie inférieure de ses ailes s'assimilent avec les fleurs de façon à la rendre très-difficile à découvrir. Il est probable que le coloris foncé et riche de la partie inférieure du paon de jour (*vanessa Io*), de la petite tortue (*V. urticæ*) et du vulcain (V. *Atalanta*), a un but analogue.

Deux papillons curieux de l'Amérique du Sud (*Gynecia dirce* et *Callizona acesta*), qui se posent toujours sur le tronc des arbres, ont aussi les ailes marquées pardessous de manière à s'assimiler facilement, si on les voit dans une direction oblique, avec l'écorce sillonnée de certains arbres ; mais l'exemple le plus remarquable et le plus évident d'une ressemblance protectrice que je connaisse chez les papillons, est celui du *Kallima inachis* commun des Indes, et de l'espèce alliée de Malaisie, le *Kallima paralekta*. La surface supérieure de ces insectes est éclatante et très-visible, ils sont de grande taille et ornés d'une large bande orange sur un fond bleu foncé. La surface inférieure est de nuances très-variables; sur cinquante spécimens on n'en trouve pas deux exactement pareils, mais ils offrent tous les teintes diverses de gris, de brun, de roux, qu'on trouve dans les feuilles mortes, sèches ou en décomposition. Le sommet des ailes supérieures se termine en pointe aiguë, forme très-commune parmi les feuilles des arbres et des arbustes tropicaux, et les ailes inférieures se prolongent en une queue étroite et courte. Entre ces deux points, s'allonge une ligne courbe et foncée reproduisant parfaitement la nervure médiane d'une feuille, et d'où partent de chaque côté quelques lignes obliques, imitant les nervures latérales. Ces marques sont plus visibles à l'extérieur de la base des ailes et à l'intérieur vers le milieu et le sommet: il est très-curieux de voir la manière dont les stries marginales et transversales particulières à ce groupe se sont modifiées jusqu'à imiter la disposition des veines des feuilles. Ce n'est pas tout: nous trouvons la copie de feuilles à tous les degrés de décomposition: moisies, percées de trous, souvent irrégulièrement tachées de petits amas d'une poussière noire, si semblables aux divers champignons microscopiques qui poussent sur les feuilles mortes, qu'on croirait que les papillons eux-mêmes en sont attaqués. Cette ressemblance serait inutile, si les habitudes de l'insecte ne s'accordaient avec elle. S'il se posait sur les feuilles ou les fleurs, s'il tenait ses ailes étendues, ou remuait sa tête et ses antennes comme le font ses congénères, son déguisement lui servirait de peu. Nous pouvons conjecturer, d'après les analogies, que dans ce cas-ci comme dans d'autres, ses mœurs sont de nature à le mettre à profit; mais cette supposition est superflue, car j'ai pu moi-même observer et prendre de nombreux *Kallima paralekta* à Sumatra, et je puis garantir l'exactitude des détails suivants. Ces papillons fréquentent les forêts sèches, et volent très-rapidement. Ils ne s'arrêtaient jamais sur une fleur ou une feuille verte, mais on les perdait souvent de vue sur un buisson ou un arbre mort, duquel, après avoir cherché longtemps en vain, on les voyait soudain s'élancer, quelquefois de la place même sur laquelle on avait les yeux fixés, pour disparaître de nouveau vingt ou trente mètres plus loin. Je trouvai une ou deux fois l'insecte au repos, et je pus constater alors la perfection de sa ressemblance avec les feuilles sèches. Il se tient sur un rameau presque vertical, les ailes exactement rapprochées, cachant entre leurs bases sa tête et ses antennes; les petites queues des ailes postérieures touchent la branche, et forment le pédoncule de la feuille, qui est maintenue en place par les griffes de la paire de pattes médiane, lesquelles sont très-minces et peu apparentes; le contour irrégulier des ailes offre l'aspect d'une feuille ratatinée. Nous avons donc ici la dimension, la couleur, la forme, les taches et les habitudes, combinées pour produire un déguisement qu'on peut dire parfait: l'efficacité de cette protection est suffisamment attestée par le nombre des individus qui en jouissent.

Le Rév. Joseph Greene a attiré l'attention sur l'harmonie frappante entre les couleurs des papillons nocturnes d'Angleterre qu'on voit voler en automne et en hiver, et celles qui dominent dans la nature pendant ces saisons. Il montre qu'en automne, où les teintes grises et brunes l'emportent, quarante-deux espèces sur cinquante-deux qui volent à cette époque, reproduisent ces mêmes couleurs. Les genres *Xanthia*, *Glæa* et *Ennomos*, ainsi que l'*Orgyia antiqua* et l'*Orgyia gonostigma* en sont des exemples. En hiver ce sont les teintes grises et argentées qui dominent : le genre *Chematobia* et plusieurs espèces d'*Hybernia* offrent les nuances correspondantes. Il est probable que si les mœurs des papillons nocturnes à l'état de nature étaient mieux étudiées, nous trouverions beaucoup de cas analogues. On en connaît déjà quelques-uns. L'*Agriopis aprilina*, l'*Acronycta psi* et bien d'autres qui se tiennent pendant le jour sur les troncs d'arbres du côté exposé au nord, ne sont distingués qu'avec peine des lichens grisâtres qui les entourent. Le *Gastropacha querci* ressemble de forme et de couleur à une feuille sèche brune; le *Pygæra bucephala*, qui est bien connu, ressemble, au repos, au bout cassé d'une branche couverte de lichens. Quelques très-petites phalènes ressemblent à de la fiente d'oiseau. M. A. Sidgwick, dans un essai lu à la Société d'histoire naturelle de Rugby, fait l'observation suivante : « J'ai plus d'une fois pris la *Cilix compressa*, « petit papillon de nuit blanc et gris, pour de la « fiente d'oiseau tombée sur une feuille, et *vice versâ*. « La *Bryophila glandifera* et la *Perla* sont identiques de « couleur avec les murs sur lesquels elles se posent, et « cet été même en Suisse, je me suis amusé à regarder

« une phalène, probablement la *Larentia tripunciaria*, « voltiger autour de moi, et descendant sur un mur « de pierre du pays, avec lequel sa nuance s'assortissait « si bien que je ne la voyais pas à deux mètres de « distance. »

Il y a probablement beaucoup de ces ressemblances qui n'ont pu encore être étudiées à cause de la difficulté qu'on éprouve à observer ces animaux à l'état de repos.

Les chenilles sont protégées de la même manière. Les unes sont semblables par la couleur aux feuilles dont elles se nourrissent, d'autres ont l'air de petits morceaux de bois, beaucoup sont si étrangement marquées ou bossuées que lorsqu'elles sont immobiles, on peut difficilement les prendre pour des êtres vivants. M. Andrew Murray a remarqué que les larves du paon de nuit (*Saturnia Pavonia minor*) ressemblent par leur couleur principale aux bourgeons de bruyère dont elles se nourrissent, et que les taches roses qui les couvrent rappellent les fleurs et les boutons de la même plante.

L'ordre tout entier des orthoptères, les sauterelles, les criquets et les grillons sont protégés par leurs couleurs généralement analogues à celles du sol ou des végétaux qu'ils fréquentent, et c'est l'un des groupes d'insectes les plus curieux à ce point de vue. La plupart des *Mantidæ* et des *Locustidæ* des tropiques sont colorés et tachetés de façon à imiter la couleur des feuilles sur lesquelles ils se tiennent et, chez plusieurs, les nervures mêmes des ailes rappellent celles des feuilles. Cette modification spéciale atteint son maximum de perfection dans le genre *Phyllium*. Celui-ci doit son nom « d'insecte-feuille » à l'apparence extraordinaire de ses ailes et même de ses pattes et de son thorax, qui sont aplatis et élargis, de telle sorte que l'observation la plus exacte a peine à distinguer l'insecte vivant des feuilles qui lui servent de nourriture.

La famille des *Phasmidæ*, ou spectres, à laquelle cet insecte appartient, est tout entière plus ou moins imitative. Plusieurs de ses espèces sont connues sous le nom «d'insecte-canne» à cause de leur rapport frappant avec de petites branches. Quelques-uns sont longs d'un pied et gros comme le doigt ; toutes leurs couleurs, leur forme, leurs rugosités, l'arrangement de la tête, des pattes et des antennes sont tels, que leur apparence est celle de bâtons desséchés. Ils se suspendent à des buissons dans la forêt, et ont la bizarre habitude de laisser pendre leurs pattes irrégulièrement, ce qui rend l'erreur encore plus facile.

L'un de ces insectes, que j'ai trouvé à Bornéo, le *Ceroxylus laceratus*, était couvert d'excroissances foliacées d'un vert-olive clair, ce qui lui donnait l'apparence d'un bâton couvert d'une mousse parasite ou de *Jungermannia*. Le Dayak qui me l'apporta, assurait que cet insecte vivant était recouvert de mousse, et ce ne fut qu'après un examen minutieux que je me convainquis du contraire.

Il est inutile de donner plus d'exemples pour prouver l'importance des détails de forme et de couleur chez les animaux, et démontrer que leur existence dépend souvent de ce moyen de se dérober à leurs ennemis. Ce genre de protection paraît commun à toutes les classes et à tous les ordres, car il a été constaté partout où nos connaissances de la vie d'un animal sont assez étendues. Il présente différents degrés, depuis la simple absence de couleurs voyantes ou l'harmonie générale avec les teintes de la nature, jusqu'à une imitation si parfaite des détails de la structure de substances minérales ou végétales, qu'elle réalise le rêve des contes de fées, et rend son possesseur invisible.

### Théorie de la couleur protectrice.

Nous rechercherons maintenant de quelle manière ces merveilleuses ressemblances ont pu se produire. Si nous retournons aux animaux supérieurs, nous serons frappés de la rareté de la couleur blanche chez les mammifères ou les oiseaux sauvages des zones tempérées ou tropicales. Il n'existe pas en Europe un seul quadrupède ou oiseau terrestre blanc, excepté quelques rares espèces arctiques ou alpines, pour lesquelles le blanc est une protection. Il ne paraît pas cependant qu'il y ait chez ces animaux une tendance inhérente à leur nature qui les éloigne du blanc, car dès qu'ils sont réduits en domesticité, des variétés blanches apparaissent, et semblent prospérer comme les autres. Nous avons des souris et des rats blancs, des chats, des chevaux, des chiens, du bétail blancs, de la volaille blanche, des pigeons, des dindons, des canards, des lapins blancs. Parmi ces animaux, les uns sont domestiqués depuis très-longtemps, d'autres seulement depuis quelques siècles; mais, presque toutes les fois qu'un animal est parfaitement domestiqué, des variétés blanches ou tachetées se développent et deviennent permanentes.

On sait que les animaux sauvages produisent quelquefois des variétés blanches. On en rencontre parmi les merles, les étourneaux et les corbeaux, aussi bien que parmi les éléphants, les daims, les tigres, les lièvres, les taupes; mais on n'a jamais vu ces races devenir permanentes. Or nous n'avons pas de statistique pour démontrer que des parents de couleur normale produisent des petits blancs plus souvent à l'état domestique qu'à l'état sauvage, et nous n'avons aucun droit de faire cette supposition tant que les faits s'expliquent sans elle; mais il est évident que si la couleur des animaux sert réellement à les cacher et à les préserver, le blanc étant très-apparent doit leur être nuisible, et concourir à rendre leur vie plus courte. Un lapin blanc est particulièrement exposé aux attaques du busard et de l'épervier; une taupe ou une souris blanche n'échapperont pas longtemps au hibou qui les guette. De même, une déviation de l'état normal, qui rendrait un animal carnivore plus apparent, le placerait dans une position désavantageuse en l'empêchant de poursuivre sa proie avec la même facilité que les autres, et dans un cas de disette, cet inconvénient pourrait causer sa mort. En revanche, si l'animal s'étend d'un district tempéré dans une région arctique, les conditions seront changées. Durant une grande portion de l'année, et précisément celle où la lutte pour l'existence est le plus difficile, le blanc prédomine dans la nature et les couleurs sombres sont les plus visibles; les variétés blanches auront donc l'avantage, s'assureront la nourriture, et échapperont à leurs ennemis, tandis que les variétés brunes seront détruites par la faim ou dévorées; la règle étant d'ailleurs que tout être produit son semblable, la race blanche s'établira et deviendra permanente, tandis que les races foncées, si elles reparaissent occasionnellement, s'éteindront bientôt. Dans tous les cas, les plus aptes survivront, et avec le temps il se produira une race adaptée aux conditions qui l'environnent.

Voilà par quelle méthode à la fois simple et efficace les animaux sont mis à l'unisson du reste de la nature. Le degré infime de variation dans les espèces, que nous considérons souvent comme une chose accidentelle, anormale, ou trop insignifiante pour mériter notre attention, est cependant le fondement de toutes ces analogies étonnantes et harmonieuses qui jouent un si grand rôle dans l'économie de la nature. La variation est en général excessivement faible ; mais cela suffit, parce que le changement dans les conditions physiques qu'un animal peut être appelé à subir, est très-lent et très-intermittent. Quand ces changements se sont effectués avec trop de rapidité, ils ont eu souvent pour résultat l'extinction des espèces ; mais la règle générale est que les modifications climatériques et géologiques avancent avec lenteur, et que les variations légères mais continues de couleur, de forme et de structure, chez tous les animaux, ont produit des individus adaptés à ces modifications, et devenus les parents de races nouvelles.

La rapidité de la multiplication, la continuité des variations même les plus légères, et la survivance des plus aptes, telles sont les lois qui tiendront toujours le monde organisé en harmonie avec lui-même et avec le monde inorganique. Ce sont elles qui ont produit tous les faits curieux dont nous avons déjà entretenu nos lecteurs, et ceux, plus curieux encore, qu'il nous reste à leur exposer.

Nous ne devons pas perdre de vue que les exemples les plus remarquables que nous ayons cités, ceux où nous voyons une ressemblance spéciale, comme chez le Phyllium, le Ceroxylus laceratus et le Kallima paralekta, représentent des cas peu nombreux où la modification s'est continuée à travers une immense série de générations. Ils se présentent tous sous les tropiques, où les conditions d'existence sont les plus favorables, et où les changements climatériques depuis de longues périodes, ont été à peine perceptibles. Chez la plupart d'entre eux, des variations favorables de forme, de structure, de couleur, ou d'instinct et d'habitudes, se seront produites et auront duré, quand elles n'étaient pas accompagnées d'autres modifications nuisibles. Un pas se faisait, tantôt dans une direction, tantôt dans une autre ; un changement dans les conditions a pu quelquefois rendre inutile le travail des siècles. De grandes et subites modifications physiques ont pu amener l'extinction d'une race presque arrivée à la perfection ; mille obstacles à nous inconnus, ont pu retarder le progrès vers une adaptation parfaite, tellement que nous ne devons pas nous étonner si nous voyons rarement la perfection du résultat attestée par le nombre et la diffusion des êtres ainsi modifiés.

### De l'objection que la couleur, étant dangereuse, ne devrait pas exister dans la nature.

Nous ferons peut-être bien de répondre ici à une objection qui se présentera sans doute à l'esprit de nombreux lecteurs : que, puisque la protection est si nécessaire aux animaux et qu'ils se la procurent facilement par la variation et la survivance des plus aptes, il ne devrait pas y avoir de créatures brillamment colorées ; et l'on nous demandera comment nous expliquons qu'il se trouve dans le monde en si grande abondance des oiseaux, des serpents et des insectes aux couleurs éclatantes. Il nous faudra entrer dans une explication détaillée, afin de mieux comprendre les phénomènes de « mimique », dont l'explication est le but principal de cet essai. L'observation la plus superficielle de la vie des animaux nous montrera qu'ils échappent à leurs ennemis et obtiennent leur nourriture par des moyens infiniment variés, et que leurs instincts et leurs diverses habitudes sont dans chaque cas adaptés aux conditions de l'existence. Le porc-épic et le hérisson possèdent une armure défensive qui les met à l'abri des attaques de presque tous les animaux. Les couleurs vives de l'écaille de la tortue ne lui causent aucun dommage, parce que cette écaille lui sert elle-même de protection. La moufette de l'Amérique du Nord trouve sa sécurité dans l'odeur insupportable qu'elle émet à volonté ; le castor, dans ses mœurs aquatiques et ses solides constructions. Dans quelques cas, les animaux sont particulièrement en péril pendant une certaine période de leur existence, et s'ils parviennent à la traverser, pourront facilement maintenir leur nombre. C'est ce qui arrive chez beaucoup d'oiseaux : leurs œufs et leurs petits étant très-exposés au danger, nous les voyons recourir pour les conserver à mille moyens ingénieux, tels que des nids soigneusement cachés, suspendus au-dessus de l'eau à l'extrémité d'une branche, ou placés dans le trou d'un arbre en ménageant seulement une étroite ouverture. Si ces précautions réussissent, il se développera un nombre de jeunes oiseaux beaucoup trop considérable pour la quantité de nourriture disponible pendant la mauvaise saison ; aussi un grand nombre d'entre eux, demeurés faibles et maladroits, serviront de proie aux ennemis de leur race, et rendront par là même inutile aux individus bien constitués, une autre sauvegarde que leur propre force et leur propre activité. Les instincts les plus favorables à la production et à l'éducation des petits deviennent, dans ces cas-là, les plus importants, et la survivance des plus aptes tendra à les maintenir et à les accroître, tandis que les autres causes, modifiant la couleur et les taches, peuvent continuer à agir presque sans obstacle.

C'est peut-être chez les insectes que nous pouvons le mieux étudier les moyens variés par lesquels les animaux se défendent ou se cachent. La phosphorescence dont plusieurs insectes sont doués, sert probablement, entre autres usages, à effrayer leurs ennemis. Kirby et Spence ont vu un Carabe tourner autour d'un scolopendre lumineux sans oser l'attaquer. Un nombre immense d'insectes sont pourvus d'aiguillons, et quelques-unes des fourmis du genre Polyrachis ont sur le dos de fortes épines qui doivent empêcher les petits oiseaux insectivores de les manger. Plusieurs coléoptères de la famille des *Curculionidæ* ont les élytres et les autres parties externes si dures, qu'on ne peut les fixer sans percer un trou d'avance, et leur excessive dureté leur sert probablement de protection.

Beaucoup d'autres insectes se cachent parmi les pétales des fleurs, ou dans les fentes du bois ou de l'écorce ; des groupes considérables et certains ordres tout entiers ont une odeur ou un goût désagréable qu'ils possèdent en permanence ou exhalent à volonté. Les attitudes de certains insectes peuvent aussi les protéger : ainsi, les *Staphylins*, tout à fait inoffensifs, relèvent leur queue de telle manière que d'autres animaux peuvent, comme les enfants, les croire armés d'un aiguillon. L'attitude bizarre que prennent les chenilles des sphinx et les tentacules rouge-vif que les chenilles des *Papilios* font sortir de leur cou, leur servent probablement de sauvegarde.

C'est parmi les groupes pourvus à un haut degré de l'un de ces divers moyens de défense, que nous trouvons le plus de couleurs voyantes, ou tout au moins l'absence la plus complète d'une imitation protectrice ;

c'est le cas, entre autres, pour la majeure partie des hyménoptères porte-aiguillons, les guêpes, les abeilles, les frelons. Il n'y a pas un seul exemple d'un de ces insectes, coloré de façon à ressembler à une substance végétale ou minérale. Les *Chrysididæ*, ou guêpes dorées, qui ne piquent pas, ont en revanche la faculté de se rouler en une boule presque aussi dure et aussi polie que du métal : elles sont toutes ornées des nuances les plus éclatantes. L'ordre tout entier des hémiptères (y compris les punaises) émet une odeur très-forte ; il renferme une proportion considérable d'insectes brillamment colorés. Les coccinelles et leurs alliées les *Eumorphidæ* sont souvent parsemées de taches voyantes, qui peuvent attirer l'attention ; mais elles peuvent toutes sécréter des fluides très-désagréables, sont certainement rejetées par divers oiseaux, et ne sont probablement jamais mangées par aucun.

Presque tous les membres de la grande famille des *Carabidæ* possèdent une odeur âcre et désagréable. Quelques-uns, le *Brachinus pétard*, par exemple, peuvent lancer un jet d'un liquide très-volatil, qui a l'apparence d'une bouffée de fumée, et est accompagné d'un bruit crépitant très-distinct. Ces animaux sont presque tous nocturnes et carnassiers; c'est probablement la raison de leurs couleurs sombres. Lorsqu'ils ne sont pas tout à fait noirs, ils portent des teintes métalliques ou d'un rouge terne, qui les rendent très-apparents pendant le jour, alors que leurs ennemis sont repoussés par la mauvaise odeur qu'ils exhalent, mais qui, de nuit, les rendent assez peu visibles pour échapper aisément à la vue de leurs victimes.

Il nous paraît probable que, dans quelques cas, ce qui semble d'abord un danger pour l'animal peut devenir au contraire un moyen de protection. Beaucoup de papillons brillants, et d'un vol faible, possèdent des ailes très-étendues : tels sont les beaux *Morphos* bleus du Brésil et les grands *Papilios* de l'Orient : ces groupes cependant sont assez nombreux. Or, des spécimens de ces papillons ont été pris, ayant les ailes trouées et déchirées comme s'ils avaient été saisis par des oiseaux auxquels ils auraient ensuite échappé ; mais si les ailes eussent été plus petites proportionnellement au corps, il est probable que les parties vitales auraient été plus facilement atteintes; ainsi l'extension donnée aux ailes a pu être indirectement favorable.

Il arrive aussi que la capacité d'accroissement de certaines espèces est si grande, que la quantité d'individus détruits n'empêche pas la race de se continuer amplement. On peut faire rentrer dans cette catégorie beaucoup de mouches, de moucherons, de fourmis, de calandres du palmier, de sauterelles. Toute la famille des *Cetoniadæ*, dont tant d'espèces portent des couleurs éclatantes, est probablement préservée du danger par une combinaison de divers moyens. Ils volent rapidement et en zigzag; ils se cachent, au moment où ils se posent, dans la corolle d'une fleur, dans du bois pourri, dans les fentes des arbres, et sont généralement enfermés dans une cuirasse dure et polie, qui doit les rendre peu succulents pour les oiseaux capables de s'emparer d'eux. Les causes qui déterminent le développement de la couleur ont pu chez eux agir sans obstacle, et nous en voyons le résultat : une grande variété d'insectes magnifiques de nuances.

Ainsi, malgré l'imperfection de nos connaissances sur la vie des animaux, nous pouvons voir qu'il y a une grande variété dans leur mode de protection et leur manière de surprendre leur proie. Quelques-uns de ces moyens sont assez efficaces pour assurer la conservation d'une race aussi nombreuse que possible : on conçoit sans peine que dans ce cas une protection dérivée de la modification de la couleur soit superflue, et que celle-ci puisse sans inconvénient atteindre les nuances les plus vives. Nous parlerons tout à l'heure de quelques-unes des lois qui déterminent le développement de la couleur ; pour le moment, il nous suffit de montrer que les couleurs sombres ou imitatives ne sont que l'un des nombreux moyens qui permettent aux animaux de conserver leur existence : nous pourrons alors étudier les phénomènes désignés sous le terme de *mimique.* Il ne faut pas perdre de vue, cependant, que ce terme n'est pas usité ici dans le sens d'imitation volontaire, mais implique une espèce particulière de ressemblance ; ressemblance dans l'apparence seulement, et non dans la structure interne, ressemblance dont le but unique est d'induire les yeux en erreur. Comme elle a le même résultat qu'une imitation volontaire, et que nous n'avons pas de mot qui exprime l'idée exactement, le terme de mimique a été adopté par M. Bates, qui le premier a expliqué ces faits. Cette expression a causé quelques malentendus ; mais ils seront évités, si l'on se rappelle que les mots de *mimique* et d'*imitation* sont employés dans un sens figuré, et signifient la ressemblance extérieure exacte qui conduit à prendre l'une pour l'autre des choses de structure différente.

### La mimique.

Les entomologistes connaissent depuis longtemps la ressemblance étrange qui existe entre des insectes appartenant à des genres, des familles ou même à des ordres différents, et n'ayant d'ailleurs entre eux aucune affinité réelle. On avait généralement considéré ce fait comme dépendant de quelque loi inconnue « d'analogie » : de quelque « système de la nature », de quelque « plan général » suivi par le Créateur dans la création des myriades de formes des insectes, et que nous devions désespérer de jamais comprendre. Dans un seul cas, on avait pensé que la ressemblance pouvait avoir un but utile, intelligible et défini : les mouches du genre *Volucella* entrent dans les nids des abeilles pour y déposer leurs œufs, afin que leurs larves se nourrissent de celles des abeilles, et chacune de ces espèces de mouches est remarquablement semblable à l'insecte chez lequel elle vit en parasite. Kirby et Spence pensèrent, que cette ressemblance ou mimique avait pour but exprès de protéger les mouches contre les attaques des abeilles ; et la connexion est si évidente qu'il était presque impossible d'éviter cette conclusion. La ressemblance que présentent les papillons nocturnes avec les papillons diurnes ou les abeilles, les coléoptères avec les guêpes, les sauterelles avec les coléoptères, avait été plus d'une fois signalée par d'éminents écrivains ; mais on ne paraît pas, jusqu'à ces dernières années, avoir pensé que ces phénomènes eussent un but spécial, ou pussent être utiles aux insectes eux-mêmes. On les considérait comme des exemples de ces analogies curieuses mais inexplicables qu'on rencontre dans la nature. Ces exemples ont été fort multipliés récemment, la nature de ces analogies a été soigneusement étudiée, et on a trouvé qu'elles sont souvent portées à un point de minutie tel, qu'il semble impliquer l'intention de tromper l'observateur. De plus on a démontré que ces phénomènes sont soumis à des lois définies, dont on peut constater la relation avec la loi générale de la survivance des plus aptes, ou de la conservation des races favorisées dans la lutte pour l'existence. Nous poserons d'abord la teneur de ces lois, ou conclusions générales, et nous donnerons ensuite un résumé des faits sur lesquels elles s'appuient.

1re *Loi.* — Dans une majorité accablante des cas de mimique, les animaux ou les groupes qui se ressemblent habitent la même contrée, le même district, et dans beaucoup d'exemples, le même lieu.

2e *Loi.* — Les ressemblances n'existent pas entre différents animaux sans distinction, elles sont limitées à certains groupes qui sont, dans tous les cas, abondants en espèces et en individus, et sont souvent pourvus d'un moyen de défense spécial bien constaté.

3e *Loi.* — Les espèces qui imitent ces groupes prédominants sont comparativement peu abondantes en individus, et souvent très-pauvres.

Nous allons maintenant présenter au lecteur la vérification de ces lois en appelant son attention sur des cas de véritable mimique chez différentes classes d'animaux.

### Mimique chez les lépidoptères.

Ce sont les papillons qui nous offrent les exemples de mimique les plus nombreux et les plus frappants; c'est pourquoi nous donnerons d'abord un exposé des cas les plus importants pris dans ce groupe.

Il se trouve dans l'Amérique du Sud une famille considérable de ces insectes, celle des Héliconides, qui est très-remarquable sous plusieurs rapports. Leur abondance caractérise si bien toutes les régions boisées des tropiques d'Amérique, que, dans presque toutes les localités, ils sont plus communs que n'importe quel autre papillon. On les reconnaît à leurs ailes qui sont très-allongées, ainsi que leur corps et leurs antennes; leurs couleurs sont extrêmement belles et variées : en général ce sont des points ou des taches jaunes, rouges ou d'un blanc pur, sur un fond noir, bleu, ou brun. Ces insectes fréquentent principalement les forêts, et ont tous un vol lent et faible ; cette circonstance, jointe à ce désavantage que leurs couleurs les rendent très-apparents, semble en faire une proie des plus faciles pour les oiseaux insectivores; cependant leur grande abondance dans toute la vaste région qu'ils habitent, prouve qu'ils ne sont point ainsi poursuivis. Aucune circonstance de couleur ne les protége pendant leur repos, car la face inférieure de leurs ailes offre une teinte tout aussi apparente que la face supérieure, quand ce n'est pas la même; et on peut les observer après le coucher du soleil, suspendus au bout d'une branche ou d'une feuille, dont ils font leur station pour la nuit, d'ailleurs complétement exposés aux attaques de leurs ennemis, s'ils en ont. Mais ces beaux insectes possèdent une forte odeur, très-âcre, plus ou moins aromatique ou médicinale, qui semble répandue dans tous les liquides de leur système. Lorsque l'entomologiste serre entre ses doigts la poitrine de ces animaux pour les tuer, il en sort un suc jaune qui tache la peau, et dont l'odeur est si persistante qu'on ne peut s'en débarrasser qu'avec le temps et par des lavages réitérés.

C'est là probablement ce qui met ces animaux à l'abri des attaques; car nous avons plusieurs preuves du fait que certains insectes répugnent tellement aux oiseaux que ceux-ci ne les touchent dans aucune circonstance.

M. Stainton a observé qu'une couvée de jeunes dindons dévora avec avidité tous les papillons sans valeur qu'il avait récoltés dans une nuit de chasse « à la miellée, » mais tous prirent et rejetèrent, l'un après l'autre, un petit papillon blanc, qui se trouvait dans le nombre. Les jeunes faisans et les jeunes perdrix, qui mangent beaucoup d'espèces de chenilles, paraissent redouter absolument celle de la phalène du groseillier qu'ils ne touchent jamais; la mésange ainsi que d'autres petits oiseaux semblent aussi éviter cette espèce-là.

Dans le cas des Héliconides, nous avons une preuve

directe qu'il s'agit d'un phénomène semblable. Les forêts du Brésil renferment de grandes quantités d'oiseaux insectivores, tels que les jacamars, les trogons et les tamatias qui saisissent les insectes au vol; ils en détruisent un grand nombre, comme le prouvent les ailes des victimes souvent trouvées sur le sol, là où leurs corps ont été dévorés; on n'y trouve jamais celles des Héliconides, mais fréquemment celles des grandes et brillantes *Nymphalides*, dont le vol est beaucoup plus rapide. De plus, un voyageur, récemment revenu du Brésil, a raconté à une séance de la Société entomologique, comment il avait un jour observé un couple de tamatias qui prenaient des papillons et les portaient à leur nid pour nourrir leurs petits; pendant une demi-heure qu'ils furent observés, ils ne prirent pas une seule des Héliconides qui volaient paresseusement en grand nombre autour d'eux, et qu'ils auraient pu saisir plus facilement qu'aucun autre. Cette circonstance même engagea M. Belt à les observer si longtemps, car il ne pouvait comprendre pourquoi les insectes les plus communs étaient entièrement laissés de côté. M. Bates nous a raconté aussi qu'il ne les a jamais vus attaqués par des lézards ou des mouches carnassières, qui souvent fondent sur d'autres papillons.

Nous pouvons donc admettre comme très-probable, sinon comme prouvé, que les Héliconides trouvent dans leur odeur et leur goût, une protection contre les attaques; et alors nous comprenons plus facilement leurs principaux caractères : leur grande abondance, leur vol lent, leurs couleurs voyantes, et l'absence complète de teintes protectrices sur la face interne de leurs ailes. Ils sont un peu dans la même situation que ces curieux oiseaux des îles océaniques, le dodo, l'aptéryx et le moa, chez qui, selon toute probabilité, les ailes sont devenues rudimentaires par suite de l'absence de quadrupèdes carnivores. Nos Héliconides ont été protégées d'une autre façon, mais tout aussi efficacement : il en est résulté que, l'espèce n'étant pas appelée à s'enfuir devant un ennemi, les individus au vol lent n'ont pas été détruits, les variétés aux couleurs brillantes n'ont pas été exterminées, pour ne laisser subsister que celles qui tendaient à se confondre avec les objets environnants.

Étudions maintenant de plus près comment doit agir ce mode de protection. Les oiseaux insectivores des tropiques se tiennent fréquemment sur des branches mortes d'arbres élevés, ou sur celles qui dominent un sentier ; ils regardent attentivement autour d'eux, s'élancent de temps à autre à une grande distance pour saisir un insecte, et reviennent à leur station pour le dévorer. Un oiseau qui aurait une fois commencé à capturer ces Héliconides au vol lent, et aux couleurs voyantes, et les aurait chaque fois trouvées si désagréables qu'il n'aurait pas pu les manger, y aurait renoncé après quelques tentatives ; leur apparence générale, leur forme, leur couleur, leur manière de voler, sont si spéciales que l'oiseau apprendrait sans doute bien vite à les reconnaître de loin ; il ne perdrait plus alors son temps à les poursuivre. Dans ces circonstances, il est clair que tout autre papillon appartenant à un groupe dont les oiseaux font leur nourriture habituelle, serait presque aussi bien protégé, s'il arrivait à ressembler extérieurement à une Héliconide, que s'il acquérait son odeur particulière, toujours supposant que cette ressemblance n'appartînt qu'à un petit nombre d'insectes dispersés parmi les Héliconides. Si l'oiseau ne peut pas distinguer les deux espèces, et qu'il n'y ait en moyenne qu'un seul insecte mangeable sur cinquante, il renoncera bientôt à le rechercher, même s'il sait qu'il existe. D'autre part, si un papillon d'un groupe mangeable acquiert le goût désagréable des Héliconides tout en gardant la forme et la couleur de son propre groupe, la chose ne lui sera d'aucune utilité, car les oiseaux continueront à le prendre parmi ses semblables beaucoup plus nombreux; même s'il était rejeté, il serait blessé et mis hors d'état de se reproduire, aussi bien que s'il était dévoré. Il est donc important de comprendre que si un genre quelconque appartenant à une grande famille de papillons mangeables est exposé à être exterminé par des oiseaux insectivores, et si deux formes de variations se développent parmi eux, l'une par l'acquisition d'un goût un peu désagréable, l'autre par une faible ressemblance avec les Héliconides, cette dernière qualité sera beaucoup plus avantageuse que la première. Le changement d'odeur n'empêcherait point les individus d'être capturés comme auparavant, et avant d'être rejetés, ils seraient presque entièrement désemparés ; un commencement de ressemblance avec les Héliconides serait au contraire d'emblée un avantage positif, bien que petit, car, vu de loin, l'insecte passerait peut-être pour appartenir à l'espèce que l'oiseau ne mange pas ; il serait alors laissé de côté et gagnerait un jour de vie, ce qui, dans beaucoup de cas, lui suffirait pour pondre une grande quantité d'œufs, et laisser une nombreuse postérité qui hériterait en partie de ce même caractère auquel il aurait dû son salut. Ce cas hypothétique trouve précisément sa réalisation dans l'Amérique du Sud.

Parmi les papillons blancs qui forment la famille des *Piérides* et dont beaucoup ressemblent assez à nos papillons de chou, se trouve le genre *Leptalis*, de taille assez petite ; quelques espèces de ce genre sont blanches, comme les autres ; mais le plus grand nombre sont exactement semblables aux Héliconides, quant à la forme et à la couleur de leurs ailes. Ces deux familles diffèrent d'ailleurs par tous leurs caractères autant que les carnivores et les ruminants, et l'entomologiste les distingue à la structure de leurs pattes, aussi facilement qu'il peut, à l'inspection du crâne ou d'une dent, reconnaître un ours ou un buffle. Malgré cela, la ressemblance d'une espèce de *Leptalis* avec une espèce d'Héliconide est souvent si grande, que M. Bates et moi-même y avons été trompés plus d'une fois au premier moment, un examen plus détaillé étant nécessaire pour nous faire voir les différences essentielles des deux insectes. Pendant son séjour de onze années dans la vallée des Amazones, M. Bates trouva de nombreuses espèces ou variétés de Leptalis, dont chacune était une copie plus ou moins exacte d'une Héliconide habitant le même district ; il a exposé le résultat de ses observations dans une communication faite à la Société linnéenne, dans laquelle il explique le premier les phénomènes de «mimique » comme résultant de la sélection naturelle, et montre qu'ils proviennent de la même cause et tendent au même but que la ressemblance protectrice de certains animaux à des substances végétales ou inorganiques.

L'imitation des Héliconides par les Leptalides est portée à un degré d'exactitude merveilleux, dans la forme aussi bien que dans la couleur. Leurs ailes ont pris la même longueur; leurs antennes et l'abdomen se sont aussi allongés, rappelant ainsi par leur dimension exceptionnelle la famille des Héliconides. Celle-ci présente, quant à la coloration, plusieurs types différents. Le genre *Mechanitis* est généralement d'un beau brun demi-transparent, rayé de noir et de jaune; le genre *Méthona* est de grande taille, les ailes transparentes comme de la corne, avec des raies transversales noires, tandis que les délicates *Ithomia*, toutes aussi plus ou moins transparentes, ont les ailes veinées et bordées de noir, et offrent souvent des raies marginales et transversales d'un rouge orangé.

Ces différentes formes sont toutes copiées par les diverses espèces de Leptalis : chaque raie, chaque tache, chaque nuance est reproduite, aussi bien que tous les degrés de transparence. Comme pour retirer de cette mimique tout l'avantage possible, les habitudes mêmes se sont modifiées; les Leptalides fréquentent en général les mêmes endroits que leurs modèles, et ont le même vol; comme elles sont fort peu nombreuses (M. Bates les évalue à environ un pour mille du groupe auquel elles ressemblent), elles courent peu de chance d'être découvertes par leurs ennemis. Chose remarquable, les *Ithomia* et autres espèces d'Héliconides imitées parles Leptalides, sont presque toutes connues pour être des espèces très-communes, excessivement nombreuses, et répandues dans toute une région considérable. Cette circonstance indique l'ancienneté et la permanence d'une espèce; elle est aussi la condition la plus essentielle pour faciliter le développement de la ressemblance et accroître son utilité.

Les Leptalides ne sont pas les seuls insectes qui aient prolongé leur existence par l'imitation du groupe si bien protégé des Héliconides; le genre des Érycinides, qui appartient à une autre famille de ravissants petits papillons d'Amérique, ainsi que trois genres de papillons nocturnes qui volent de jour, présentent aussi des espèces qui souvent imitent les mêmes formes dominantes, en sorte que quelques-unes, par exemple l'*Ithomia ilerdina* de St-Paul, sont habituellement accompagnées d'insectes qui appartiennent à trois groupes très-différents et sont pourtant déguisés par une forme, une couleur, et des taches qui, lorsqu'ils volent, les font confondre entièrement avec les Héliconides.

D'autre part, celles-ci ne sont point le seul groupe qui soit imité par d'autres, quoique la chose soit plus fréquente pour elles. Les *Papilio* rouges et noirs de l'Amérique du Sud, et le beau genre *Stalachtis* de la famille des Érycinides, ont aussi des imitateurs; mais ce fait n'offre aucune difficulté, attendu que ces deux genres sont presque aussi nombreux que les Héliconides. Tous deux volent lentement, ont des couleurs apparentes, et sont représentés par un grand nombre d'individus; il y a donc toute raison de croire qu'ils sont doués de quelque moyen de protection analogue à celui des Héliconides, en sorte qu'il y a pour d'autres insectes le même avantage à leur ressembler.

Il y a aussi un autre fait extraordinaire, dont nous n'avons pas encore une explication satisfaisante : c'est l'imitation de quelques groupes d'Héliconides par d'autres de la même famille; par exemple, celle des *Méchanitis* par certaines Héliconides. Nous citerons aussi les *Napeogenes* qui tous imitent quelque autre espèce d'Héliconide. Ce fait semblerait indiquer que la sécrétion désagréable, dont nous avons parlé plus haut, n'appartient pas également à tous les membres de la famille, et que, là où elle est insuffisante, l'imitation joue son rôle. C'est peut-être cela qui a produit cette ressemblance générale des Héliconides entre elles, cette uniformité de type unie à la diversité des couleurs : en effet toute particularité qui empêcherait une Héliconia de ressembler aux autres représentants de la famille, aurait inévitablement pour effet qu'elle serait attaquée, blessée et exterminée, même si elle n'était pas mangeable.

Les autres parties du monde offrent à l'observation une série de faits tout à fait semblables. Les *Danaïdes* et les *Acréides* des tropiques de l'ancien monde forment en fait, avec les *Héliconides*, un seul et même groupe; car leur forme et leur structure sont les mêmes, ainsi que leurs habitudes : elles possèdent la même odeur protectrice, et sont aussi abondantes en individus, quoique moins variées de couleurs, car elles présentent le plus généralement des taches bleues et blanches sur un fond noir.

Les insectes qui les imitent sont principalement des *Papilio* et des *Diadema*, genre allié à nos *Paons de jour* et à nos *petites tortues*. Dans l'Afrique tropicale, il se trouve un groupe particulier du genre *Danaïs*, caractérisé par des couleurs d'un brun sombre et d'un blanc bleuâtre, arrangées en raies.

L'un d'eux, le *Danaïs niavius*, est exactement imité par le *Papilio hippocoon* et la *Diadema anthedon;* un autre, le *Danaïs echeria*, par le *Papilio cenea;* et il se trouve à Natal une variété de Danaïs, portant à l'extrémité des ailes une tache blanche qui se retrouve chez une variété de Papilio de la même région. La disposition très-particulière des couleurs de l'*Acrea gea* est copiée par la femelle du *Papilio cynoria*, par celle de l'*Elymnias phegea*, et par le *Panopea hirce :* une autre variété femelle du *Panopea hirce* imite l'*Acrea Euryta* du Calabar qu'elle habite, et M. Trimen dans son travail sur les analogies imitatives chez les papillons africains (*Mimetic analogies among African butterflies*) publié dans les *Transactions of the Linnean Society*, 1868, énumère seize espèces et variétés du genre Diadema et de ses alliés, avec dix du genre Papilio, qui imitent parfaitement par leurs couleurs et leurs taches les variétés de Danaïs ou d'Acrea habitant les mêmes districts.

Si nous passons dans les Indes, nous avons le *Danaïs tytia* dont les ailes bleuâtres et demi-transparentes sont bordées d'un brun rougeâtre. Cette coloration remarquable se retrouve identique chez le *Papilio agestor* et la *Diadema nama*, et l'on rencontre fréquemment ces trois insectes dans les collections formées à Darjeeling. Dans les Philippines l'*Idea leuconoë*, si grande et si curieuse avec ses ailes blanches presque transparentes, veinées et tachetées de noir, est copiée par le *Papilio idæoides*, qui, quoique rare, se trouve dans les mêmes îles. Dans l'archipel malais l'*Euplœa midamus*, qui y est très-commune, est si exactement imitée par le *Papilio paradoxa* et le *Papilio ænigma*, tous deux rares, que je les ai généralement pris d'abord pour l'espèce la plus répandue ; le *Papilio caunus* reproduit une autre espèce aussi commune et plus belle que la précédente, l'*Euplœa Rhadamanthus*, qui porte des raies et des taches blanches sur un fond bleu et noir lustré. Nous trouvons dans la même région deux ou trois cas d'imitation du même groupe par différentes espèces de Diadema : mais nous nous en occuperons plus loin quand nous arriverons à une autre branche de notre sujet.

Nous avons déjà dit qu'il y a dans l'Amérique du Sud un groupe de *Papilio* offrant tous les signes caractéristiques d'une race protégée, et dont les couleurs et les taches sont reproduites par d'autres papillons moins favorisés ; il se retrouve en Orient un groupe correspondant dont les couleurs et les habitudes se rapprochent des siennes, qui est imité aussi par d'autres espèces non alliées quoique du même genre, et par quelques-unes de familles différentes.

Le *Papilio Hector*, d'un beau noir tacheté de cramoisi, très-commun aux Indes, est si bien imité par le *Papilio Romulus*, qu'on a pris ce dernier pour la femelle de l'autre. Un examen attentif prouve cependant que ces deux insectes sont essentiellement différents et appartiennent à des sections distinctes du genre. Le *Papilio Antiphus* et le *Papilio Diphilus*, deux papillons noirs, à queue fourchue, tachetés de fauve clair, sont imités par le *Papilio Theseus* de telle sorte que plusieurs écrivains les ont classés dans la même espèce. Le *Papilio liris*, indigène seulement dans l'île de Timor, est accompagné par le *Papilio Œnomaüs*, dont la femelle ressemble au premier à tel point qu'il est difficile de les distinguer dans une collection et tout à fait impossible lorsqu'ils volent. L'un des exemples les plus curieux est celui du *Papilio cöon*, tacheté de jaune, qui est contrefait à s'y méprendre par la forme caudée de la femelle du *Papilio Memnon*. Tous deux sont originaires de Sumatra ; mais, dans le nord des Indes, le Papilio cöon est remplacé par une autre espèce, le *Papilio Doubledayi*, dont les taches sont rouges au lieu d'être jaunes ; et dans le même district, on trouve une forme correspondante, caudée, de la femelle du *Papilio Androgeus*, qu'on a quelquefois considéré comme une variété du *Papilio Memnon*, et qui est marqué de rouge. M. Westwood a décrit de curieux sphinx diurnes (*Epicopeia*) de l'Inde septentrionale, dont les ailes et la couleur reproduisent celles des Papilio de cette section : deux d'entre eux sont de bonnes imitations du *Papilio Polydorus* et du

*Papilio Varuna*, indigènes de la même contrée.

Presque tous ces exemples de mimique sont tirés des tropiques, où la vie revêt des formes plus nombreuses, et où le développement des insectes en particulier est d'une richesse sans limite; mais on peut en citer aussi dans la zone tempérée. Un beau papillon rouge et noir, le *Danaïs erippus*, est très-commun dans l'Amérique du Nord, et le même pays est habité par le *Limenitis archippus*, qui lui ressemble de très-près, tout en différant absolument de toutes les espèces de son propre genre.

Le seul cas probable de mimique constaté dans nos contrées est celui-ci : M. Swainson a remarqué qu'une espèce particulière de phalène blanche (*Spilosoma menthastri*) était invariablement rejetée par de jeunes dindons parmi des centaines d'autres qu'ils dévoraient avidement; tous les oiseaux les uns après les autres s'emparaient de ce papillon et le rejetaient comme dégoûtés. M. Jenner Weir a observé qu'il était refusé de même par le bouvreuil, le pinson commun, le bruant jaune, et le bruant des roseaux, et que ce n'était qu'après une longue hésitation que le rouge-gorge se décidait à le manger. Nous pouvons donc vraisemblablement conclure que cette espèce est désagréable à d'autres oiseaux encore et se trouve ainsi protégée contre leurs attaques, ce qui peut être la raison de sa grande abondance et de sa couleur blanche si apparente. Un autre papillon, la *Diaphora mendica*, qui se montre à peu près à la même époque que le précédent, nous offre ce fait curieux que la femelle seule est blanche. Celle-ci est à peu près de la même taille que le Spilosoma menthastri, lui est assez semblable dans le crépuscule, et c'est une espèce beaucoup moins commune que lui. Il est probable qu'il y a entre ces deux espèces le même rapport de ressemblance qui existe entre les papillons de certaines familles et les Héliconides ou les Danaïdes. Il serait intéressant de faire des expériences analogues sur tous les nocturnes blancs, pour constater si les plus communs d'entre eux sont généralement refusés par les oiseaux. On peut le conjecturer, car si quelque chose ne concourait à les protéger, la couleur blanche, la plus visible de toutes pour des insectes nocturnes, leur serait extrêmement nuisible.

### Imitation d'autres insectes par les lépidoptères.

Nous avons vu jusqu'à présent des lépidoptères imiter des insectes de ce même ordre, et seulement des espèces que nous avons des raisons de croire à l'abri des attaques de beaucoup d'animaux insectivores ; mais dans certains cas, ces insectes perdent complétement l'apparence extérieure de l'ordre auquel ils appartiennent, et revêtent la forme de guêpes ou d'abeilles, lesquelles ont incontestablement un moyen de défense dans leurs aiguillons.

Les Sésiens et les Égériens, deux familles de papillons crépusculaires qui volent le jour, sont très-remarquables à cet égard, et la seule inspection des noms qu'ils ont reçus montre à quel point cette ressemblance a frappé tout le monde : les mots *apiformis*, *vespiformis*, *ichneumoniformis*, *scoliæformis*, *sphegiformis*, etc., indiquent tous en effet, une ressemblance avec des hyménoptères porte-aiguillons. Dans la Grande-Bretagne, nous citerons en particulier trois exemples : la *Sesia bombiliformis*, qui ressemble beaucoup au mâle du bourdon (*Bombus hortorum*) ; le *Sphecia crabroniformis*, coloré comme le frelon, et qui (d'après l'autorité de M. Jenner Weir), lui ressemble surtout quand il est vivant, à cause de la manière dont il porte ses ailes ; le *Trochilium tipuliforme* qui ressemble à une petite guêpe noire (*Odynerus sinnatus*) très-abondante dans les jardins pendant la même saison. On a si fort pris l'habitude de considérer ces ressemblances purement comme de curieuses analogies, ne jouant aucun rôle dans l'économie de la nature, que nous manquons d'observations sur les mœurs et l'apparence des individus vivants appartenant à ces espèces dans les diverses parties du monde, et nous ignorons jusqu'à quel point elles sont accompagnées par des hyménoptères avec lesquels elles présentent des ressemblances spécifiques. Il y a dans les Indes plusieurs espèces (telles que celles que le professeur Westwood a décrites dans son entomologie de l'Orient) dont les pattes postérieures sont très-larges et couvertes de poils serrés, de manière à imiter les abeilles à pattes velues (*scopulipèdes*) qui abondent dans la même région. Ici nous avons plus qu'un rapport de couleur, car un organe qui joue un rôle important dans la structure et les fonctions d'un groupe, est imité dans un autre dont les mœurs rendent cette addition absolument superflue.

### La mimique chez les coléoptères.

Si ces imitations d'un insecte par un autre sont une protection réelle pour des espèces faibles ou dégénérées, on peut raisonnablement s'attendre à en trouver des exemples chez d'autres groupes que les lépidoptères. C'est le cas en effet, quoiqu'ils soient rarement aussi importants et aussi évidents que ceux que nous avons trouvés dans ce dernier ordre. On peut en citer cependant de très-intéressants, chez d'autres ordres d'insectes. Les ressemblances entre des coléoptères faisant partie de groupes distincts, se voient beaucoup sous les tropiques, et sont en général conformes aux lois que nous avons indiquées comme régissant ces phénomènes. Les insectes imités par les autres ont toujours une protection spéciale, qui les fait éviter comme dangereux ou immangeables par les petits animaux insectivores ; les uns ont un goût désagréable (analogue à celui des Héliconides) ; d'autres sont couverts d'une écaille si dure qu'ils ne peuvent être ni écrasés ni digérés ; d'autres encore sont très-alertes, armés de mandibules puissantes, et possèdent quelque sécrétion de mauvaise odeur. Quelques espèces d'Eumorphides et de Hispides, petits coléoptères plats ou hémisphériques répandant une sécrétion désagréable, sont copiés par d'autres, d'un groupe distinct de longicornes : notre Callichrôme musqué commun peut être pris comme exemple. Le curieux petit *Cyclopeplus batesii* appartient à la même sous-famille de ce groupe que l'*Onychocerus scorpio* et l'*O. concentricus*, déjà cités pour leur étonnante ressemblance avec l'écorce des arbres qu'ils habitent; mais il diffère entièrement de tous ses alliés, ayant pris la forme et la couleur exacte d'un *Corynomalus globulaire*, petit coléoptère sentant mauvais et portant des antennes en massue : il est curieux de voir cette forme renflée reproduite par un insecte d'un groupe dont les antennes sont longues et grêles. La sous-famille des *Anisocera*, à laquelle le Cyclopeplus appartient, est caractérisée par un petit nœud ou renflement près du milieu des antennes; tous les individus le possèdent, mais dans le *Cyclopeplus batesii*, ce renflement est considérablement augmenté, et la portion terminale des antennes qui le dépasse est si petite et si mince qu'elle est à peine visible, et fournit ainsi une imitation exacte des antennes courtes et en massue du Corynomalus. L'*Erythroplatis corallifer*, autre coléoptère large et plat, imite si bien le *Cephalodonta spinipes*, que personne ne le prendrait pour un longicorne; le Cephalodonta est une des Hispides les plus communes de l'Amérique du Sud, et il est imité, avec une précision également curieuse, par un autre longicorne d'un groupe distinct du premier, le *Streptolabis hispioïdes*, découvert par M. Bates. C'est là un cas tout à fait comparable à celui dont nous avons parlé plus haut, où deux ou trois espèces de papillons de groupes différents imitaient la même Héliconia.

Plusieurs espèces de coléoptères malacodermes présentent un nombre énorme d'individus; elles possèdent probablement quelque moyen de protection analogue, d'autant plus que d'autres espèces leur ressemblent d'une manière frappante. Un coléoptère longicorne, le *Pœciloderma terminale*, originaire de la Jamaïque, porte exactement les mêmes couleurs que le *Lycus*, un des malacodermes de la même île ; on pourrait aussi confondre avec ce même groupe l'*Eroschema poweri*, longicorne australien ; et d'autres espèces de l'archipel malais sont également trompeuses. J'ai trouvé, dans l'île de Célèbes, un individu de ce groupe dont le corps et les élytres étaient en entier d'un beau bleu foncé, la tête seule étant orangée ; un insecte d'une famille tout à fait distincte (*Eucuemida*) l'accompagnait, il lui était si identique de couleur, si semblable de forme et de taille, que nous y étions trompés toutes les fois que nous réussissions à nous en emparer. M. Jenner Weir, qui possède une grande variété de petits oiseaux, m'a appris récemment que pas un d'entre eux ne veut toucher à nos *Telephorus* (espèce de malacodermes) ; ce qui confirme ma conviction qu'ils sont un groupe protégé : conviction fondée sur ce fait, qu'ils sont à la fois très-abondants, ornés de couleurs éclatantes, et font l'objet de l'imitation d'autres espèces.

Un nombre considérable de grands Curculionites des tropiques ont les élytres et toute l'enveloppe du corps si dures, qu'il est très-difficile de les percer avec une épingle, et j'ai trouvé nécessaire dans ces cas-là de percer un trou avec la pointe d'un canif avant d'essayer de fixer l'insecte : c'est ce qui m'est arrivé entre autres, pour plusieurs des *Anthribida* à longues antennes (un groupe allié). Nous pouvons facilement comprendre que, quand de petits oiseaux ont en vain essayé de manger ces insectes, ils parviennent à les reconnaître à première vue et les laissent dès lors en repos, et ce sera évidemment pour des insectes dont le corps est comparativement mou, un avantage d'être confondus avec eux.

Nous ne serons donc pas étonnés de trouver plusieurs longicornes très-semblables aux «coléoptères durs» du district qu'ils habitent.

L'*Acanthotritus dorsalis* du Brésil méridional est très-analogue à un Curculio du genre *Heiliplus*, et M. Bates m'assure avoir trouvé le *Gymnocerus cratosomoïdes* (longicorne) sur le même arbre qu'un *cratosomus* à enveloppe dure, qu'il imite parfaitement. Le *Phallocera Batesii*, aussi un longicorne, imite une des Anthribida du genre *Ptychoderes*, dont il reproduit les antennes longues et grêles. Le *Cacia anthriboïdes*, petit longicorne des Moluques, pourrait aisément être pris pour une espèce d'Anthribida très-commune qui se trouve dans les mêmes districts ; le *Capnolymma stygium*, qui est très-rare, imite de très-près le *Mecocerus gazella* commun, qui se trouvait en grande abondance dans le même endroit. Le *Doliops curculionoïdes* et d'autres longicornes alliés originaires des îles Philippines ressemblent d'une manière curieuse, par la forme et la couleur, aux brillants *Pachyrhynchus*, Curculionites qui sont presque restreints à ce groupe d'îles.

Celle des autres familles de coléoptères qui est le plus souvent imitée, est celle des cicindèles. Un longicorne rare et curieux, le *Collyrodes Lacordairei*, a précisément la forme et la couleur du genre *Collyris*, tandis qu'une espèce de *Heteromera*, non encore décrite, est exactement semblable à un *Therates*, et a été prise courant sur le tronc des arbres, comme les Therates le font d'habitude. On connaît un curieux exemple d'un longicorne qui en imite un autre, de même que nous avons vu des Papilio et des Héliconides qui copient leurs propres alliés. L'*Agnia fasciata*, appartenant à la sous-famille des *Hypselomina*, et le *Nemophas grayi*, de celle des *Lamiina*, ont été pris dans l'île d'Amboine, en même temps, sur le même arbre mort ; on crut d'abord qu'ils étaient de la même espèce, et un examen sérieux démontra que leur structure était absolument différente. La couleur de ces insectes est très-remarquable, c'est un noir bleuâtre métallique, traversé par de larges bandes velues, d'un fauve tirant sur l'orangé : ce sont probablement parmi de nombreuses espèces de longicornes, les deux seules ainsi colorées. Le *Nemophas grayi* est le plus grand, le plus fort et le mieux armé des deux ; il appartient à un groupe très-répandu, très-riche en espèces et en individus, de sorte que c'est vraisemblablement lui qui sert de modèle à l'autre.

### Des coléoptères qui imitent d'autres insectes.

Nous devons ajouter à ce qui précède quelques exemples de coléoptères imitant d'autres insectes et *vice versâ*. Le *Charis melipona*, longicorne de l'Amérique du Sud, de la famille des *Necydalides*, a reçu ce nom à cause de sa ressemblance avec une petite abeille du genre Melipona; c'est un des cas de mimique les plus curieux, l'insecte ayant le thorax et le corps couverts d'un poil serré, comme l'abeille, et les pattes munies de brosses d'une manière tout à fait inusitée chez les coléoptères. Un autre longicorne, l'*Odontocera odyneroïdes*, a l'abdomen rayé de jaune, et rétréci à la base, et ressemble si fort à une guêpe du genre Odynerus que M. Bates dit avoir hésité à le prendre avec la main de crainte d'être piqué. Le déguisement de cet animal ne le protégeait pas contre l'avidité du collectionneur, comme il l'avait sans doute préservé de la voracité de bien des oiseaux. Le *Sphecomorpha chalybea*, plus grand que le précédent, est identique en apparence avec les grosses guêpes d'un bleu métallique, et son thorax, comme le leur, est relié à l'abdomen par un pédicelle, qui rend l'illusion absolue et très-frappante.

Plusieurs des espèces orientales de longicornes du genre *Oberea* ressemblent, lorsqu'elles volent, à des *Tenthredines*, et plusieurs petites espèces de *Hesthesis* courent sur le bois et peuvent à peine se distinguer des fourmis. Un genre de longicornes de l'Amérique du Sud paraît imiter les punaises à écusson du genre *Scutellera*, entre autres le *Gymnocerus capucinus*, qui se rapproche du *Pachyotris fabricii*, l'une des Scutellerides. Un autre insecte très-beau, le *Gymnocerus dulcissimus*, ressemble beaucoup au même groupe d'insectes, quoiqu'on ne connaisse pas d'espèce qui lui corresponde exactement; mais ce n'est pas étonnant, car les hémiptères de la zone torride ont été jusqu'à présent comparativement peu recherchés par les collectionneurs.

Des insectes qui imitent des espèces d'ordres différents.

Le cas le plus frappant que l'on connaisse d'un insecte d'un autre ordre imitant un coléoptère, est celui du *Condylodera tricondyloïdes* de la famille des Scaphures, des îles Philippines, qui est assez semblable à un *Tricondyla,* genre des Cicindélètes, pour qu'un entomologiste aussi savant que le professeur Westwood l'ait placé et gardé parmi ces derniers dans sa collection pendant longtemps, avant de découvrir son erreur. Les deux insectes courent le long du tronc des arbres, et tandis que le Tricondyla est très-abondant, l'autre insecte est, comme dans tous les autres cas, très-rare. M. Bates dit avoir trouvé aussi à Santarem, sur l'Amazone, une espèce de sauterelle qui imitait un coléoptère du genre *Odonthocheila*, et fréquentait les mêmes arbres.

Un grand nombre de Diptères ressemblent beaucoup aux guêpes et aux abeilles, et profitent probablement de la terreur qu'inspirent ces derniers insectes. Le *Midas dives* et d'autres espèces de grandes mouches du Brésil ont des ailes foncées et des corps allongés d'un bleu métallique, qui rappelle les grands *Sphegides* du même pays, lesquels sont munis d'aiguillons; une autre très-grande mouche, du genre *Asilus*, a les ailes rayées de noir et l'extrémité de l'abdomen de couleur orange, comme la belle abeille *Euglossa dimidiata* : toutes deux se trouvent dans les mêmes parties de l'Amérique méridionale. Dans nos contrées mêmes, nous avons une espèce de *Bombylius* très-semblable aux abeilles. Dans tous ces cas, la mimique préserve sans doute des attaques, mais elle remplit quelquefois un but tout différent.

Les larves d'un grand nombre de mouches parasites se nourrissent des larves des abeilles, celles par exemple du genre *Volucella* (qu'on trouve en Angleterre) et plusieurs des Bombylius des tropiques : la plupart d'entre elles sont exactement pareilles à l'espèce dont elles font leur victime, de sorte qu'elles peuvent entrer inaperçues dans les nids pour y déposer leurs œufs.

Il existe aussi des abeilles qui en imitent d'autres; l'*abeille coucou*, du genre *Nomada*, est le parasite des Andrenides, et ressemble soit à la *guêpe*, soit à des espèces du genre *Andrena;* les *Bombus*, du genre *Apathus*, sont presque pareils à ceux chez lesquels ils élisent domicile. M. Bates rapporte qu'il a trouvé un grand nombre de ces abeilles et mouches « coucous » sur l'Amazone, et que toutes portaient la livrée particulière aux abeilles ouvrières de ce pays.

Il y a sous les tropiques un genre de petites araignées qui se nourrissent de fourmis, et elles sont elles-mêmes si semblables à des fourmis, que cela doit leur faciliter beaucoup la poursuite de leur proie. M. Bates a trouvé aussi sur l'Amazone une espèce de *Mantis*, qui ressemblait parfaitement à la fourmi blanche qui lui sert d'aliment, et plusieurs grillons (*Scaphura*) rappelant merveilleusement différentes *Ammophiles* de grande taille, qui leur font une chasse active pour approvisionner leurs nids.

M. Bates mentionne aussi l'exemple curieux, le plus curieux de tous peut-être, d'une grande chenille, qui le frappa par son analogie avec un petit serpent. Les trois premiers segments en arrière de la tête étaient dilatables à la volonté de l'insecte, et portaient de chaque côté une grande tache noire pupillée qui rappelait l'œil du reptile; la ressemblance rapprochait cet insecte, non d'un serpent inoffensif, mais d'une vipère venimeuse, comme l'indiquait la manière dont les pattes se repliaient lorsque la chenille se redressait, rappelant les écailles carénées du sommet de la tête du serpent.

Les attitudes des araignées de la zone torride sont souvent extraordinaires et trompeuses, mais on ne leur a pas accordé grande attention. Elles imitent souvent d'autres insectes, et quelques-unes, dit M. Bates, ressemblent aux bourgeons des fleurs et se tiennent immobiles, guettant leur proie, dans les aisselles des feuilles.

### Exemples de mimique chez les vertébrés.

Après avoir montré par quels moyens variés, ce que nous avons appelé la mimique atteint chez les insectes un point extraordinaire de perfection, nous chercherons maintenant à savoir si un phénomène analogue se présente chez les vertébrés. Si nous considérons toutes les conditions nécessaires pour que l'imitation produise une illusion complète, nous comprendrons de suite que cela ne peut arriver que très-rarement parmi les animaux supérieurs ; car leur structure ne se prête pas à ces modifications presque illimitées des formes extérieures, favorisées par la nature même de l'organisation des insectes. En effet, l'enveloppe extérieure de ceux-ci étant toujours plus ou moins solide et écailleuse, peut supporter un degré considérable de changement sans que les organes internes en soient affectés. Les ailes forment une partie importante du caractère de certains groupes ; or ces organes peuvent être beaucoup modifiés dans la forme et dans la couleur sans inconvénient pour leurs fonctions. De plus, le nombre des espèces d'insectes est si grand, les groupes diffèrent tellement de formes et de proportions, que les chances d'approximation accidentelle dans la taille, la forme ou la couleur des individus, d'un groupe à l'autre, sont très-nombreuses. Ces rapprochements accidentels ayant une fois donné la base de la mimique, celle-ci se continue et se perfectionne par la survivance de ces variétés seulement, qui ont pris la bonne direction. Chez les vertébrés, au contraire, le squelette étant intérieur, la forme extérieure dépend presque entièrement de ses proportions et de son arrangement, qui sont strictement organisés en vue des fonctions nécessaires au bien-être de l'animal. La forme ne peut donc pas se modifier rapidement sous l'influence des variations, et les téguments longs et flexibles qui l'enveloppent ne sont pas propres au développement d'excroissances anormales, comme il s'en produit constamment chez les insectes. Le nombre des espèces de chaque groupe dans un même district est d'ailleurs relativement petit, de sorte que les chances de la première ressemblance accidentelle nécessaire à l'œuvre de la sélection naturelle sont par là même fort diminuées. Nous avons peine à concevoir par quel moyen imitatif l'élan pourrait échapper au loup, ou le buffle au tigre.

Il y a cependant un groupe de vertébrés, celui des reptiles, dans lequel les formes sont si semblables, qu'une modification très-légère, si elle est accompagnée par l'identité de la couleur, peut facilement amener le degré nécessaire de ressemblance ; et celui-ci peut être d'autant plus avantageux, que certaines espèces sont armées de la façon la plus meurtrière. Nous allons voir que ces animaux nous offrent quelques exemples de véritable mimique. On trouve dans l'Amérique méridionale un grand nombre de serpents venimeux du genre *Elaps*, ornés de brillantes couleurs, disposées d'ordinaire d'une manière très-particulière : le fond est en général rouge vif, sur lequel se trouvent des raies noires de largeurs diverses, et divisées quelquefois en deux ou trois parties par des anneaux jaunes. Dans la même région se trouvent plusieurs genres de serpents inoffensifs, sans aucune affinité avec les précédents, mais colorés identiquement de la même manière ; par exemple, l'*Elaps fulvius*, venimeux, commun dans le Guatémala, porte des raies noires simples sur un fond corail ; il est accompagné par le *Pliocerus equalis*, tout à fait inoffensif, mais coloré comme lui. Une variété de l'*Elaps corallinus* a des raies noires bordées de jaune sur un fond rouge : un serpent inoffensif, l'*Homalocranium semicinctum*, a les mêmes taches ; ils habitent tous deux le Mexique. L'*Elaps lemniscatus*, très-dangereux, a les raies noires très-larges et divisées en trois par d'étroits anneaux jaunes ; il est exactement reproduit par le *Pliocerus elavoides ;* tous deux se trouvent aussi au Mexique.

Mais, chose plus curieuse encore, il existe dans l'Amérique du Sud un troisième groupe de serpents, l'*Oxyrhopus* (il est douteux qu'il soit venimeux), sans affinité immédiate avec aucun des précédents, mais orné des mêmes couleurs disposées d'une manière analogue ; ce sont des anneaux rouges, jaunes et noirs ; et il y a des cas où des espèces de ces trois groupes ayant les mêmes taches, habitent le même district. L'*Elaps mipartitus* porte des anneaux noirs simples très-rapprochés ; il se trouve au nord des Andes, tout comme le *Pliocerus euryzonus* et l'*Oxyrhopus petolarius,* qui reproduisent le même dessin. Au Brésil, l'*Elaps lemniscatus* est copié par l'*Oxyrhopus trigeminus ;* ils ont tous deux des anneaux noirs disposés trois par trois. Dans l'*Elaps hemiprichii* le fond paraît noir, avec deux étroites raies jaunes alternant avec une rouge plus large ; nous en avons une imitation exacte dans l'*Oxyrhopus formosus ;* ces deux serpents sont communs dans plusieurs localités de l'Amérique du Sud. Ce qui ajoute encore au caractère extraordinaire de ces ressemblances, c'est qu'on ne trouve nulle part, sauf en Amérique, des serpents colorés de cette manière. Je le tiens du docteur Gunther, du British Museum, qui a bien voulu me fournir quelques-uns des détails ci-dessus ; il m'assure que des anneaux jaunes, noirs et rouges, ne sont associés sur aucun serpent dans le monde, si ce n'est sur les *Elaps* et sur les espèces qui, par la forme, la couleur et la dimension, leur ressemblent d'une manière si frappante, qu'un naturaliste seul peut distinguer l'espèce venimeuse de celle qui ne l'est pas.

Il n'est pas douteux que plusieurs des petites rainettes ne nous offrent aussi des exemples de mimique. Vues dans leurs attitudes normales, il est souvent difficile de les distinguer de certains coléoptères ou d'autres insectes posés sur des feuilles ; mais je dois dire à mon grand regret que j'ai négligé d'observer à quelles espèces ou à quels groupes elles ressemblaient le plus, et je ne crois pas que ce sujet ait encore attiré l'attention des naturalistes étrangers.

### La mimique chez les oiseaux.

Il y a parmi les oiseaux un certain nombre de cas qu'on peut rapprocher des phénomènes de mimique, entre autres la ressemblance des coucous, oiseaux faibles et sans défense, avec les faucons et les gallinacés. Mais il existe un fait beaucoup plus concluant et qu'on peut considérer comme étant de même nature que la mimique des insectes. On trouve en Australie et dans les îles Moluques un genre de méliphages appelé *Tropidorhynchus*. Ce sont des oiseaux de taille assez grande, très-forts, très-alertes, munis de serres puissantes; leur bec est long, pointu et recourbé. Ils se réunissent en petites troupes et poussent un cri très-sonore, qui s'entend à de grandes distances et leur sert à se rallier au moment du danger. Ils sont très-abondants et très-batailleurs, on les voit souvent chasser les corbeaux et même les oiseaux de proie qui viennent à se poser sur l'arbre où ils sont assemblés; ils sont tous de couleurs ternes et plutôt sombres. Or, il y a dans les mêmes contrées un groupe d'Oriolides, formant le genre *Mimeta*. Ce sont des oiseaux beaucoup plus faibles que les précédents; ils ont perdu la belle couleur dorée de leurs alliés les loriots, étant d'ordinaire bruns ou olivâtres, et quelquefois singulièrement semblables aux Tropidorhynchus; par exemple, on trouve dans l'île de Bouru le *Tropidorhynchus bouruensis*, qui est d'une couleur terreuse, et le *Mimeta bouruensis*, qui lui ressemble dans les détails suivants: les surfaces supérieure et inférieure des deux oiseaux sont exactement des mêmes teintes, brun clair et brun foncé; le Tropidorhynchus a autour des yeux une grande place noire dénudée de plumes: le Mimeta remplace cette tache par un cercle de plumes noires; le sommet de la tête du Tropidorhynchus a une apparence écailleuse, due à de petites plumes étroites en forme d'écailles : chez le Mimeta, dont les plumes sont plus larges, ceci est rendu par une ligne grisâtre qui les dessine; le Tropidorhynchus a une espèce de fraise formée de plumes pâles recourbées sur la nuque (ce qui lui a fait donner le nom de *moine*) ; le Mimeta porte au même endroit une bande de teinte pâle ; enfin le bec du Tropidorhynchus est surmonté à sa base d'une protubérance carénée, et le Mimeta offre le même caractère qui est très-rare dans le genre dont il fait partie. D'après un examen superficiel, on tiendrait les deux oiseaux pour identiques, quoiqu'ils aient d'importantes différences de structure et qu'on ne puisse les rapprocher dans aucune classification naturelle. On peut ajouter, comme preuve de leur ressemblance, que dans le précieux *Voyage de l'Astrolabe*, le Mimeta est dessiné et décrit comme un Méliphage, sous le nom de *Philedon bouruensis*.

Il existe dans l'île de Céram des espèces alliées de chacun de ces genres. Le *Tropidorhynchus subcornutus* est d'un brun terreux lavé de jaune d'ocre; ses orbites sont nus, ses joues grises ; il porte la fraise recourbée comme le précédent. Le *Mimeta forsteni* reproduit toutes les teintes de son corps d'une manière analogue à ce que nous avons dit plus haut. Nous trouvons dans deux autres îles encore, des exemples de mimique moins parfaits. A Timor, le *Tropidorhynchus timoriensis* est de la teinte brune ordinaire; sa fraise est très-proéminente, ses joues noires, sa gorge presque blanche; la surface inférieure tout entière est d'un brun pâle; ces teintes sont toutes reproduites dans le *Mimeta virescens*, mais l'imitation est moins parfaite que dans les autres. La poitrine du Tropidorhynchus a une apparence très-écailleuse ; elle est couverte de plumes raides et pointues qui n'existent pas chez le Mimeta ; on trouve pourtant, sur les plumes de celui-ci, de petites taches grisâtres dans lesquelles on peut voir le commencement d'une imitation qui deviendra exacte par la persistance des variations favorables; une protubérance considérable, qui se trouve à la base du bec du Tropidorhynchus, manque aussi chez le Mimeta. — Dans l'île de Morty, au nord de Gilolo, on rencontre le *Tropidorhynchus fuscicapillus*, d'un noir de suie, surtout sur la tête; la partie inférieure du corps est moins foncée, et la fraise caractéristique manque. Chose curieuse, dans l'île adjacente de Gilolo, on rencontre le *Mimeta phæochromus*, dont le dos porte la même teinte de suie que le Tropidorhynchus, et c'est le seul individu de son espèce dont la couleur soit aussi foncée; la surface inférieure n'est pas assez claire pour être identique à celle de l'autre oiseau, mais s'en rapproche sensiblement. Le Mimeta est très-rare; il existe probablement à Morty, quoiqu'on ne l'y ait pas encore trouvé, ou, au contraire, des changements récents dans la géographie physique ont pu restreindre l'habitat du Tropidorhynchus à cette île, où il est très-commun.

Nous avons donc ici deux exemples parfaits de mimique, et deux plus imparfaits, se présentant entre des espèces des deux mêmes genres d'oiseaux; dans trois de ces cas, les espèces analogues se trouvent dans la même île, à la faune particulière de laquelle elles appartiennent respectivement. Dans tous ces cas, le Tropidorhynchus est plutôt plus grand que le Mimeta, mais la différence ne dépasse pas la limite de la variation dans l'espèce, et les deux genres sont de forme et de proportions assez semblables. Il y a sans doute quelques ennemis qui font la guerre aux petits oiseaux, mais redoutent le Tropidorhynchus (probablement quelques espèces d'éperviers) ; et il est par conséquent avantageux au Mimeta de ressembler à cet oiseau vigoureux, bruyant, querelleur, et d'ailleurs très-abondant.

Je dois à mon ami, M. Osbert Salvin, un autre intéressant exemple de mimique chez les oiseaux. On rencontre dans les environs de Rio de Janeiro un épervier insectivore (*Harpagus diodon*), et dans le même district un épervier carnivore (*Accipiter pileatus*) qui lui ressemble beaucoup. Tous deux ont la surface inférieure du corps d'une teinte cendrée, avec les cuisses et le dessous des ailes d'un brun rougeâtre, de sorte que vus par-dessous, ils sont impossibles à distinguer. Le point curieux est ceci : l'*Accipiter* habite une région beaucoup plus étendue que l'*Harpagus*, et, dans les districts où celui-ci ne se trouve pas, cesse de lui ressembler, le dessous de ses ailes devient blanc ; cela prouve que la couleur rougeâtre se conserve chez l'Accipiter, parce qu'elle lui est avantageuse, le faisant confondre avec l'espèce insectivore, dont les oiseaux ont appris à ne pas se méfier.

### Mimique chez les mammifères.

Parmi les mammifères, le seul cas de mimique véritable est celui du genre insectivore *Cladobates*, qui se trouve dans l'archipel Malais, et dont quelques espèces ressemblent beaucoup à l'écureuil : ces animaux sont à peu près de même grandeur et de couleurs semblables, et portent de la même façon leur queue, également longue et touffue. Ici l'avantage de la ressemblance est sans doute pour le Cladobate, de pouvoir approcher les insectes ou les petits oiseaux dont il fait sa nourriture, à la faveur de cette espèce de déguisement qui le fait prendre pour un écureuil frugivore et inoffensif.

### Objections faites à la théorie de M. Bates sur la mimique.

Nous avons passé en revue les cas de mimique les plus importants et les plus évidents qui aient été observés jusqu'à aujourd'hui; nous devons maintenant dire quelques mots des objections qu'on a faites à la théorie avancée par M. Bates pour l'explication de ces faits; théorie que nous avons tâché d'exposer et d'appuyer dans les pages précédentes. Trois systèmes différents ont été opposés à celui que nous défendons. Le professeur Westwood, admettant le fait de l'imitation ainsi que son utilité pour l'insecte, prétend que chacune de ces espèces a été ainsi créée dans le but même d'être ainsi protégée. M. André Murray, dans son mémoire sur les « Déguisements de la nature », penche vers l'opinion que des conditions semblables de nourriture et de circonstances environnantes ont agi, d'une manière d'ailleurs inconnue, pour produire les ressemblances ; enfin, lorsque la question fut discutée dans le sein de la Société entomologique à Londres, on mit en avant l'opinion, que beaucoup de cas de mimique pourraient avoir été produits par l'hérédité, ou par le retour de certaines espèces à la forme et aux couleurs de leurs types primitifs.

En ce qui concerne la création spéciale d'espèces mimes, nous rencontrons les mêmes objections et les mêmes difficultés qui s'opposent à l'idée d'une création spéciale en général, et aussi quelques autres particulières à ce cas-ci. L'argument le plus évident est basé sur les gradations qui existent dans la mimique et les ressemblances protectrices, et qui font présumer que celles-ci sont le produit d'un travail naturel. Nous trouvons une autre objection très-forte dans le fait que la mimique, ainsi que nous l'avons montré, n'est utile qu'aux espèces et aux groupes qui sont rares et probablement tendent à disparaître, et qu'elle cesserait complétement d'agir, si l'abondance relative des deux espèces était renversée ; dans la théorie d'une création spéciale, il faudrait donc admettre que l'une des espèces a été créée abondante, et l'autre, rare; en outre, que celles-ci auraient dû être toujours maintenues dans la même proportion, malgré les causes nombreuses qui tendent sans cesse à l'altérer; car, sans cela, le but même pour lequel elles auraient reçu ces caractères spéciaux, aurait été complétement manqué. Nous objectons enfin que, bien qu'il soit très-aisé de comprendre comment la mimique peut être amenée par la variation et la survivance des plus aptes, il est difficile d'admettre que le Créateur ait voulu protéger un animal en lui en faisant imiter un autre : car l'idée même d'un Créateur implique chez celui-ci le pouvoir de créer des êtres tels qu'une protection aussi détournée ne leur soit pas nécessaire. Ces objections me paraissent décisives contre la théorie des créations spéciales dans le cas particulier dont nous nous occupons.

Les deux autres prétendues explications, qu'on peut désigner brièvement comme les théories des « conditions similaires » et de « l'hérédité », s'accordent à faire de la mimique, là où elle existe, une circonstance adventice qui n'est pas nécessairement liée au bien-être de l'espèce imitatrice. Mais plusieurs des faits les plus frappants et les mieux avérés que nous ayons cités, contredisent directement ces hypothèses. L'un des plus concluants est la loi de la restriction de la mimique à un petit nombre de groupes ; car les « conditions similaires » doivent agir plus ou moins sur tous les groupes d'une région donnée, et l'hérédité doit influer à un degré égal sur tous les groupes alliés entre eux. De plus, le fait général de la rareté des espèces imitatrices, relativement aux espèces imitées, n'est absolument pas expliqué par ces théories, non plus que la présence fréquente d'un mode de protection palpable chez l'espèce imitée. La réversion à un type primitif n'explique pas pourquoi l'imité et l'imitateur habitent toujours le même district, tandis que des formes qui leur sont alliées à tous les degrés, habitent d'ordinaire des contrées et même des parties du monde différentes; ni cette théorie ni celle des conditions similaires n'expliquent pourquoi, entre des espèces de groupes distincts, l'analogie est uniquement superficielle : un déguisement plutôt qu'une vraie ressemblance; pourquoi elle va jusqu'à l'imitation de l'écorce, des feuilles, de morceaux de bois; pourquoi elle se trouve entre des espèces qui appartiennent à des ordres, des classes, des sous-règnes différents. Ces théories enfin ne rendent pas compte de la graduation de cette série de phénomènes qui, commençant par l'adaptation et l'harmonie générale des teintes chez les sphinx d'hiver et d'automne et chez les animaux du désert et des pôles, avec les couleurs prédominantes du sol, s'achève par ces exemples complets d'imitation jusque dans les détails, assez parfaite pour tromper non-seulement les animaux de proie, mais même les collectionneurs et les entomologistes les plus savants.

### Cas où l'imitation est restreinte aux insectes femelles.

Il se relie à notre sujet une nouvelle série de phénomènes qui fortifie singulièrement l'opinion ici adoptée, tandis qu'elle semble incompatible avec les autres hypothèses : c'est la relation qui existe entre la coloration protectrice et la mimique, d'une part, et les différences sexuelles d'autre part. Il est évident que si deux animaux, identiques en ce qui concerne les conditions extérieures et l'hérédité, diffèrent considérablement dans leur coloration, l'un offrant une ressemblance avec une espèce protégée, tandis que l'autre en est dépourvu, on ne pourra attribuer cette ressemblance à l'influence soit de l'hérédité, soit des conditions extérieures. Et si l'on peut prouver de plus que l'un d'eux a plus besoin de protection que l'autre, et que dans plusieurs cas c'est celui-là précisément qui imite l'espèce protégée, tandis que l'autre ne le fait jamais, nous serons en possession d'un témoignage important en faveur de la connexion réelle entre le phénomène de la mimique et la nécessité d'une protection. Les sexes des insectes nous offrent un critère de cette nature, et me paraissent apporter un des arguments les plus décisifs en faveur de la théorie qui explique les phénomènes de mimique par la sélection naturelle.

L'importance comparative des sexes varie beaucoup selon les classes d'animaux. Elle est égale pour tous les deux chez les vertébrés supérieurs, chez lesquels les mêmes individus n'ont que peu de petits à la fois, mais en produisent pendant plusieurs années. Dans les cas nombreux où le mâle protége ou nourrit la femelle et ses petits, son importance dans l'économie naturelle est augmentée en proportion de ses services, quoiqu'elle ne soit peut-être jamais tout à fait égale à celle de la femelle.

Il en est tout autrement chez les insectes ; ils ne s'accouplent qu'une fois dans leur vie, et la prolongation de l'existence du mâle est le plus souvent inutile à la perpétuation de la race ; la femelle en revanche doit vivre assez longtemps pour pouvoir déposer ses œufs dans un lieu convenable au développement et à la croissance de sa progéniture. Il y a donc une grande différence dans le besoin de défense des deux sexes, et nous pourrions avec raison nous attendre à trouver le mâle plus ou moins complétement privé de la protection spéciale accordée à la femelle. Les faits confirment cette supposition. Chez les Phasmides, par exemple, ce sont souvent les femelles seules qui ont avec les feuilles une ressemblance extraordinaire, tandis que les mâles ne nous offrent qu'une grossière approximation. Le *Diadema misippus* mâle est un très-beau et brillant papillon, sans une trace de coloration imitative ou protectrice, tandis que la femelle est totalement différente, et nous offre un des cas de mimique les plus curieux, en ressemblant exactement au *Danaïs chrysippus* commun, avec lequel on la trouve souvent associée. Le mâle de plusieurs espèces de Pieris de l'Amérique du Sud est blanc et noir, analogue au « papillon de chou » si commun chez nous, tandis que les femelles sont fauves et jaunes, tachetées de manière à se rapprocher exactement des espèces d'Héliconides avec lesquelles elles s'associent dans les forêts. On trouve dans l'archipel Malais un *Diadema* qui avait toujours été pris pour un mâle, à cause de ses teintes luisantes d'un bleu métallique, tandis que son compagnon, d'un brun terne, était considéré comme la femelle ; j'ai découvert cependant que le contraire avait lieu, et que les riches couleurs de la femelle sont imitatives et protectrices, parce qu'elles la rendent semblable à l'*Euplœa midamus* commun dans ces régions, et que j'ai déjà mentionné dans cet essai comme étant imité par le *Papilio paradoxa*. J'ai depuis lors donné à cette intéressante espèce le nom de *Diadema anomala* (*Transactions of the entomological Society*, 1869, p. 285). Dans ce cas, comme dans celui du *Diadema misippus*, il n'y a aucune différence dans les mœurs des deux sexes, qui se tiennent dans les mêmes localités ; on ne peut donc pas ici mettre en avant l'influence des conditions extérieures, comme on l'a fait pour le *Pieris Pyrrha* (Amérique) et pour d'autres espèces alliées, dont les mâles, qui sont blancs, fréquentent les lieux découverts et exposés au soleil, tandis que les femelles, analogues aux Héliconides, se plaisent dans l'ombre de la forêt.

Ainsi, chez les insectes, la femelle, dont le vol est faible et qui est à la fois plus exposée et plus importante que le mâle, a besoin d'une protection spéciale. C'est pour cela que ses couleurs sont très-généralement plus sombres et moins apparentes que celles de l'autre sexe. Je l'attribue à cette cause, et non à ce que M. Darwin a appelé la sélection sexuelle, par la raison que, dans les groupes pourvus d'une protection quelconque qui les dispense de se cacher pour échapper à leurs ennemis, les différences sexuelles de couleur sont, ou absentes, ou peu développées, ce qui dans cette dernière hypothèse, me semble inexplicable. En effet chez les Héliconides et les Danaïdes, protégées par leur couleur désagréable, les femelles sont aussi éclatantes et aussi apparentes que les mâles, et en diffèrent très-rarement. Les deux sexes sont aussi identiques chez les Hyménoptères porte-aiguillons. Chez les *Carabides*, les *Coccinelles*, les *Chrysomélines*, les *Télé-*

*phoriens*, les individus des deux sexes sont également éclatants et rarement différents de couleur. Les *Curculio*, qui sont protégés par leur dureté, sont brillants dans les deux sexes ; enfin les *Cetoniades* et les *Buprestides* qui paraissent protégés par leurs cuirasses dures et polies, leurs mouvements rapides et leurs mœurs singulières, présentent peu de différences sexuelles par rapport à la couleur, tandis que la sélection sexuelle se manifeste souvent par des différences de structure telles que des cornes, des épines, ou d'autres encore.

### Pourquoi les oiseaux femelles ont des couleurs ternes.

La même loi se manifeste chez les oiseaux. Chez la plupart des espèces où le mâle se distingue par la beauté de son plumage, la femelle est de couleur plus terne, et souvent très-ordinaire ; c'est qu'il importe à sa sécurité qu'elle soit cachée pendant qu'elle couve ses œufs. Les exceptions sont éminemment de nature à prouver la règle, et en général s'expliquent facilement ; par exemple il y a quelques échassiers ou gallinacés chez lesquels la femelle a des couleurs décidément plus brillantes que le mâle ; mais, chose curieuse et bien intéressante, dans tous ou presque tous ces cas ce sont les mâles qui couvent les œufs ; cette exception à la règle donne ainsi presque la preuve que les couleurs peu voyantes sont une protection donnée à l'oiseau, parce que l'incubation est un acte à la fois très-important et très-dangereux. L'exemple le plus frappant est celui du phalarope gris (*Phalaropus fulicarius*) : le plumage d'hiver est le même pour les deux sexes ; mais, en été, la femelle est beaucoup plus apparente, ayant la tête noire, les ailes foncées, et le dos d'un brun rougeâtre, tandis que le mâle est d'un brun presque uniforme, avec des taches sombres. M. Gould, dans son livre sur les « Oiseaux de la Grande-Bretagne », décrit les deux sexes dans le plumage d'été et celui d'hiver ; il fait observer cette étrange particularité que le rapport habituel des couleurs entre les deux sexes est ici renversé, et cet autre fait non moins curieux, que le mâle seul couve les œufs, déposés sur la terre nue.

Chez un autre oiseau de la Grande-Bretagne, le pluvier, la femelle est aussi plus grande et de couleurs plus brillantes que le mâle ; il paraît que celui-ci aide à l'incubation, s'il ne l'accomplit pas entièrement ; car M. Gould nous apprend que l'on a tué certains de ces oiseaux qui avaient la poitrine déplumée, résultat dû à l'incubation. « La femelle du genre *Turnix* (petit oiseau qui ressemble à la caille) est généralement aussi plus grande, et offre des couleurs plus vives que le mâle ; et même, à ce que nous apprend M. Jerdon dans son livre sur les « Oiseaux de l'Inde », les indigènes racontent « que les femelles de ces espèces, pendant la saison des amours, abandonnent leurs œufs pour vivre réunies par bandes, pendant que les mâles se chargent de couver ; » on sait aussi que les femelles sont plus hardies, plus querelleuses que les mâles.

Notre manière de voir est encore confirmée par un autre fait, qui jusqu'à présent a passé inaperçu ; c'est que, chez la plupart des espèces où les deux sexes sont doués de couleurs brillantes, l'incubation se fait dans un trou obscur ou dans un nid en forme de dôme. La femelle du martin-pêcheur, par exemple, est souvent aussi brillante que le mâle, et cette espèce niche dans des trous pratiqués dans le bord des rivières. Les guêpiers, les toucans, les trogons, les momotides font tous leurs nids dans des trous, et, chez tous, les sexes sont semblables ; tous aussi sont de couleurs voyantes. Les perroquets choisissent aussi les trous dans les arbres, et, chez la plupart d'entre eux, il n'existe aucune différence sexuelle appréciable, tendant à cacher la femelle. Les pics rentrent dans la même catégorie, car la femelle n'est pas en général moins apparente que le mâle, bien que les deux sexes diffèrent souvent de couleur. Les nids des bergeronnettes et des mésanges sont cachés, et les femelles sont presque aussi brillantes que leurs compagnons. Le joli oiseau d'Australie, *Pardalotus punctatus*, dont la femelle a sur le dos des taches très-apparentes, fait son nid dans un trou du sol. On peut encore citer les *Icterides* et les *Tangaras ;* tous deux sont de couleurs très-brillantes ; les premiers n'offrent que peu ou point de différence sexuelle à cet égard, et ils vivent cachés dans des nids couverts ; chez les seconds au contraire, qui nichent à ciel ouvert, la femelle est terne, et parfois même avec des teintes presque protectrices.

Sans doute la règle ici indiquée souffre bien des exceptions individuelles ; car des causes nombreuses et variées ont produit la coloration et les habitudes des oiseaux; ces deux caractères ont à leur tour agi et réagi l'un sur l'autre, et, sous l'influence de conditions nouvelles, l'un des deux a pu être modifié, tandis que l'autre, bien qu'inutile, était conservé par hérédité, constituant une apparente exception à une règle qui paraît d'ailleurs générale.

En somme, les différences sexuelles de couleur chez les oiseaux, ainsi que leur mode de nicher, sont parfaitement d'accord avec la loi de l'adaptation protectrice des couleurs et des formes ; loi qui paraît avoir gêné jusqu'à un certain point l'action puissante de la sélection sexuelle, en influant positivement sur la couleur des oiseaux femelles, aussi bien qu'elle a sans aucun doute déterminé celle des insectes femelles.

### Utilité des couleurs voyantes de plusieurs chenilles.

Depuis la première publication de cet essai, on a trouvé, dans le principe de la protection par les couleurs, l'explication d'une difficulté assez curieuse.

Un grand nombre de chenilles sont douées de couleurs assez brillantes pour frapper les yeux même à grande distance, et on a observé que ces animaux se cachent rarement. D'autres espèces cependant sont vertes ou brunes, très-semblables aux substances dont elles se nourrissent; il en est aussi qui imitent le bois, et se tiennent immobiles attachées à l'extrémité d'une branche, paraissant ainsi en être un rejeton. Or les chenilles constituent une grande partie de la nourriture des oiseaux; il n'était donc pas facile de comprendre pourquoi certaines d'entre elles avaient des couleurs et des marques propres à les rendre particulièrement visibles. M. Darwin m'a parlé de ce phénomène, comme présentant une difficulté à un autre point de vue; en effet, il était arrivé à admettre que les couleurs brillantes dans le règne animal sont dues surtout à la sélection sexuelle; or celle-ci ne peut pas avoir agi sur les larves qui n'ont pas de sexe. Raisonnant par analogie avec d'autres insectes, je conclus que, puisque certaines chenilles sont évidemment protégées par leurs couleurs imitatives, et beaucoup par les épines ou les poils qui recouvrent leurs corps, les nuances vives des autres devaient aussi leur être utiles de quelque manière; me rappelant en outre que certains papillons sont l'aliment le plus recherché des oiseaux, tandis que d'autres leur répugnent, et que ces derniers sont pour la plupart brillamment colorés, je pensai qu'il en était probablement de même pour les chenilles, c'est-à-dire que celles qui ont des couleurs voyantes ont un goût désagréable aux oiseaux et sont par conséquent rejetées par eux. Ce dernier caractère serait cependant par lui-même un faible avantage pour la chenille; car son corps est si mou et si délicat qu'une fois saisie et rejetée par un oiseau, elle serait presque certainement tuée. Il fallait donc qu'un autre caractère constant et évident fît toujours discerner aux oiseaux les espèces immangeables; c'est précisément à cela que servent des couleurs très-éclatantes, jointes à l'habitude de l'animal de s'exposer à tous les regards; ces deux traits font en effet un contraste absolu avec les teintes vertes ou brunes et la vie cachée des autres espèces.

Je fis de cette question le sujet d'une communication à la Société entomologique (voy. *Proceedings*, 4 mars 1867), dans le but de provoquer les observations que quelques membres pourraient avoir l'occasion de faire pendant l'été suivant ; en outre j'écrivis au journal « The Field », une lettre dans laquelle, expliquant d'ailleurs le grand intérêt et l'importance scientifique du problème, je demandais que quelques-uns des abonnés voulussent bien contribuer à sa solution, en recherchant quels insectes sont rejetés par les oiseaux. Je ne reçus qu'une seule réponse : curieux exemple du peu d'intérêt que les lecteurs de ce journal prennent aux questions d'histoire naturelle ; elle venait d'un propriétaire du Cumberland qui me faisait part de quelques observations intéressantes sur la répulsion et le dégoût qu'inspire à tous les oiseaux la « chenille du groseillier », c'est probablement celle de la phalène du groseillier (*Abraxas grossulariata*). Ni les jeunes faisans, ni les perdrix ou les canards sauvages ne consentaient à la manger ; les moineaux et les pinsons ne la touchaient jamais, et tous les oiseaux auxquels elle était présentée, la rejetaient avec une horreur évidente. On verra que ces observations sont confirmées par deux des membres de la Société entomologique, à qui nous sommes redevables de renseignements plus détaillés.

En mars 1869, M. Jenner Weir communiqua une série d'observations précieuses faites pendant plusieurs années dans sa volière, qui renfermait les oiseaux suivants, tous plus ou moins insectivores : le rouge-gorge, le bruant jaune, le bruant des roseaux, le bouvreuil, le pinson, le bec croisé, le merle-grive, le pipit des arbres, le tarin d'Europe, le sizerin boréal. M. Weir observa que ces oiseaux rejetaient toujours les chenilles velues ; ils négligeaient absolument cinq espèces distinctes, et les laissaient ramper impunément durant plusieurs jours dans la volière. Ils refusaient aussi les chenilles épineuses de la Petite Tortue et du Paon de jour ; mais, dans ces deux derniers cas, c'est à cause de leur goût, à ce que pense M. Weir, non à cause des poils ou des épines ; en effet quelques chenilles très-jeunes d'une espèce velue étaient rejetées, bien que les poils ne fussent pas encore développés, et les chrysalides lisses des papillons ci-dessus nommés l'étaient avec la même persistance que les larves épineuses. Ici, par conséquent, les poils et les épines semblent n'être que des signes indiquant que l'animal n'est pas mangeable.

M. Weir fit ensuite des expériences avec ces chenilles lisses et brillantes, qui ne se cachent jamais, mais paraissent plutôt chercher à attirer les regards. Telles sont, par exemple, celle de l'*Abraxas grossulariata* (tachetée de blanc et de noir), celle de la *Diloba cæruleocephala* (d'un jaune pâle avec une large bande latérale bleue ou verte), celle de la *Cucullia verbasci* (d'un blanc verdâtre avec des raies jaunes et des taches noires), et celle de l'*Anthrocera filipendulæ* (jaune avec des taches noires). Données aux oiseaux à différentes reprises, et parfois mélangées avec d'autres chenilles qui étaient avidement dévorées, elles furent toujours rejetées ; négligées même absolument, elles continuaient à ramper librement dans la volière jusqu'à leur mort.

M. Weir porta ensuite ses observations sur les larves que leur couleur terne semble protéger, et il résume ainsi les résultats obtenus : « Les oiseaux mangent avec « avidité toutes les chenilles qui ont des habitudes noc- « turnes, des couleurs ternes, avec un corps charnu et « une peau lisse. Ils goûtent beaucoup aussi toute es- « pèce de chenille verte, et ne refusent jamais les Géo- « mètres, qui, attachées à une plante par leurs pattes « anales, ressemblent à de petites branches. »

Dans la même réunion, M. A. G. Butler, du British Museum, fit part de ses observations sur les lézards, les grenouilles et les araignées, dont les résultats confirment d'une manière frappante celles de M. Weir. Il conserva pendant plusieurs années trois lézards verts, qui étaient excessivement voraces, mangeant toute espèce de nourriture, depuis des gâteaux à la frangipane jusqu'à des araignées, et dévorant des mouches, des chenilles et des bourdons; il y avait cependant certaines espèces de chenilles qu'ils ne prenaient que pour les rejeter aussitôt : entre autres la chenille du groseillier (*Abraxas grossulariata*), et l'*Anthrocera filipendulæ;* le lézard les rejetait immédiatement avec dégoût, et ne les inquiétait plus ensuite. Après cela M. Butler garda quelques crapauds qu'il nourrissait avec des chenilles de son jardin; mais deux d'entre elles furent constamment rejetées; c'était la chenille déjà mentionnée du groseillier et celle de l'*Halia wavaria*, qui est de couleur verte, avec des bandes très-apparentes blanches ou jaunes et des taches noires. La première fois que ces espèces furent offertes aux crapauds, ceux-ci se jetèrent sur elles avec avidité et les firent passer dans leur bouche ; mais immédiatement ils parurent s'apercevoir de leur erreur, et on les vit immobiles, la bouche ouverte, s'efforcer en remuant la langue de se débarrasser de cet aliment désagréable.

Il en fut de même avec les araignées. Ces deux chenilles furent mises à différentes reprises dans les toiles de l'*Epeira diadema* et de la *Lycosa*. Dans le premier cas, elles furent rapidement détachées de la toile et laissées en liberté ; dans le second cas, elles disparurent d'abord, emportées dans les mâchoires de l'araignée jusqu'au fond de son entonnoir, mais elles reparurent toujours, remontant en toute hâte le long des parois.

M. Butler a vu des lézards lutter avec des bourdons et finir par les dévorer. Il a observé une grenouille qui, posée sur du sedum, sautait pour s'emparer des abeilles qui volaient autour d'elle, et les mangeait sans être arrêtée par leurs piqûres. Il est donc évident que la possession d'un dard ou piquant n'est point, pour une chenille ou un insecte très-apparent, une protection aussi efficace que celle d'une odeur ou d'un goût désagréable.

Les observations de M. Weir et de M. Butler confirment d'une manière remarquable l'hypothèse que j'avais proposée deux ans auparavant pour la solution de la difficulté. Il est généralement reconnu qu'une théorie est d'autant plus certaine et plus complète qu'elle nous fournit une base plus sûre pour prévoir les faits ; je crois pouvoir avancer que cette condition est heureusement remplie dans le cas actuel, et que celui-ci nous fournit par conséquent un puissant argument en faveur de la théorie de la sélection naturelle.

### Résumé.

J'ai exposé brièvement et d'une façon nécessairement imparfaite les divers modes par lesquels les formes et les couleurs des animaux sont combinées pour leur avantage, en les cachant soit à leurs ennemis, soit aux êtres dont ils font leur nourriture. J'espère avoir montré tout l'intérêt qu'offre cette étude ; elle fait bien comprendre la place que chaque animal occupe dans l'économie générale de la nature, ainsi que les moyens par lesquels il réussit à s'y maintenir ; elle enseigne aussi quel rôle important jouent les plus petits détails dans la structure des animaux, sur quels éléments compliqués et délicats repose l'équilibre du monde organique.

Après avoir exposé tous ces détails, il sera utile de récapituler les points essentiels.

Il y a dans la nature une harmonie générale entre les couleurs d'un animal et celles du milieu où il vit ; ceux qui habitent les régions polaires sont blancs, ceux du désert sont de la couleur du sable ; le vert domine chez ceux qui vivent dans le feuillage et l'herbe, les animaux nocturnes sont de couleur sombre. Cette règle n'est pas universelle, mais très-générale, et rarement intervertie. Allant un peu plus loin dans l'examen des faits, nous trouvons des oiseaux, des reptiles et des insectes dont les nuances et les bigarrures se confondent exactement avec la pierre, l'écorce, la feuille, ou la fleur, sur laquelle ils se tiennent habituellement, et qui de cette façon échappent à tous les regards. Avançons d'un pas encore, et nous avons des insectes que leurs formes et leurs couleurs font ressembler exactement à certaines feuilles, ou fleurs, ou à certains bois, à telle branche moussue; et, dans ces cas, des habitudes et des instincts très-particuliers viennent aider à l'illusion et assurer à l'animal plus complétement encore le secret dont il a besoin.

Puis nous voyons les phénomènes entrer dans une phase nouvelle : des êtres nous apparaissent, que leurs couleurs ne cachent point et ne rendent nullement semblables à des substances minérales ou végétales, au contraire ils sont très-apparents; mais leur apparence extérieure les fait ressembler exactement aux représentants d'un groupe très-différent, tandis qu'ils diffèrent beaucoup de ceux auxquels ils sont d'ailleurs alliés par tous les points essentiels de leur organisation. On dirait des acteurs, des comédiens habillés et peints pour quelque farce, ou bien des fripons qui cherchent à se faire passer pour des membres connus et respectables de la société. Que signifie cet étrange travestissement ? Est-ce que la nature descend jusqu'à l'imposture et à la mascarade ? Non pas, ses principes sont trop sévères; chaque détail de ses œuvres a son utilité. La ressemblance d'un animal avec un autre est un phénomène essentiellement de même nature que la ressemblance de tel autre à une feuille, à une écorce, ou au sable du désert, et tend au même but. Dans ce dernier cas l'ennemi n'attaque pas la feuille ou l'écorce, ainsi le déguisement est une sauvegarde ; il est aussi une sauvegarde dans l'autre cas : pour diverses raisons, l'ennemi néglige et laisse en sécurité l'animal imité, et celui qui l'imite profite de cette particularité.

Le déguisement est de même nature dans les deux cas ; ce qui le prouve, c'est que nous rencontrons parfois, dans un même groupe, deux espèces, dont l'une ressemble à une substance végétale, et l'autre, à un animal d'un autre groupe ; ce dernier, étant très-abondant, d'ailleurs très-visible et ne cherchant point à se cacher, doit posséder quelque protection secrète contre les attaques de ses ennemis ; celle-ci est souvent facile à constater, c'est par exemple un goût rebutant ou bien une dureté qui le rend indigeste. Si l'on pousse l'examen plus loin, on découvre que, dans beaucoup de cas, c'est la femelle seule qui possède ce déguisement ; d'ailleurs il est clair qu'elle a beaucoup plus besoin de protection que le mâle, et que sa conservation pendant une période plus longue est absolument nécessaire au maintien de la race; nous avons ici par conséquent une nouvelle preuve que la ressemblance sert dans tous les cas à ce grand but, la conservation de l'espèce.

En cherchant à expliquer ces phénomènes comme résultant de la variation par sélection naturelle, nous partons du fait que des variétés blanches se rencontrent fréquemment et que, une fois protégées contre leurs ennemis, elle se montrent capables d'exister et de se reproduire. Nous savons en outre qu'il existe des variétés de teintes différentes ; la loi de la « survivance des plus aptes » a pour conséquence inévitable la disparition des variétés à couleurs nuisibles et le maintien de celles à qui leurs couleurs sont une sauvegarde ; cela nous suffit pour expliquer les teintes protectrices des espèces polaires et de celles du désert. Mais, ceci une fois admis, les exemples d'imitation protectrice sous toutes les formes, allant jusqu'aux cas les plus merveilleux de ce qu'on appelle « mimique, » constituent une série continue et graduée, qui ne nous laisse aucune place où nous puissions placer une limite et dire : jusqu'ici la variation par sélection naturelle suffit pour rendre compte des phénomènes, mais au delà il faut une cause plus puissante. Les théories opposées qui ont été mises en avant, telles que la « création spéciale » de chaque forme imitative, ou l'action des « conditions semblables d'existence » pour quelques cas, ou bien encore celle de « l'hérédité et du retour aux formes primitives », pour d'autres, — toutes ces théories sont, comme on l'a vu, sujettes à beaucoup d'objections, et même les deux dernières sont en contradiction absolue avec quelques-uns des faits les plus constants et les plus remarquables parmi ceux dont on cherche l'explication.

### Considérations générales sur la couleur dans la nature.

Tel est donc le rôle important qu'a joué la « ressemblance protectrice » pour déterminer les couleurs et en général les caractères externes de plusieurs groupes d'animaux. Ce fait, une fois saisi, nous permettra de comprendre l'un des phénomènes les plus frappants de la nature, savoir, l'uniformité de couleur qui règne parmi les végétaux, comparée à la curieuse diversité qui, au contraire, caractérise le règne animal. On se demande pour quelle raison les arbres et les arbustes ne sont pas ornés de teintes aussi variées et de dessins aussi remarquables que les oiseaux et les papillons ; les fleurs nous montrent bien que les tissus végétaux ne sont pas incapables d'offrir des couleurs vives, mais les fleurs ne nous offrent point ces dessins merveilleux que nous admirons chez beaucoup d'insectes, ces arrangements compliqués de raies, de points et de taches, ces lignes où les effets d'ombre contribuent même à l'harmonie des teintes.

Selon l'opinion de M. Darwin, les belles couleurs des fleurs sont dues en grande partie à ce qu'elles attirent les insectes dont l'intervention est souvent nécessaire à la fécondation, tandis que dans le règne animal elles résultent de la sélection sexuelle. Nous admettons pleinement la justesse de cette théorie; mais, en même temps, il ressort évidemment des faits et des arguments qui ont précédé, que la *variété* des couleurs et des signes distinctifs parmi les animaux est beaucoup due à ce que, pour un grand nombre, il est d'une importance suprême qu'ils soient cachés : c'est ainsi que les diverses teintes des minéraux et des végétaux ont été directement reproduites dans le règne animal, et ont subi des modifications successives, au fur et à mesure qu'une protection spéciale devenait nécessaire. Deux causes distinctes ont donc contribué au développement de la couleur dans le monde animal, et sa diversité extraordinaire est d'autant plus facile à comprendre, qu'elle est due à l'action séparée de chacun de ces deux facteurs et à l'action combinée de tous les deux. Ces causes rentrent d'ailleurs dans la loi générale de l'utilité, dont la preuve est due presque entièrement à M. Darwin.

Une connaissance plus exacte des divers phénomènes qui se rattachent au sujet traité jusqu'ici, nous apprendra peut-être quelque chose sur les sens et les facultés mentales des animaux inférieurs. Car, si les couleurs qui leur plaisent sont les mêmes qui nous séduisent aussi, et si les divers travestissements que nous venons d'énumérer sont aussi trompeurs pour eux que pour nous, il est évident que, chez eux, le sens de la vue, aussi bien que les facultés de perception et de sentiment, sont essentiellement de même nature que les nôtres : résultat d'une haute importance philosophique pour l'étude de notre propre nature et de nos rapports avec les animaux inférieurs.

## Conclusion.

Malgré la grande quantité de faits intéressants qui ont été constatés, on peut dire que le sujet qui vient d'être traité est encore peu connu. L'histoire naturelle des tropiques n'a jamais encore été étudiée avec une pleine intelligence de ce qu'il fallait observer pour résoudre ces questions. Les différents genres de protection que les animaux retirent de leurs couleurs et de leurs formes, ces étranges déguisements qui les font ressembler à des substances minérales ou végétales, leur merveilleuse imitation d'autres êtres, tout cela offre au zoologiste un champ inépuisable et presque inexploré ; l'étude de ces phénomènes jettera sans doute une vive lumière sur les lois et les conditions qui ont produit cette merveilleuse variété de couleurs et de nuances qui constitue l'un des caractères les plus attrayants du règne animal, mais dont les causes immédiates sont encore difficiles à expliquer.

J'ai cherché à montrer que, dans ce domaine vaste et pittoresque de la nature, on peut expliquer, par des causes simples et relativement connues, bien des phénomènes qui jusqu'à présent passaient pour être dus à ces combinaisons incalculables de lois qu'on appelle le hasard, ou bien à la volonté directe du Créateur. Si j'y ai réussi, j'aurai atteint mon but actuel ; je me proposais en effet d'étendre à une catégorie nombreuse de détails curieux, mais négligés jusqu'à aujourd'hui, cet intérêt qu'inspirent généralement les faits plus frappants de l'histoire naturelle, et de contribuer pour ma part, quelque faible qu'elle pût être, à établir ce principe : que les phénomènes de la vie sont, comme les autres, assujettis au règne de la loi.

---

## IV

## LES PAPILLONIDES DES ILES MALAISES; PREUVES QU'ILS APPORTENT A LA THÉORIE DE LA SÉLECTION NATURELLE.

Valeur particulière des Lépidoptères diurnes pour des recherche de cette nature.

Lorsqu'un naturaliste étudie les mœurs, la structure ou les affinités des animaux, peu importe le groupe auquel il applique particulièrement son attention, car tous lui offrent également un nombre infini de matériaux pour ses recherches et ses observations. Mais, si son but est d'étudier les phénomènes de distribution géographique ou de variation locale, sexuelle, ou générale, la valeur et l'importance relative des divers groupes sont très-différentes. Les uns habitent une région trop limitée, les autres ne présentent pas une variété suffisante de formes spécifiques, ou encore, ce qui est d'une importance majeure, un grand nombre de groupes n'ont pas été jusqu'à présent l'objet d'observations suffisantes dans toute l'étendue de la région qu'ils habitent; d'où il résulte que les matériaux nous manquent pour arriver à des conclusions exactes sur les phénomènes qu'ils présentent dans leur ensemble. C'est donc dans les groupes qui sont, et même depuis longtemps, particulièrement recherchés par les collectionneurs, que le savant, lorsqu'il étudie la variation et la distribution des espèces, trouvera les matériaux les plus satisfaisants, parce qu'ils sont les plus complets.

Les Lépidoptères, ou papillons diurnes, sont au premier rang sous ce rapport. On en a fait des collections dans toutes les parties du monde, à cause de leur extrême beauté et de leur diversité infinie, et leurs nombreuses espèces et variétés ont été reproduites dans une série d'ouvrages magnifiques, depuis ceux de Cramer, contemporain de Linné, jusqu'aux travaux inimitables de notre compatriote Hewitson (1).

D'ailleurs, indépendamment de leur abondance, de leur distribution universelle, et de l'intérêt qu'ils ont inspiré, ces insectes ont des qualités qui les rendent particulièrement propres à élucider les questions spéciales dont nous avons parlé. Ce sont l'immense développement des ailes, et leur structure particulière; non-seulement leurs formes varient plus que chez tous les autres insectes, mais elles offrent sur leurs deux surfaces une diversité infinie de dessins, de couleurs et de tissus; les écailles qui les recouvrent plus ou moins complétement, imitent les riches nuances et les reflets délicats du satin ou du velours, brillent d'un éclat métallique, ou rappellent les teintes chatoyantes de l'opale. Cette surface, si délicatement peinte, sert comme de registre où s'inscrivent les moindres différences d'organisation; une nuance, une tache ou une raie

(1) W. E. Hewitson, de Oatlands, Walton-on-Thames, est l'auteur des *Papillons exotiques* et d'autres ouvrages, ornés de figures admirables, peintes par lui-même; il possède la plus belle collection de papillons connue.

additionnelle, une légère modification dans le contour, se reproduisent avec la régularité et la fixité la plus parfaite, tandis que le corps et les autres membres n'offrent aucun changement appréciable. Les ailes des papillons, comme le dit fort bien M. Bates, « sont les tablettes sur lesquelles la nature écrit l'histoire de la modification des espèces ; » elles nous permettent d'apercevoir des variations qui sans elles seraient incertaines ou difficiles à observer, et nous montrent sur une grande échelle les effets des conditions physiques ou climatériques dont l'influence se fait sentir plus ou moins profondément dans l'organisation de tout être vivant.

Une considération prouvera, je crois, que cette grande sensibilité aux causes modificatrices n'est pas imaginaire. Les Lépidoptères en général sont, de tous les insectes, ceux qui varient le moins dans les formes, la structure et les habitudes essentielles, quoique, par le nombre de leurs formes spécifiques, ils ne soient pas très-inférieurs aux ordres beaucoup plus répandus dans la nature, et qui présentent des modifications organiques plus profondes. Les Lépidoptères, à l'état de larve, sont tous herbivores ; à l'état parfait ils se nourrissent du suc des plantes ou d'autres liquides. Les groupes les plus éloignés les uns des autres ne diffèrent que peu d'un type commun et n'offrent que des modifications d'habitudes ou de structure comparativement peu importantes. Les Coléoptères, les Diptères ou les Hyménoptères, au contraire, présentent des variations beaucoup plus considérables et plus essentielles : dans tous ces ordres, nous trouvons des herbivores et des carnassiers, des animaux aquatiques, terrestres et parasites; les graines, les fruits, les os, les cadavres, le fumier, l'écorce, servent de nourriture et d'habitation à des familles entières de ces insectes, chacune dépendant exclusivement de la substance qui lui est assignée, tandis que les Lépidoptères, à quelques rares exceptions près, sont réduits à la seule fonction de dévorer le feuillage des végétaux vivants. On pourrait croire dès lors que leur richesse spécifique serait seulement égale à celle des sections des autres ordres dont le mode d'existence offre la même uniformité; or au contraire leur nombre peut se comparer à celui d'ordres entiers, beaucoup plus variés dans l'organisation et les mœurs; ce fait me paraît prouver qu'ils sont en général à un haut degré susceptibles de modifications spécifiques.

### Question du rang des Papillonides.

Le groupe des Papillonides a été jusqu'à aujourd'hui placé par le consentement universel ou à peu près, au premier rang de l'ordre des lépidoptères diurnes, et quoique cette position leur ait été récemment contestée, je ne puis absolument me rendre au raisonnement par lequel on propose de les dégrader. M. Bates, dans son excellent Essai sur les Héliconides (publié dans les *Transactions of the Linnean society*, vol. XXIII, p. 495), réclame pour celles-ci la première place, principalement à cause de la structure imparfaite des pattes antérieures, poussée dans ce cas-ci à un degré extrême d'avortement, ce qui les éloigne, plus qu'aucune autre tribu, des Hespérides et des Hétérocères, qui tous ont les pattes parfaites. Reste à savoir si une différence même très-grande qui se manifeste uniquement par l'imperfection ou l'avortement de certains organes, peut justifier, dans le groupe qu'elle caractérise, des prétentions à une place élevée dans l'échelle des organismes; c'est encore moins admissible, quand un autre groupe, dont les organes correspondants sont parfaits, présente des modifications particulières, et possède en outre un organe absolument absent dans le reste de l'ordre.

Or tel est précisément le cas pour les Papillonides; les insectes parfaits possèdent deux caractères qui leur sont spéciaux. M. Edward Doubleday, dans son « Genera of diurnal Lepidoptera », nous dit que « les Papillonides peuvent toujours être distingués par leur nervure médiane, qui paraît divisée en quatre branches, et par l'éperon que présentent les tibias des pattes antérieures; ces deux caractères ne se retrouvent dans aucune autre famille. » La disposition en quatre branches de la nervure médiane est si constante, si particulière, et si bien marquée, qu'on peut du premier coup d'œil déterminer si un papillon appartient ou non à cette famille, et je ne sache pas qu'aucun autre groupe de papillons, comparable à celui-ci soit par sa richesse spécifique, soit par les modifications de ses formes, possède dans la disposition des nervures un caractère qui offre le même degré de certitude. L'éperon sur les tibias antérieurs se retrouve chez quelques Hespérides; on croit y voir une affinité directe entre ces deux groupes, mais je ne pense pas que ce fait puisse contre-balancer les différences de la disposition des nervures et de toutes les autres parties de l'organisation. Mais le trait le plus caractéristique des Papillonides, auquel on n'a pas, à mon avis, attaché assez d'importance, est, sans aucun doute, la structure particulière des chenilles. Elles possèdent toutes un organe extraordinaire, situé sur le cou ; c'est une tentacule en forme d'Y, entièrement cachée à l'état de repos, mais que l'insecte a la faculté de lancer tout à coup au dehors quand il est alarmé. Ce singulier appareil, long de près d'un demi-pouce chez quelques espèces, est pourvu de muscles qui servent à le pousser en avant et à le retirer ; parfaitement invisible quand l'animal se repose, il est susceptible d'être brusquement projeté au dehors, et sa couleur est d'un rouge de sang ; ces différents caractères doivent le faire considérer comme servant de protection à la chenille, en effrayant et en mettant en fuite l'ennemi prêt à la saisir ; cet organe est donc une des causes qui ont amené la vaste extension et maintenu la permanence de ce groupe aujourd'hui si important. Ceux qui croient que des particularités de structure aussi remarquables n'ont pu naître que par une longue série de variations minimes dont chacune était utile à leur possesseur, doivent voir, dans la possession exclusive d'un pareil organe par un seul groupe, une preuve de son ancienne origine, et de modifications continuées depuis des temps reculés. Une addition structurale aussi positive à l'organisation d'une famille, remplissant une fonction importante, me paraît à elle seule suffisante pour considérer les Papillonides comme les membres les plus élevés de leur ordre et leur conserver ainsi la place que leur assignent la taille, la force et la beauté de leur organisation générale à l'état d'insectes parfaits.

M. Trimen a publié dans les *Transactions of the Linnean Society* (année 1868), un mémoire sur les « Ressemblances mimiques chez les papillons d'Afrique » ; dans ce travail il soutient avec force les vues de M. Bates sur la position élevée des Danaïdes relativement aux Papillonides, et avance, entre autres faits, la ressemblance incontestable qui existe entre la chrysalide du *Parnassius*, un genre des Papillonides, et celles de quelques Hespérides et de quelques espèces nocturnes. J'admets, en effet, qu'il a prouvé que les Papillonides ont conservé certains caractères propres aux lépidoptères nocturnes, et perdus par les Danaïdes, mais je nie qu'ils doivent être, par cette raison, considérés comme inférieurs à ces derniers. Je pourrais indiquer d'autres caractères, qui les éloignent des papillons nocturnes plus encore que les Danaïdes. Les antennes en massue sont l'un des traits les plus importants et les plus constants qui distinguent les papillons diurnes des papillons crépusculaires et nocturnes ; or, de tous les papillons, c'est chez les Papillonides que cette forme est la plus accusée, et la plus parfaitement développée. De plus, les deux grandes sections des Lépidoptères se distinguent d'une manière générale par leurs mœurs respectivement diurnes et nocturnes, et les Papillonides, avec leurs proches alliées les Piérides, sont les plus exclusivement diurnes de tous les papillons ;

presque tous fréquentent les lieux exposés au soleil, et ils ne présentent pas une seule espèce crépusculaire. En revanche, le groupe nombreux des Nymphaliens (dans lequel M. Bates comprend comme sous-familles, les Danaïdes et les Héliconides) contient une sous-famille entière, les Brassolides, et un grand nombre de genres (*Thaumantis*, *Zeuxidia*, *Pavonia*, etc.) dont les mœurs sont crépusculaires ; enfin une proportion considérable de Satyrides et plusieurs des Danaïdes se tiennent de préférence à l'ombre.

Le problème de la supériorité d'un type dans un groupe d'organismes donné, et la détermination de l'espèce qui occupe la première place, sont des questions d'un si grand intérêt, que nous ferons bien de les considérer plus à fond, en comparant les Lépidoptères avec quelques groupes d'animaux supérieurs.

M. Trimen avance un argument qui me paraît peu solide. Il dit que le type lépidoptère, comme le type oiseau, est éminemment aérien, et que, par conséquent, une diminution des organes ambulatoires, loin d'être un signe d'infériorité, indique peut-être une forme supérieure parce qu'elle est plus exclusivement aérienne. Ce raisonnement placerait au premier rang des oiseaux les plus aériens d'entre eux, les martinets et la frégate, par exemple, et cela parce que leurs pattes sont impropres à la marche. Mais aucun ornithologue ne les a classés de la sorte, et trois groupes d'oiseaux seulement se disputent la prééminence. Ce sont : 1° les faucons, à cause de leur perfection générale, de la rapidité de leur vol, de leur vue perçante, de leurs pattes armées de puissantes serres rétractiles, de la beauté de leurs formes, de l'élégance et de l'agilité de leurs mouvements ; — 2° les perroquets, dont les pattes, quoique mal conformées pour la marche, sont parfaites comme organes préhenseurs, et qui possèdent un cerveau volumineux et beaucoup d'intelligence ; en revanche, leur vol est faible ; — 3° les grives et les corneilles comme offrant le type des oiseaux percheurs, à cause de l'équilibre bien pondéré de toute leur structure, dans laquelle aucun organe ni aucune fonction n'atteignent une prédominance anormale.

Pour ce qui est des mammifères, on pourrait prétendre que, puisqu'ils sont le type terrestre par excellence parmi les vertébrés, la supériorité de la marche et de la course est essentielle à la perfection du type, ce qui donnerait le premier rang au cheval, au daim ou au léopard, et non pas aux Quadrumanes. Nous avons ici un exemple très-frappant, car un groupe de Quadrumanes, celui des Lémuriens, est incontestablement plus rapproché des Insectivores inférieurs et des Marsupiaux, que ne le sont les Carnivores et les Ongulés; c'est ce qui est surtout démontré par le fait que les Opossums possèdent une main dont le pouce est parfaitement opposable, et très-semblable à celle des Lémuriens, et par la nature douteuse du Galéopithèque, curieux animal, classé tantôt comme un Lémurien, tantôt comme un Insectivore.

Ensuite, les mammifères aplacentaires, comprenant les Ornithodelphes et les Marsupiaux, sont considérés comme inférieurs aux mammifères placentaires. Or, l'un des caractères distinctifs des Marsupiaux est que leurs petits naissent aveugles et très-imparfaits ; on pourrait donc en conclure que les animaux dont les petits naissent parfaits sont les plus élevés, puisqu'ils sont les plus éloignés du type inférieur des Marsupiaux, ce qui donnerait aux Ruminants et aux Ongulés la prééminence sur les Quadrumanes et les Carnivores.

Mais les mammifères nous offrent un autre exemple, qui démontrera à quel point ce genre de raisonnement est fallacieux. S'il est un caractère particulièrement distinctif de cette classe d'animaux, et qui lui soit essentiel, c'est bien celui dont elle dérive son nom, la possession de glandes mammaires et la faculté d'allaiter ses petits; qu'y aurait-il de plus rationnel que de mettre au premier rang des mammifères le groupe chez lequel cette importante fonction est le plus développée et le plus longtemps nécessaire au développement des petits? Cependant ce groupe est précisément celui des Marsupiaux; l'allaitement commence chez eux quand les petits sont encore à l'état de fœtus et continue jusqu'à leur entier développement : ils dépendent donc pendant un temps très-long, et d'une manière absolue, de ce mode d'alimentation.

Ces exemples démontreront, je crois, que nous ne pouvons déterminer le rang d'un groupe quelconque par la considération du degré de rapport ou de différence que présentent certains de ses caractères avec leurs correspondants dans un groupe reconnu inférieur. Ils montrent aussi que le groupe le plus élevé d'une classe peut être plus rapproché de l'un des derniers que ne le sont d'autres, développés à côté d'eux, qui se sont écartés du type commun; mais qui cependant, à cause d'un manque d'équilibre ou d'une trop grande spécialisation de leurs organes, n'ont jamais atteint un degré supérieur d'organisation. L'exemple des Quadrumanes nous est très-précieux à ce point de vue, car grâce à leur affinité incontestable avec l'homme, nous sommes assurés de leur supériorité relativement aux autres ordres de mammifères, et, d'un autre côté, ils sont plus évidemment alliés à certains groupes inférieurs que beaucoup d'autres. Le cas des Papillonides me paraît exactement comparable à celui-ci, et, tout en admettant les preuves de leur affinité avec les groupes inférieurs des Hespérides et des Nocturnes, je maintiens que, vu le développement égal et complet de toutes les parties de leur organisation, ces insectes représentent le plus haut point de perfection auquel le type des papillons soit parvenu, et méritent d'occuper la première place dans tous les systèmes de classification.

### Distribution géographique des Papillonides.

Ces papillons sont assez généralement distribués sur le globe, mais ils sont particulièrement abondants sous les Tropiques, où ils atteignent leur maximum de taille et de beauté, et la plus grande variété de formes et de couleurs. Dans l'Amérique du Sud, l'Inde septentrionale, et l'archipel Malais, ces magnifiques insectes sont répandus avec une telle profusion qu'ils deviennent l'un des traits les plus caractéristiques du paysage. Dans les îles Malaises, en particulier, les grands *Ornithoptères* voltigent sur la lisière des forêts et des terres cultivées, et leur grande taille, leur vol majestueux et leurs brillantes couleurs, les rendent plus apparents que la plupart des oiseaux.

Deux grands et beaux *Papilio* (*Memnon* et *Nephelus*) ne sont pas rares dans les faubourgs ombragés de la ville de Malacca; on les voit poursuivre leur vol irrégulier le long des routes, ou étendre leurs ailes aux rayons bienfaisants du soleil. A Amboine, et dans les autres villes des Moluques, le *Deiphobus* et le *Severus*, quelquefois même l'*Ulysses* azuré, fréquentent ordinairement les orangers et les plates-bandes de fleurs, s'aventurant quelquefois jusque dans les étroits bazars et les marchés couverts de la ville. On voit souvent à Java, dans les lieux humides, le long des routes, l'*Arjuna*, tout couvert d'une poussière dorée, en compagnie du *Sarpedon*, du *Bathycles*, de l'*Agamemnon*, et plus rarement le superbe *Antiphates* à queue fourchue. On ne peut guère se promener une matinée dans les parties les plus fertiles de ces îles, sans rencontrer trois ou quatre espèces de Papilio, et souvent le double. On en connaît aujourd'hui 130 qui habitent cet archipel; j'en ai recueilli moi-même jusqu'à 96. Trente espèces se trouvent à Bornéo, c'est le plus grand nombre qu'on ait découvert dans une seule île; j'en ai pris moi-même 23 espèces dans les environs de Sarawak. Java possède vingt-huit espèces, Célèbes vingt-quatre, la péninsule de Malacca, vingt-six. Ces chiffres diminuent en avançant vers l'est. Batchian a dix-sept espèces, la Nouvelle-Guinée n'en a jusqu'à présent fourni que quinze, mais cette évaluation est certainement trop faible, car nous n'avons encore sur cette grande île, que des connaissances très-imparfaites.

### Définition du mot *espèce.*

J'ai rencontré dans l'estimation de ces chiffres la difficulté qui arrête souvent le naturaliste. Il s'agit de déterminer ce qui est *espèce* et ce qui est *variété.*

La région Malaise, se composant d'un grand nombre d'îles généralement d'une haute antiquité, possède, relativement à son étendue, un très-grand nombre de formes distinctes. Souvent, à la vérité, elles ne diffèrent que par de très-petits détails, mais, dans la plupart des cas, elles sont si constantes dans de longues séries de spécimens et se discernent si facilement l'une de l'autre, que je ne sais en vertu de quel principe nous leur refuserions le nom et le rang d'espèces.

L'une des définitions les meilleures et les plus orthodoxes est celle de Pritchard, le grand ethnologiste ; suivant lui, « une origine commune et distincte, prouvée « par la transmission constante d'une particularité « caractéristique de l'organisme à tous les individus « d'une race, » constitue une espèce. Laissant de côté la question de l'*origine* elle-même, que nous ne saurions déterminer, attachons-nous seulement à cette transmission constante de quelque particularité caractéristique d'organisation, qui constitue la preuve d'une origine spéciale. Cette définition nous contraindra à négliger entièrement le *degré* de différence qui existe entre deux formes quelconques, et à ne tenir compte que de sa *permanence*.

Le principe que j'ai donc adopté et auquel j'ai tâché de me conformer est celui-ci : lorsque deux formes habitent des régions distinctes, que leur différence paraît constante, que celle-ci d'ailleurs peut aisément se définir et n'est pas limitée à un seul caractère, j'ai considéré ces formes comme des *espèces*. Si, au contraire, les individus de chaque localité variant entre eux, la distinction des deux races devient moins claire et moins importante, ou si celle-ci, bien que constante, ne se manifeste que dans un seul caractère, tel que la taille, la couleur ou quelque autre détail extérieur, je classe l'une des formes comme *variété* de l'autre.

Je trouve en général que la permanence d'une espèce est en raison inverse de son étendue : elle est très-grande chez celles qui sont limitées à une ou deux îles ; dès qu'elles s'étendent à beaucoup d'îles, des variations se manifestent ; celles-ci deviennent très-grandes en même temps que très-instables, si les espèces occupent une grande partie de l'archipel. Cela s'explique, au moyen des principes de M. Darwin. Si une espèce existe dans une grande étendue de pays, elle doit avoir eu, et probablement possède encore une grande puissance de dispersion ; cette circonstance, amenant le mélange fréquent des formes qui, sous l'influence des conditions propres à chaque région de l'habitat, tendraient à devenir des variétés, les rend irrégulières et instables. Il n'en est pas de même pour une espèce qui est peu répandue, car elle n'a pas un pouvoir de dispersion assez grand pour nuire au développement des variétés; l'espèce alors se montrera sous une ou plusieurs formes permanentes, selon que des groupes auront été isolés à une époque plus ou moins ancienne.

### Lois et modes de la variation.

On confond souvent, sous le nom commun de variation, des phénomènes très-distincts. Je vais les étudier en les divisant par catégories.

1° *Simple variabilité.* — Je comprends ici tous les cas qui ne constituent qu'une instabilité plus ou moins grande de la forme spécifique, c'est-à-dire où l'ensemble de l'espèce, et même la descendance de chaque individu, présentent des différences continuelles, mais incertaines, comparables à celles que nous voyons chez nos races domestiques. Il est impossible de bien définir ces formes, parce qu'elles sont reliées entre elles par des nuances très-délicates. Ces différences ne se rencontrent que chez des espèces très-répandues, qui habitent plutôt des continents que des îles; du reste ces cas sont exceptionnels, car, chez la plupart des formes spécifiques, la variation n'a lieu que dans des limites fort étroites. Les *Papillonides* malais ne présentent qu'un seul bon exemple de ce genre de variabilité; c'est le *P. Severus*, qui habite toutes les îles Moluques et la Nouvelle-Guinée, et qui, dans chacune de ces régions, présente entre les individus plus de différences qu'il n'en faut souvent pour distinguer des espèces parfaitement marquées. Je citerai encore, comme presque aussi frappantes, la plupart des espèces d'Ornithoptères, chez lesquelles les variations vont parfois jusqu'à affecter la forme de l'aile et l'arrangement des nervures.

Ces espèces variables sont alliées de près à d'autres qui, bien que peu différentes, sont permanentes et limitées à des régions peu étendues. L'examen de nombreux spécimens pris dans leurs pays d'origine montre. bien que les individus de l'une des catégories seulement sont variables, tandis que les autres ne le sont pas; il est clair alors que, si l'on faisait de toutes ces formes, des variétés d'une même espèce, on négligerait un fait important dans la nature, et que, pour lui donner tout le relief qu'il doit avoir, il faut classer comme espèce distincte la forme locale invariable, bien que celle-ci ne présente pas de caractères plus marqués que ceux de la forme extrême chez l'espèce variable. Comme exemples de ce genre-là je citerai l'*Ornithoptera Priamus*, qui est limité aux îles de Céram et d'Amboine, et qui est très-permanent dans les deux sexes, tandis que l'espèce alliée, qui habite la Nouvelle-Guinée et les îles des Papous, est excessivement variable; dans l'île de Célèbes se trouve une espèce alliée du *P. Severus*, mais qui, contrairement à celui-ci, offre tous les caractères de la permanence, en sorte que je l'ai classée comme espèce distincte, sous le nom de *Papilio Pertinax*.

2° *Polymorphisme ou Dimorphisme*. — Par ce terme je

désigne la coexistence dans la même localité de deux ou plusieurs formes distinctes, qui ne sont pas reliées par des formes intermédiaires, et qui toutes cependant sont parfois produites par des parents communs. Ces formes distinctes ne se présentent en général que dans le sexe féminin, et leur descendance, au lieu de se composer d'êtres hybrides, c'est-à-dire dont chacun offre des points de ressemblance avec les deux parents, semble reproduire, dans des proportions variables, chacune des formes distinctes. Je crois qu'un examen sérieux fera reconnaître le polymorphisme dans beaucoup de cas qu'on supposait être des *variétés;* je citerai entre autres les cas d'albinisme et de mélanisme, ainsi que la plupart de ceux où une variété bien marquée se rencontre associée avec l'espèce mère, mais sans aucune forme intermédiaire. Si ces formes distinctes sont fécondes entre elles et ne sont jamais produites par un parent commun, on doit les considérer comme des espèces, car le contact, s'il n'amène jamais le mélange, est un bon critère de la différence spécifique. D'autre part, le croisement qui ne produit pas une race intermédiaire est une preuve de dimorphisme. Je pense, par conséquent, que, dans toutes circonstances, on a tort d'appliquer à des pareils exemples le terme de *variété.*

Les Papillonides malais présentent quelques exemples fort curieux de polymorphisme; quelques-uns ont été classés comme variétés, d'autres comme espèces distinctes; tous se rencontrent dans le sexe féminin. L'un des plus frappants est le *Papilio Memnon*, parce qu'il offre le mélange de la simple variabilité avec des formes locales et polymorphiques, qui toutes jusqu'à présent ont été classées sous le titre commun de variétés. Le polymorphisme est frappant chez la femelle; tantôt elle ressemble au mâle, bien qu'avec une teinte variable plus pâle; tantôt, par l'extrémité spatulée de ses ailes postérieures et par sa couleur particulière, elle rappelle tout à fait le *P. Coon*, espèce dont les deux sexes sont identiques entre eux, qui habite les mêmes régions, et avec laquelle le *P. Memnon* n'a d'ailleurs aucune affinité directe. Les femelles sans queue présentent la variabilité simple, car on n'en trouve jamais deux absolument semblables même dans une seule localité. Les mâles dans l'île de Bornéo présentent des différences constantes à la surface inférieure du corps; ils constituent par conséquent une forme locale, tandis que ceux du continent, dans leur ensemble, se distinguent de ceux des îles par des caractères si particuliers et si permanents, que je suis porté à en faire une espèce distincte, à laquelle on pourrait donner le nom de *P. Androgeus* (Cramer). Voilà donc à la fois, une espèce définie, des formes locales, le polymorphisme et la simple variabilité, qui me paraissent être autant de phénomènes différents, mais qui jusqu'à présent ont tous été classés comme des variétés. D'ailleurs nous avons une double preuve que ces formes distinctes appartiennent à la même espèce. MM. Payen et Bocarmé, à Java, ont obtenu d'un seul groupe de larves, les mâles ainsi que les deux formes de femelles, et j'ai moi-même pris à Sumatra, un *P. Memnon* mâle, ainsi qu'une femelle caudée du *P. Achates*, dans des circonstances qui m'ont conduit à les classer comme appartenant à une même espèce.

Le *Papilio Pammon* présente un cas assez semblable. La femelle fut décrite par Linné comme *P. Polytes* et a été considérée comme espèce distincte jusqu'au jour où Westerman obtint des mêmes larves les deux formes, (voyez Boisduval, *Species général des Lépidoptères*, p. 272). C'est pourquoi M. Edward Doubleday, dans son ouvrage sur les *Genres de Lépidoptères diurnes* (1846), les classa comme sexes d'une seule espèce. Depuis lors on trouva dans l'Inde des spécimens femelles très-semblables à l'insecte mâle, en sorte que l'observation de Westerman parut controuvée et le *P. Polytes* redevint une espèce distincte; c'est sous ce titre qu'il est désigné dans la liste des Papillonides du British Museum de 1856, et dans le catalogue de l'*East India Museum* de 1857. Cette contradiction s'explique par le fait que le *P. Pammon* a deux femelles, dont l'une ressemble beaucoup au mâle, tandis que l'autre en diffère complétement. Cela m'est confirmé par une longue étude de cet insecte (que l'on trouve dans toutes les îles de l'Archipel, représenté par des formes locales ou par des espèces très-voisines); en effet, partout où l'on rencontre un mâle allié au P. Pammon, on voit aussi une femelle semblable au P. Polytes, et quelquefois aussi, quoique moins souvent que sur le continent, une autre femelle très-semblable au mâle; par contre, on n'a encore découvert aucun spécimen mâle du P. Polytes; bien plus la femelle (*Polytes*) n'a encore jamais été trouvée que dans des localités habitées par le mâle (*Pammon*).

Dans ce cas, comme dans le précédent, une espèce distincte, avec des formes locales et des spécimens dimorphiques, ont été confondus sous le même nom de « variétés ».

Outre le vrai *P. Polytes*, il y a pour la femelle plusieurs formes alliées, savoir : *P. Theseus* (Cramer), *P. Melanides* (De Haan), *P. Elyros* (G. R. Gray), et *P. Romulus* (Linné). La femelle foncée décrite par Cramer comme *P. Theseus* paraît être la forme commune, et peut-être la seule de l'île de Sumatra ; mais à Java, Bornéo et Timor, on rencontre, outre les mâles identiques à ceux de Sumatra, des femelles *Polytes*, bien qu'un spécimen du *P. Theseus* pris à Lombock semble indiquer que les deux formes se rencontrent parfois ensemble. Dans les espèces alliées trouvées aux Philippines (*P. Alphenor* (Cramer) = *P. Ledebouria*, Eschscholtz, dont la femelle est le *P. Elyros* de G. R. Gray), il y a des formes correspondant à ces extrêmes, en même temps que plusieurs variétés intermédiaires ; on le voit très-bien dans la belle série que possède le British Museum.

Ceci nous fait voir de quelle façon peut se produire le dimorphisme ; car supposons que les formes extrêmes des îles Philippines soient mieux adaptées à leurs conditions d'existence que les intermédiaires qui les relient, ces derniers s'éteindront graduellement, et il ne restera que deux formes distinctes du même insecte, adaptées chacune à des conditions spéciales. Comme il est certain que celles-ci diffèrent suivant les districts, il arrivera souvent (comme à Sumatra et à Java) que l'une des deux formes prédominera dans une île et l'autre dans l'île adjacente. A Bornéo il semble y avoir une troisième forme; car le *P. Melanides* (De Haan) appartient évidemment au groupe qui nous occupe; il présente tous les caractères du *P. Theseus*, avec une modification dans la couleur des ailes postérieures.

J'arrive maintenant à un insecte qui, si je ne fais pas erreur, constitue l'un des cas de variation les plus intéressants qu'on ait observés jusqu'à présent. Le *Papilio Romulus*, indigène dans une grande partie de l'Inde et de Ceylan, et assez répandu dans les collections, a toujours été considéré comme une véritable espèce bien définie, et aucun doute n'a jamais été exprimé à ce sujet. Mais il n'existe, je crois, aucun mâle de cette forme. J'ai examiné la belle collection du British Museum, celles de l'East India Museum et du Hope Museum, ainsi que plusieurs collections particulières, entre autres celle de M. Hewitson, et je n'ai jamais vu que des femelles; pour ce papillon si commun on ne peut trouver aucun mâle, sauf le *P. Pammon*, également commun; cette espèce est déjà pourvue de deux femelles, et pourtant nous serons obligés, je le crois, de lui en assigner encore une troisième. Examinant avec soin le P. Romulus, je vois que, dans tous ses caractères essentiels, c'est-à-dire la forme et le tissu des ailes, la longueur des antennes, les taches de la tête et du thorax, et même les nuances particulières dont il est orné, il correspond exactement aux autres femelles du groupe Pammon; à première vue, la couleur spéciale de ses ailes antérieures lui donne un aspect différent, mais un examen détaillé fait voir que chacune de ces marques pourrait être le résultat de modifications presque imperceptibles des diverses formes alliées. Par conséquent je crois positivement ne pas faire erreur, en classant le *P. Romulus* comme une troisième forme indoue du *P. Pammon* femelle, correspondant au *P. Melanides*, la troisième forme du *P. Theseus* malais.

Je puis ajouter ici que les femelles de ce groupe ont une ressemblance superficielle avec le groupe *Polydorus* des Papilio; car le *P. Theseus* a été considéré comme étant la femelle du *P. Antiphus*, et le *Romulus* a été placé immédiatement après le *P. Hector*. Il n'existe aucune affinité rapprochée entre ces deux groupes de Papilio, et je suis porté à y voir un exemple de mimique due aux mêmes causes que M. Bates a si bien expliquées dans son ouvrage sur les *Héliconides*, et qui a produit cette singulière exubérance de formes polymorphiques que nous remarquons dans ce groupe et dans d'autres groupes alliés, appartenant au genre *Papilio*. Je consacrerai une section de cet essai à l'étude de ce sujet.

Comme troisième exemple de polymorphisme, je citerai le *P. Ormenus*, très-voisin de cet autre, bien connu, le *P. Erechtheus* d'Australie. La forme la plus commune de sa femelle se rapproche de l'*Erechtheus*, mais j'ai trouvé moi-même, dans les îles Aru, un insecte d'apparence totalement différente, que M. Hewitson appelle *P. Onesimus*, mais que j'ai depuis constaté n'être qu'une seconde forme femelle du *P. Ormenus*. En le comparant avec la description donnée par Boisduval du *P. Amanga*, dont un spécimen pris à la Nouvelle-Guinée se trouve au Muséum à Paris, on voit que ce dernier est une forme très-semblable ; j'ai trouvé deux autres spécimens, l'un dans l'île de Goram, et l'autre à Waigiou, qui tous deux sont évidemment des modifications locales de la même forme ; dans chacune de ces deux localités, j'ai trouvé aussi des mâles et des femelles ordinaires du P. Ormenus. Jusque-là, nous n'avons aucune preuve que ces insectes de couleur claire ne soient pas les femelles d'une espèce distincte dont le mâle ne serait pas encore connu ; mais deux faits m'ont convaincu que tel n'est pas le cas : à Darey, dans la Nouvelle-Guinée, où se rencontrent des mâles et des femelles normales très-semblables au P. Ormenus, mais qui me paraissaient devoir être classés comme espèces distinctes, j'ai vu l'une de ces femelles de couleur claire suivie de près dans son vol par trois mâles, exactement comme cela se passe, exclusivement je crois, entre les sexes de la même espèce. Après les avoir observés longtemps, je les pris tous les quatre, et je me convainquis que j'avais découvert le vrai caractère de cette forme anormale. J'en eus une nouvelle preuve l'année suivante, en découvrant dans l'île de Batchian une nouvelle espèce alliée au P. Ormenus, et en constatant que toutes les femelles que je pus voir ou prendre, appartenaient à une seule forme : elles ressemblaient beaucoup plus aux femelles claires anormales du P. Ormenus et du P. Pandion, qu'aux spécimens ordinaires de ce sexe. Tous les naturalistes conviendront, je pense, que ceci confirme fortement la supposition que les deux formes de femelles appartiennent à la même espèce. En outre, dans quatre îles différentes dans chacune desquelles j'ai passé plusieurs mois, j'ai trouvé les deux formes de femelles, sans jamais rencontrer qu'une seule forme du mâle; vers la même époque M. Montrouzier, qui a passé plusieurs années dans l'île Woodlark, à l'autre extrémité de la Nouvelle-Guinée, et doit s'être procuré tous les grands lépidoptères qui y habitent, y a trouvé des femelles très-semblables aux miennes, et qu'il associe avec une espèce très-différente, désespérant de leur trouver des mâles assortis. Tout cela rend suffisamment évident, je pense, que nous avons à faire ici à un cas de polymorphisme, de même nature que ceux du P. Pammon et du P. Memnon. Au reste, cette espèce n'est pas seulement dimorphique, mais trimorphique; car j'ai trouvé, dans l'île de Waigiou, une troisième femelle, parfaitement distincte de chacune des deux autres, et un peu intermédiaire entre la femelle ordinaire et le mâle. Ce spécimen est particulièrement intéressant pour ceux qui, avec M. Darwin, attribuent à l'action graduelle de la sélection sexuelle, la production d'une différence extrême entre les sexes. On pourrait y voir, en effet, l'un des degrés intermédiaires de ce développement, qui aurait été accidentellement conservé, à côté de ses rivaux plus favorisés; toutefois son extrême rareté (on n'en a trouvé qu'un seul spécimen contre plusieurs centaines de l'autre forme), semble indiquer qu'il tend à s'éteindre.

Dans le genre *Papilio*, nous n'avons plus à mentionner qu'un seul exemple de polymorphisme qui présente autant d'intérêt que ceux dont nous venons de parler; il se trouve en Amérique, et nous avons heureusement des renseignements précis à son sujet. Le *P. Turnus* est commun dans presque toute la région tempérée de l'Amérique du Nord, et la femelle ressemble beaucoup au mâle; un insecte complétement différent soit dans la forme, soit dans la couleur, le *P. Glaucus*, habite les mêmes contrées. Jusqu'au jour où Boisduval publia son « Species général », on ne supposait pas qu'il existât aucune connexion entre les deux espèces; mais il est maintenant bien certain que le *P. Glaucus* n'est qu'une seconde forme de la femelle du *P. Turnus*. Dans les *Proceedings of the Entomological society in Philadelphia* (janvier 1863), M. Walsh a fait un rapport très-intéressant sur la distribution de cette espèce. Il dit que dans les États de la Nouvelle-Angleterre et dans celui de New-York, toutes les femelles sont jaunes, tandis que dans l'Illinois et plus au sud, toutes sont noires; dans la région intermédiaire, les deux formes se rencontrent, dans les proportions variables. Le 37e degré de latitude est approximativement la limite sud de la forme jaune, et le 42e, la limite nord de la forme noire. Ce qui rend la preuve plus complète encore, c'est que des œufs de la même ponte ont donné naissance à des insectes noirs et à des insectes jaunes. M. Walsh dit aussi, que sur des milliers de spécimens, il n'a jamais vu, ni entendu mentionner de variété intermédiaire entre ces deux formes. Cet exemple intéressant nous fait voir que l'abondance relative de chaque forme dépend beaucoup de la latitude. Ici, les conditions sont favorables à l'une, là elles le sont à l'autre; mais il ne faut pas supposer que cela ne dépende que du climat; il est très-probable que l'influence principale est exercée par la présence d'ennemis ou de formes concurrentes. Il est très-désirable qu'un observateur aussi compétent que M. Walsh tâche de reconnaître quelles sont les causes adverses qui ont le plus pour effet de restreindre le nombre de chacune de ces formes opposées.

Cette sorte de dimorphisme, lorsqu'elle se présente dans le règne animal, ne paraît pas avoir d'influence directe sur la faculté de reproduction comme M. Darwin a montré que c'est le cas chez les plantes. Il ne semble d'ailleurs pas très-répandu. Je n'en connais qu'un seul autre cas dans une autre tribu de mes Lépidoptères d'Orient, celle des *Piérides*, et il y en a peu dans les Lépidoptères d'autres pays. Quelques espèces européennes présentent des différences très-remarquables entre la génération du printemps et celle de l'automne; c'est là un phénomène analogue, bien qu'il ne soit pas identique. L'*Araschnia prorsa*, de l'Europe centrale, est un exemple frappant de ce dimorphisme alternant suivant les saisons. On m'apprend qu'il existe beaucoup de cas semblables parmi nos Lépidoptères nocturnes; il en est plusieurs dont l'histoire naturelle est bien connue, grâce aux recherches de quelques savants qui en ont élevé et étudié plusieurs générations successives, il faut donc espérer que l'un de nos entomologistes anglais nous donnera un exposé complet de tous les phénomènes anormaux que présentent ces insectes. Parmi les Coléoptères, M. Pascoe a démontré l'existence de deux formes du mâle dans sept espèces des genres *Xenocerus* et *Mecocerus*, appartenant à la famille des *Anthribida* (*Proceedings of the Entomological Society*, Londres, 1862), et il y a en Europe jusqu'à six coléoptères d'eau du genre *Dytiscus* dont les femelles ont deux formes, la plus commune ayant les élytres profondément sillonnées, tandis que, chez la plus rare, elles sont lisses comme chez le mâle. Beaucoup d'Hyménoptères, entre autres les fourmis, présentent trois ou quatre formes et quelquefois davantage; c'est là un phénomène semblable au précédent, bien que chacune de ces formes remplisse une fonction distincte dans l'économie de l'espèce.

Parmi les animaux supérieurs j'ai déjà cité comme faits analogues l'albinisme et le mélanisme, et je connais parmi les oiseaux un exemple du même phénomène, l'*Eos fuscata*, qui évidemment existe sous deux formes de couleurs différentes, car j'ai trouvé les deux sexes de chacune dans la même troupe, et on n'a encore rencontré aucun spécimen intermédiaire.

Une grande différence entre les deux sexes est un phénomène si commun qu'il a excité peu d'attention jusqu'au jour où M. Darwin montra que, dans beaucoup de cas, il peut s'expliquer par la sélection sexuelle. Par exemple, dans la plupart des espèces polygames, les mâles combattent pour la possession des femelles, et les vainqueurs transmettent aux mâles de la génération qu'ils produisent, leur propre supériorité de taille, de force ou d'armes offensives. C'est par là que s'explique l'existence de l'ergot chez les gallinacés mâles, ainsi que leur grande taille et leur vigueur, et de même les fortes canines que possède le mâle chez les singes frugivores. Ainsi encore, la beauté exceptionnelle du plumage de certains oiseaux mâles, et les ornements spéciaux qui les distinguent, peuvent s'expliquer par la supposition, confirmée d'ailleurs par beaucoup de faits, d'une préférence accordée par les femelles à ceux qui possèdent ces avantages; de cette façon, de petites variations accidentelles de forme et de couleur, se sont accumulées jusqu'à produire la queue merveilleuse du paon, et le splendide plumage de l'oiseau de paradis. Ces deux causes ont sans doute agi plus ou moins chez les insectes, car, chez beaucoup d'espèces, le mâle seul possède des cornes et des mandibules puissantes, et plus fréquemment encore de riches couleurs et des reflets étincelants. Mais ici, les différences sexuelles sont dues aussi à une autre cause, savoir, l'adaptation spéciale de chacun des sexes à des mœurs ou à une manière de vivre distinctes. C'est ce qu'on voit bien chez les papillons femelles, qui, généralement faibles et lents au vol, ont souvent des couleurs propres à les cacher; dans une espèce de l'Amérique méridionale (*Papilio torquatus*), les femelles, qui habitent les forêts, ressemblent au groupe *Aeneas* du genre *Papilio* qui abonde dans des localités semblables, tandis que les mâles qui fréquentent les bords des rivières, exposés au soleil, ont une coloration toute différente. Dans ces cas, par conséquent, la sélection naturelle paraît avoir agi indépendamment de la sélection sexuelle, et tous peuvent être considérés comme des exemples du dimorphisme le plus simple, puisque la descendance n'offre jamais de variétés intermédiaires entre les formes des parents.

L'exemple suivant fera bien comprendre en quoi consistent les phénomènes de dimorphisme et de polymorphisme; supposons qu'un Saxon, aux yeux bleus et aux cheveux blonds, ait eu deux femmes, l'une, Indienne Peau-Rouge aux cheveux noirs, l'autre négresse aux cheveux laineux, et que les enfants, au lieu d'être des métis, de couleur brune ou noirâtre, combinant, à des degrés divers, les caractères respectifs des parents, fussent, les garçons, de purs Saxons comme leur père, les filles, Indiennes ou négresses comme leurs mères. Ce fait paraîtrait déjà suffisamment merveilleux; et pourtant les phénomènes cités ici comme ayant lieu dans le monde des insectes, sont encore plus extraordinaires; en effet, chaque mère peut donner le jour, non-seulement à un mâle semblable au père et à une femelle semblable à elle-même, mais elle peut aussi en produire d'autres, exactement semblables à la seconde forme femelle, et entièrement différentes d'elle-même.

Si l'on pouvait peupler une île par une colonie d'êtres humains possédant les mêmes idiosyncrasies physiologiques que le Papilio Pammon ou le P. Ormenus, on verrait des hommes blancs vivre avec des femmes jaunes rouges ou noires, et leur descendance reproduire toujours les mêmes types, en sorte qu'au bout de plusieurs générations, les hommes seraient encore blancs purs, et les femmes appartiendraient toujours aux mêmes races distinctes qu'au commencement.

Ainsi le caractère distinctif du dimorphisme consiste en ce que l'union des formes différentes reproduit celles-ci sans altération, au lieu d'avoir pour résultat des variétés intermédiaires. Par contre, dans les cas de variabilité simple, ou lorsqu'on entre-croise des formes locales ou des espèces distinctes, le produit ne ressemble jamais exactement à l'un des parents, mais est toujours plus ou moins intermédiaire entre les deux. On voit donc que le *dimorphisme* est un résultat spécialisé de la *variation*, et qu'il révèle des phénomènes physiologiques nouveaux. On doit donc, autant que possible, éviter de confondre les deux choses.

3° *Formes locales ou variétés.* — Ceci est le premier pas dans la transition de la variété à l'espèce. Il se rencontre dans les espèces très-répandues, lorsque des groupes d'individus se sont plus ou moins isolés sur différents points de l'habitat, en sorte que dans chacun d'eux une forme caractéristique s'est dessinée plus ou moins complétement. De telles formes sont très-communes dans toutes les parties du monde et ont souvent été classées par les uns comme *espèces*, par les autres comme *variétés*. Je réserve ce terme pour les cas où la différence de formes est très-faible, ou la séparation plus ou moins imparfaite. Le meilleur exemple à citer ici est celui du *Papilio Agamemnon*, espèce répandue dans la plus grande partie de l'Asie tropicale, dans tout l'archipel Malais, et dans quelques régions de l'Australie et de l'océan Pacifique. Les modifications sont surtout dans la grandeur et la forme; et, bien que petites, sont assez permanentes dans chaque localité. Les degrés sont toutefois si nombreux et si rapprochés, que beaucoup d'entre eux sont impossibles à définir, quoique les formes extrêmes soient suffisamment distinctes.

4° *Variété coexistante.* — Ceci est un cas quelque peu douteux. Il consiste en ce qu'une modification de forme, légère, mais permanente et héréditaire, se perpétue à côté de la forme mère ou typique, sans présenter les degrés intermédiaires qui en feraient un cas de simple variabilité. Évidemment la seule preuve directe que nous puissions avoir pour distinguer ce cas du dimorphisme, c'est que les deux formes se reproduisent séparément. La difficulté se présente chez le *Papilio Jason* et le *P. Evemon;* tous deux habitent les mêmes localités, et sont presque identiques de forme, de grandeur et de couleur, si ce n'est que ce dernier ne présente jamais la tache rouge très-apparente qui caractérise la surface inférieure du corps, non-seulement chez le *P. Jason*, mais dans toutes les espèces voisines. Ce n'est qu'en faisant se reproduire ces deux insectes, qu'on pourra déterminer si c'est un cas de variété coexistante ou de dimorphisme. Si c'est le premier, toutefois, la différence est si constante, si apparente et si tranchée, que je ne vois pas comment nous pouvons éviter d'en faire deux espèces distinctes. Il se produirait, je pense, un véritable exemple de variété coexistante, si une variété peu tranchée était devenue fixe comme forme locale, et si, étant mise en contact avec l'espèce mère, il n'en résultait que peu ou point de mélange entre les deux. Il existe très-probablement de pareils exemples.

*Races ou sous-espèces.* — Ce sont des formes locales, complétement fixées et isolées; il n'y a d'autre autorité que l'opinion individuelle pour déterminer lesquelles doivent être considérées comme espèces, et lesquelles comme variétés.

Si la stabilité de la forme et *la transmission constante de quelque caractère spécial de l'organisation*, sont les critères de l'espèce (et je ne sache pas qu'il existe, pour les reconnaître, une autorité plus sûre que l'opinion de chacun), alors, chacune de ces races fixées, qui sont toujours limitées à des régions distinctes et peu étendues, doit être regardée comme une espèce; et je les ai, dans la plupart des cas, traitées comme telles. Les différentes modifications des *Papilio Ulysses*, *P. Peranthus*, *P. Codrus*, *P. Eurypilus*, *P. Helenus*, etc., en sont d'excellents exemples; les uns en effet présentent des différences grandes et bien tranchées, tandis que chez les autres elles ne sont que faibles et peu apparentes, mais dans tous les cas elles sont également fixes et permanentes. Si, par conséquent, nous appelons quelques-unes de ces formes *espèces*, et les autres *variétés*, nous faisons là une distinction purement arbitraire, et nous ne serons jamais à même de déterminer où la limite doit être tracée. Par exemple chez les races de *P. Ulysses*, le degré de modification varie, depuis celle de la Nouvelle-Guinée, où il est à peine sensible, jusqu'à celles de l'île Woodlark et de la Nouvelle-Calédonie, mais toutes semblent également constantes, et comme la plupart avaient déjà été nommées et décrites comme espèces, j'ai ajouté la forme de la Nouvelle-Guinée, sous le nom de *P. Autolycus*. Nous observons ainsi un petit groupe de papillons du type *Ulysses*, compris tout entier dans une région très-limitée, chaque espèce étant restreinte à une portion distincte de cette région, et toutes apparemment constantes, bien qu'inégalement différenciées. La plupart des naturalistes admettront comme possible et même comme probable que toutes ces formes ont été dérivées d'une souche commune, et il paraît donc désirable de les traiter toutes de la même façon : soit comme des *variétés*, soit comme des *espèces*. Toutefois les variétés échappent constamment à l'attention ; elles sont souvent complétement oubliées dans les listes des espèces, de sorte que nous courons le risque de négliger les intéressants phénomènes de variation et de distribution qu'elles présentent. Je crois donc qu'il y a avantage à donner des noms à toutes ces formes ; ceux qui ne voudront pas les accepter comme espèces, pourront les considérer comme sous-espèces ou races.

6° *Espèces*. — Les espèces sont simplement les formes locales ou races fortement caractérisées, qui, mises en contact, ne se mélangent pas, et qui, lorsqu'elles habitent des régions distinctes, sont généralement considérées comme n'ayant pas une origine commune, et comme ne pouvant pas donner naissance à un hybride fécond. Mais le critère de l'hybridité ne peut pas s'appliquer dans un cas sur dix mille, et quand même il pourrait s'appliquer, il ne prouverait rien, car il suppose déjà résolue la question même qu'il faut décider; celui d'une origine distincte est toujours inapplicable; enfin, le fait que les espèces ne se mélangent pas est sans valeur, sauf pour les cas rares de formes alliées de près et habitant la même région; il est donc évident que nous n'avons aucun moyen quelconque de distinguer les soi-disant vraies espèces, des nombreuses variétés dont il s'agit ici, et avec lesquelles elles se confondent par une gradation insensible.

Il est parfaitement vrai que, dans la grande majorité des cas, les formes que nous appelons « espèces » sont si tranchées et si bien définies, qu'il n'y a pas de divergence d'opinion à leur sujet. Mais, comme la pierre de touche d'une théorie vraie consiste en ce qu'elle explique l'ensemble des phénomènes, même ceux qui constituent des anomalies apparentes du problème, ou tout au moins se concilie avec eux, il est rationnel d'exiger que les personnes qui rejettent l'origine des espèces par variation et sélection, s'attaquent aux faits en détail, et montrent que la doctrine de l'origine distincte et de la permanence des espèces, les explique et les relie. Le Dr J. E. Gray a récemment affirmé (*Proceedings of the zoological Society*, 1863, p. 134), que la difficulté de déterminer les espèces est en proportion de notre ignorance, et que leurs limites deviennent plus claires, à mesure qu'on étudie plus en détail, et qu'on connaît mieux les groupes et les pays. Comme beaucoup d'assertions générales, ceci est un mélange de vérité et d'erreur. Il y a indubitablement beaucoup d'espèces qui étaient incertaines aussi longtemps qu'on n'en possédait que quelques spécimens isolés, et dont on a compris la nature lorsqu'on a pu étudier une bonne série d'individus, ce qui a permis d'établir leur qualité d'espèce ou de variété. C'est ce qui a sans doute eu lieu nombre de fois ; mais il y a d'autres cas, également certains, dans lesquels l'examen de matériaux considérables a prouvé l'absence de toute limite spécifique définie, non-seulement dans des espèces, mais dans des groupes entiers ; nous devons en citer quelques exemples.

Le Dr Carpenter, dans son *Introduction à l'étude des Foraminifères*, dit : « Il n'y a pas une seule catégorie de « plantes ou d'animaux pour laquelle le degré de va- « riation ait été étudié par la collation et la comparai- « son de spécimens aussi nombreux que ceux qui ont « été examinés par MM. Williamson, Parker, Rupert « Jones, et par moi-même, dans nos études sur les « types de ce groupe ; » et le résultat de ces recherches est que « chez les Foraminifères l'étendue de la va- « riation est assez grande pour atteindre non-seule- « ment ces caractères différentiels qui ont été habituel- « lement considérés comme *spécifiques*, mais encore « ceux qui ont servi à établir la plupart des *genres* « du groupe, et même, dans quelques cas, ceux sur « lesquels est basée la distinction des *familles*. » (*Foraminifères*, Préface, X). Ceci montre bien que la division de ce groupe en un certain nombre de *familles*, *genres* et *espèces*, clairement définies, telle qu'elle a été adoptée par d'Orbigny et d'autres auteurs, ne résiste pas à une connaissance plus approfondie. M. A. de Candolle a publié récemment les résultats d'une étude très-complète des espèces de Cupulifères. Il trouve que ce sont les espèces de chênes les mieux connues qui produisent le plus de variétés et de sous-variétés, et qu'elles sont souvent entourées d'espèces provisoires; disposant des matériaux les plus complets, il considère comme plus ou moins douteuses les deux tiers des espèces. Sa conclusion générale est, qu'en botanique, *les groupes inférieurs, sous-variétés, variétés et races, sont très-mal délimités ; on peut les réunir en espèces un peu mieux définies, qui à leur tour peuvent former des genres suffisamment précis.* Cette conclusion est absolument rejetée par l'auteur d'un article dans la « Natural History Review », qui cependant ne conteste pas l'assertion de M. de Candolle relativement au groupe dont il s'agit; cette divergence d'opinion est encore une preuve que des matériaux plus complets et des recherches plus détaillées ne diminuent pas les difficultés qu'on rencontre dans la détermination des espèces, pas plus que cela n'a lieu pour les groupes plus considérables.

Nous avons encore un exemple analogue très-frappant, dans les genres *Rubus* et *Rosa* cités par M. Darwin lui-même. En effet, bien qu'on possède des matériaux amplement suffisants pour bien connaître ces groupes, et malgré les recherches attentives dont ils ont été l'objet, les diverses espèces n'ont pas encore pu être déterminées et définies assez exactement pour satisfaire la majorité des botanistes. Dans son travail sur les roses de la Grande-Bretagne, que vient de publier la Société Linnéenne, M. Baker fait rentrer dans la seule espèce *Rosa canina*, jusqu'à vingt-huit *variétés* nommées, qui se distinguent par des caractères plus ou moins constants, qui sont souvent limitées à des localités spéciales, et dans lesquelles rentrent environ soixante-dix *espèces*, des botanistes d'Angleterre ou du continent. Le Dr Hooker paraît avoir trouvé la même chose dans son étude de la flore arctique. Quoiqu'il eût à sa disposition une quantité de matériaux accumulés par ses prédécesseurs, il déclare souvent ne pas pouvoir faire plus que grouper dans des espèces plus ou moins imparfaitement définies, des formes nombreuses et apparemment instables. Dans son travail sur la distribution des plantes arctiques (*Transactions of the Linnean Society*, vol. XXIII, p. 310), il dit encore : « Parmi les botanistes les plus « capables et les plus expérimentés, il existe une di- « vergence d'opinions beaucoup plus grande qu'on ne « le croit généralement, relativement à la valeur du « terme *espèce*..... Je crois pouvoir affirmer que ce « terme a trois valeurs différentes qui toutes les trois « ont cours dans la botanique descriptive..... On ne « peut pas discuter laquelle de ces valeurs est la vraie, « je crois que chacun a raison, selon ce qu'il consi- « dère comme le type spécifique. »

En dernier lieu, je citerai les recherches de M. Bates sur le fleuve des Amazones. Il a employé onze années à recueillir de vastes matériaux et à étudier attentivement la variation chez les insectes et leur distribution. Cependant, il a montré que beaucoup d'espèces de lépidoptères auxquelles autrefois on ne trouvait pas de difficultés spéciales, sont en réalité enchevêtrées dans un réseau embrouillé d'affinités, et que, des variations les plus faibles et les moins stables, jusqu'aux races fixes et aux espèces bien distinctes, les transitions sont si graduelles, qu'il est très-souvent impossible de tracer ces lignes de démarcation bien tranchées, qu'on prétend devoir toujours résulter d'une étude attentive et de la possession de matériaux suffisants.

Ces quelques exemples montrent, je pense, que, dans chaque règne de la nature, on constate des preuves de l'instabilité de la forme spécifique, et que, bien loin de les diminuer, l'abondance des documents ne fait que les accroître et les aggraver. D'ailleurs, il faut bien remarquer que le naturaliste n'est guère exposé à attribuer au terme d'*espèce* moins de précision qu'il n'en a. Il y a quelque chose de complet et de satisfaisant pour l'esprit, à définir une espèce, la délimiter et lui donner un nom. Nous sommes ainsi tous portés à le faire toutes les fois que nous le pouvons en conscience, et cela explique comment beaucoup de collectionneurs ont été entraînés à rejeter des formes intermédiaires et vagues, qui, pensaient-ils, dérangeaient la symétrie de leur collection.

Nous sommes donc obligés de considérer ces cas de variation et d'instabilité excessives, comme parfaitement établis ; si l'on objecte que ces cas ne sont après tout que bien peu nombreux, en comparaison de ceux dans lesquels l'espèce peut être délimitée et définie, et qu'ils ne sont par conséquent que des exceptions à une règle générale, je répondrai qu'une loi, pour être véritable, doit embrasser toutes les exceptions apparentes, qu'il n'y a pas d'exceptions réelles aux grandes lois de la nature: les faits qui nous paraissent tels sont aussi bien que les autres les résultats de la loi, et sont souvent, peut-être même toujours, les plus importants, comme révélant sa véritable nature et son véritable mode d'action.

C'est pour ces motifs que les naturalistes considèrent aujourd'hui l'étude des variétés comme plus importante que celle des espèces certaines. C'est dans les premières que nous voyons la nature encore à l'œuvre ; nous la prenons sur le fait, produisant ces merveilleuses modifications de formes, cette variété infinie de couleurs, cette harmonie dans les rapports les plus compliqués, qui réjouissent tous nos sens, et sont un objet d'intérêt pour toutes les facultés du véritable ami de la nature.

### De l'influence spéciale des localités sur la variation.

On a jusqu'à aujourd'hui accordé peu d'attention à l'influence des localités sur la variation. Les botanistes connaissent, il est vrai, l'action des climats, de l'altitude, et des autres conditions physiques, comme déterminant les modifications des formes et des caractères extérieurs des plantes ; mais je ne sache pas qu'on ait jamais attribué d'influence à la localité considérée indépendamment du climat. Le seul cas d'observation de ce genre à ma connaissance, se rencontre dans l'*Origine des espèces*. Dans ce vaste répertoire de faits concernant l'histoire naturelle, je trouve que les groupes herbacés ont, dans les îles, une tendance à devenir arborescents. Je ne crois pas que, pour ce qui est du règne animal, on ait encore avancé aucun fait montrant l'influence que peut avoir la localité pour donner aux diverses espèces qui l'habitent un *facies* particulier. J'espère donc que ce que j'ai à dire sur cette question présentera quelque intérêt, ne fût-ce que celui de la nouveauté.

En examinant les espèces alliées, les formes locales et les variétés répandues dans les régions Indoue et Malaise, je trouve que des districts plus ou moins vastes, ou même des îles isolées, donnent un caractère particulier à la majorité de leurs Papillonides. Je citerai comme exemple : 1° les espèces de la région Indoue (Sumatra, Java et Bornéo) sont presque invariablement plus petites que les espèces alliées habitant Célèbes ou les Moluques ; — 2° il en est de même, quoique à un moindre degré, pour les espèces de la Nouvelle-Guinée et de l'Australie. Elles sont plus petites que les espèces ou les variétés les plus voisines habitant les Moluques ; — 3° dans les îles Moluques mêmes, les espèces de l'île d'Amboine sont les plus grandes ; — 4° les espèces de Célèbes égalent ou surpassent celles d'Amboine ; — 5° les espèces et les variétés de Célèbes possèdent dans la forme de leurs ailes antérieures un caractère remarquable qui les différencie des espèces ou variétés alliées de toutes les îles environnantes ; — 6° les espèces caudées dans l'Inde ou la région Indoue, perdent leur queue à mesure qu'elles avancent vers l'Orient à travers l'Archipel ; — 7° à Amboine et à Ceram, les femelles de plusieurs espèces sont de couleurs ternes, tandis qu'elles sont plus éclatantes dans les îles adjacentes.

*Variation locale de la taille.* — J'ai conservé dans ma propre collection tous les plus grands et les plus beaux spécimens de papillons, et comme j'ai toujours choisi pour mes comparaisons les plus grands individus du même sexe, je crois que le tableau que je vais donner est suffisamment exact. Les différences dans l'étendue des ailes sont très-considérables, et plus apparentes encore sur des individus eux-mêmes que sur des dessins. On verra que non moins de quatorze Papillonides, habitant Célèbes ou les Moluques, ont une envergure d'un tiers à une moitié plus grande que les espèces alliées de Java, Sumatra ou Bornéo; six espèces originaires d'Amboine sont d'un sixième plus grandes que les espèces alliées des Moluques septentrionales ou de la Nouvelle-Guinée. Ces exemples comprennent presque tous les cas dans lesquels la comparaison est possible entre les espèces très-proches voisines.

| Grandes espèces de Papillonides, des Moluques et de Célèbes. | Étendue en pouces anglais. | Petites espèces alliées de Java et de la région Indoue. | Étendue en pouces anglais. |
|---|---|---|---|
| Ornithoptera Helena (Amboine) | 7.6 | O. Pompeus | 5.8 |
| | | O. Amphrisius | 6.0 |
| Papilio Adamantius (Célèbes) | 5.8 | P. Peranthus | 3.8 |
| P. Lorquinianus (Moluques) | 4.8 | | |
| P. Blumei (Célèbes) | 5.4 | P. Brama | 4.0 |
| P. Alphenor (Célèbes) | 4.8 | P. Theseus | 3.6 |
| P. Gigon (Célèbes) | 5.4 | P. Demolion | 4.0 |
| P. Deucalion (Célèbes) | 4.6 | P. Macareus | 3.7 |

| Grandes espèces de Papillonides des Moluques et de Célèbes. | Étendue en pouces anglais. | Petites espèces alliées de Java et de la région Indoue. | Étendue en pouces anglais. |
|---|---|---|---|
| P. Agamemnon, var. (Célèbes) | 4.4 | P. Agamemnon, var. | 3.8 |
| P. Eurypilus (Moluques) | 4.0 | P. Jason | 3.4 |
| P. Telephus (Célèbes) | 4.3 | | |
| P. Ægisthus (Moluques) | 4.4 | P. Rama | 3.2 |
| P. Milon (Célèbes) | 4.4 | P. Sarpedon | 3.8 |
| P. Androcles (Célèbes) | 4.8 | P. Antiphates | 3.7 |
| P. Polyphontes (Célèbes) | 4.6 | P. Diphilus | 3.9 |
| Leptocircus Ennius (Célèbes) | 2.0 | L. Meges | 1.8 |

| Grandes espèces habitant Amboine. | | Petites espèces alliées de la Nouvelle-Guinée et des Moluques septentrionales. | |
|---|---|---|---|
| Papilio Ulysses | 6.1 | Papilio Autolycus | 5.2 |
| | | P. Telegonus | 4.0 |
| P. Polydorus | 4.9 | P. Leodamas | 4.0 |
| P. Deiphobus | 6.8 | P. Deiphontes | 5.8 |
| P. Gambrisius | 6.4 | P. Ormenus | 5.6 |
| | | P. Tydeus | 6.0 |
| P. Codrus | 5.1 | P. Codrus, var. papuensis | 4.3 |
| Ornithoptera Priamus (mâle) | 8.3 | Ornithoptera Poseidon (mâle) | 7.0 |

*Variation locale de la forme.* — Les différences de forme sont aussi claires que celles de taille. Partout, sur le continent, les deux sexes du Papilio Pammon sont caudés ; l'espèce alliée, P. Theseus, à Java, Sumatra et Bornéo, n'a chez le mâle qu'une queue très-courte, une espèce de dent ; tandis que la femelle a conservé la queue. Plus à l'E., à Célèbes et dans les Moluques méridionales, le P. Alphenor, qu'on peut à peine distinguer du précédent, a perdu toute trace de queue chez le mâle ; la femelle la conserve, mais amoindrie, et ayant perdu en partie sa forme spatulée. Un peu plus loin, à Gilolo, le P. Nicanor a perdu la queue chez les deux sexes.

Le Papilio Agamemnon présente une série de variations analogues. Dans les Indes, il porte toujours une queue, dans la plus grande partie de l'Archipel cette queue est très-courte, et tout à fait à l'E., dans la Nouvelle-Guinée et les îles adjacentes, elle a absolument disparu.

Dans le groupe Polydorus, ce caractère existe dans deux espèces, le P. Antiphus et le P. Diphilus, qui habitent l'Inde et la région Indoue, tandis qu'il disparaît chez celles qui les remplacent dans les Moluques, la Nouvelle-Guinée et l'Australie, le P. Polydorus et le P. Leodamas, et cela d'autant plus complétement qu'on s'avance plus à l'E.

| Espèces occidentales, caudées. | Espèces orientales non caudées, alliées. |
| --- | --- |
| P. Pammon (Inde). | P. Theseus (Iles), queue très-courte. |
| P. Agamemnon, var. (Inde). | P. Agamemnon (Iles). |
| P. Antiphus (Inde, Java). | P. Polydorus, var. (Moluques). |
| P. Diphilus (Inde, Java). | P. Leodamas (Nouv.-Guinée). |

L'exemple le plus remarquable d'une modification locale dans la forme, se trouve dans l'île de Célèbes, qui à cet égard, comme à plusieurs autres, occupe une position isolée dans l'Archipel. Presque toutes les espèces de Papilio qui habitent Célèbes ont les ailes d'une forme particulière, qui au premier coup d'œil les fait distinguer des espèces alliées des autres îles. D'abord, leurs ailes supérieures sont généralement plus allongées et plus falquées, et, en second lieu, la côte ou bord antérieur est beaucoup plus arquée, et présente presque toujours, près de sa base, un coude abrupt, très-apparent dans certaines espèces. Cette particularité est visible, non seulement en comparant les espèces de Célèbes avec leurs alliées de petite taille de Java et de Bornéo, mais presque au même degré par la comparaison avec les formes plus grandes d'Amboine et des Moluques ; cela prouve que ce phénomène est tout à fait indépendant de la différence de taille dont nous avons parlé. J'ai disposé dans le tableau suivant les Papilio de Célèbes dans un ordre tel, que les premiers soient ceux chez lesquels cette forme caractéristique est le plus apparente.

| Papilio de Célèbes dont les ailes sont falquées ou dont les côtes sont brusquement courbées. | Papilio alliés des îles adjacentes dont les ailes sont moins falquées et les côtes moins arquées. |
|---|---|
| 1. P. Gigon. | 1. P. Demolion (Java). |
| 2. P. Pamphylus. | 2. P. Jason (Sumatra). |
| 3. P. Milon. | 3. P. Sarpedon (Moluques, Java). |
| 4. P. Agamemnon, var. | 4. P. Agamemnon, var. (Bornéo) |
| 5. P. Adamantius. | 5. P. Peranthus (Java). |
| 6. P. Ascalaphus. | 6. P. Deiphontes (Gilolo). |
| 7. P. Sataspes. | 7. P. Helenus (Java). |
| 8. P. Blumei. | 8. P. Brama (Sumatra). |
| 9. P. Androcles. | 9. P. Antiphates (Bornéo). |
| 10. P. Rhesus. | 10. P. Aristæus (Moluques). |
| 11. P. Theseus, var. (mâle). | 11. P. Theseus, mâle (Java). |
| 12. P. Codrus, var. | 12. P. Codrus (Moluques). |
| 13. P. Encelades. | 13. P. Leucothoë (Malacca). |

On voit que toutes les espèces de Papilio présentent cette forme particulière à un plus ou moins haut degré, à l'exception d'une seule, le *P. Polyphontes*, allié au *P. Diphilus* des Indes, et au *P. Polydorus* des Moluques. Je reviendrai sur ce fait, car je le crois propre à élucider une partie des causes qui ont produit le phénomène dont nous nous occupons. Les genres *Ornithoptera* et *Leptocircus* ne présentent aucune trace de cette forme caractéristique, mais elle reparaît dans quelques espèces de plusieurs autres groupes de papillons, entre autres chez les Piérides, dont les espèces suivantes, toutes spéciales à Célèbes, la reproduisent distinctement.

| | | |
|---|---|---|
| 1. Pieris Eperia | comparée à | P. Coronis (Java). |
| 2. Thyca Zebuda | — | Thyca Descombesi (Inde). |
| 3. T. Rosenbergii | — | T. Hyparete (Java). |
| 4. Tachyris Hombronii | — | T. Lyncida. |
| 5. T. Lycaste | — | T. Lyncida. |
| 6. T. Zarinda | — | T. Nero (Malacca). |
| 7. T. Ithome | — | T. Nephele. |
| 8. Eronia tritæa | — | Eronia Valeria (Java). |
| 9. Iphias Glaucippe, var. | — | Iphias Glaucippe (Java). |

Les espèces de *Terias*, une ou deux Piérides, et le genre *Callidryas* n'offrent aucun changement perceptible dans la forme.

Les exemples analogues sont rares dans les autres groupes, je ne trouve dans ma collection que les suivants :

| | | |
|---|---|---|
| Cethosia Æole | comparée à | Cethosia Biblis (Java). |
| Eurhinia megalonice | — | Eurhinia Polynice (Bornéo). |
| Limenitis Limire | — | Limenitis Procris (Java). |
| Cynthia Arsinoë, var. | — | Cynthia Arsinoë (Java, Sumatra, Bornéo). |

Tous ces papillons appartiennent à la tribu des Nymphalides, dont plusieurs autres genres, tels que les Diadema, Adolias, Charaxes et Cyrestis, n'offrent dans les espèces de Célèbes aucun exemple de cette forme remarquable des ailes supérieures ; il en est de même des groupes entiers des Danaïdes, des Satyrides, des Lycænides et des Hespérides.

*Variation locale de la couleur.* — Dans les îles d'Amboine et de Ceram, la femelle de l'*Ornithoptera Helena* porte sur les ailes postérieures une large tache, toujours d'un jaune pâle et terne, ou de couleur fauve, tandis que dans les variétés presque semblables des îles adjacentes de Bouru et de la Nouvelle-Guinée, cette tache est d'un jaune d'or, dont l'éclat ne le cède guère à la couleur du mâle. La femelle de l'*Ornithoptera Priamus*, qui habite exclusivement Amboine et Ceram, est d'un brun pâle et grisâtre, tandis que chez toutes les espèces alliées, la femelle est presque noire, tachetée de blanc. De même la couleur bleue de la femelle du *Papilio Ulysses* est obscurcie par des nuances ternes et grisâtres tandis que dans des espèces voisines des îles environnantes, les femelles sont d'un bleu d'azur, presque aussi brillant que celui des mâles. Il existe un cas analogue, dans les petites îles de Goram, Matabello, Ké et Aru, dans lesquelles plusieurs espèces distinctes d'*Euplœa* et de *Diadema* portent de larges raies ou des taches blanches qui n'existent dans aucune espèce alliée des grandes îles. Ces faits semblent indiquer des modifications de couleur dues à quelque influence locale, influence aussi mystérieuse et presque aussi remarquable que celle qui a produit les modifications de forme dont nous avons parlé.

### Considérations sur les phénomènes de variation locale.

Ces faits me paraissent du plus haut intérêt. Nous voyons en effet que, dans une seule île, presque toutes les espèces de deux groupes importants de lépidoptères, les Papillonides et les Piérides, acquièrent une forme caractéristique qui les distingue de toutes les espèces et variétés alliées des îles environnantes, et qu'aucune modification correspondante ne se produit dans d'autres groupes tout aussi considérables, à l'exception de deux ou trois espèces isolées. Ces phénomènes, de quelque manière qu'on cherche à les expliquer, apportent, à mon sens, un témoignage important en faveur de la théorie de l'origine des espèces par de légères variations successives; car nous avons ici des variétés insignifiantes, des races locales, et des espèces positives, toutes modifiées de la même manière, ce qui conduit évidemment à admettre une cause commune, produisant des résultats identiques. La théorie généralement admise de l'origine distincte et de la permanence des espèces, se heurte ici à une difficulté. On admet que quelques-unes de ces formes si curieusement modifiées sont le résultat de variations et de l'action des conditions locales, tandis que pour les autres, bien qu'elles ne présentent avec les premières que des différences de degré, et qu'elles se relient à elles par une gradation insensible, on a recours à des causes totalement différentes, et l'on veut qu'elles aient reçu leurs formes particulières dès leur création. La présomption n'est-elle pas en faveur de l'identité des causes qui ont produit des résultats semblables? Et lorsque nos adversaires ne nous présentent que des assertions dont ils nous laissent la charge de démontrer la fausseté, n'avons-nous pas le droit de réclamer d'eux quelques preuves à l'appui de leur théorie, et quelques explications des difficultés qu'elle présente ?

Nous devons maintenant rechercher s'il nous est possible de tirer des phénomènes curieux dont nous venons de parler quelque conclusion qui nous permettent d'en comprendre la cause. M. Bates a prouvé que certains groupes de papillons possèdent un moyen de défense contre les animaux insectivores, indépendamment de la rapidité de leurs mouvements. Ce sont en général des espèces abondantes, dont le vol est lent et faible et qui sont plus ou moins imitées par d'autres groupes, ceux-ci trouvant dans cette ressemblance une protection efficace. Or les seuls Papilio de Célèbes dont les ailes n'aient pas acquis la forme spéciale dont nous avons parlé, appartiennent à un groupe imité par d'autres espèces de Papilio et par le genre Epicopeia (1) ; le vol de ce groupe est faible et lent, nous pouvons en conclure avec une apparence de raison qu'il possède quelque moyen défensif, probablement un goût ou une odeur désagréable, qui le met à l'abri de toute attaque. En revanche, les côtes arquées et la forme falquée des ailes, accroissent, selon l'opinion générale, la puissance du

(1) Voir page 87.

vol, ou, ce qui me paraît plus probable, facilitent les changements subits de direction qui servent à dérouter un ennemi ; la sélection naturelle ne doit pas tendre à donner cet accroissement de la force du vol aux membres du groupe Polydorus, auquel appartient l'exception unique que nous avons signalée, puisqu'ils sont protégés d'une autre manière. La tribu entière des Danaïdes se trouve dans le même cas; bien que d'un vol faible, elle offre un grand nombre d'espèces riches en individus, et imitées par d'autres papillons. Les Satyrides trouvent peut-être un moyen de protection dans leurs couleurs presque toujours sombres, et dans le fait qu'ils se tiennent d'ordinaire près de terre ; les Lycénides et les Hespérides dans leur petitesse et leurs mouvements rapides. Dans la grande division des Nymphalides, nous trouvons toutefois que, chez plusieurs des plus grandes espèces relativement faibles (*Cethosia*, *Limenitis*, *Junonia*, *Cynthia*), la forme des ailes a été modifiée, tandis que les vigoureuses espèces dont le corps est plus gros, et le vol excessivement rapide, ont conservé à Célèbes celle qu'on rencontre dans les autres îles. Nous pouvons dire, d'une manière générale, que les espèces modifiées sont celles de grande taille, de couleurs apparentes, et dont le vol est lent, tandis que les groupes plus petits et de teintes obscures, aussi bien que ceux dont le vol est extrêmement rapide ou qui sont les objets de la mimique, n'ont subi aucun changement.

Il semblerait donc qu'il doit y avoir ou qu'il a existé, dans l'île de Célèbes, quelque ennemi spécial s'attaquant à ces grands papillons, et qui serait inconnu ou moins abondant dans les autres îles ; la rapidité du vol, et la faculté de tourner rapidement étant indispensables pour l'éviter, la forme d'ailes nécessaire à ce mouvement aurait été acquise par l'effet de la sélection naturelle agissant sur les légères variations de forme qui se présentent tous les jours. Il serait naturel de penser que cet ennemi doit être un oiseau insectivore, mais il est curieux que presque tous les genres de gobe-mouches de Java et de Bornéo d'une part (*Muscipeta*, *Philentoma*) et des Moluques d'autre part (*Monarcha*, *Ripidura*), soient à peu près absolument inconnus à Célèbes. Ils paraissent être remplacés par des oiseaux qui se nourrissent de chenilles (*Graucalus*, *Campephaga*, etc.), dont six ou sept espèces sont connues à Célèbes et représentées par un grand nombre d'individus. Nous ne savons pas d'une manière certaine que ces oiseaux capturent des papillons au vol, mais il est très-probable qu'ils le font quand leur nourriture devient rare. M. Bates m'avait suggéré l'idée que les grandes Libellules (*Aeshna*, etc.) attaquaient les papillons, mais je n'ai pas remarqué qu'elles fussent plus abondantes à Célèbes qu'ailleurs. Quoi qu'il en soit, la faune de Célèbes est évidemment très-particulière, et cela dans toutes les divisions dont nous avons une connaissance quelque peu exacte ; bien qu'il ne nous soit peut-être pas possible d'indiquer d'une manière satisfaisante la marche des modifications curieuses dont nous venons de parler, il nous paraît clair qu'elles sont le résultat d'une multitude d'actions et de réactions réciproques entre tous les êtres vivants dans la lutte pour l'existence, qui tend sans cesse à rétablir les relations troublées et à mettre chaque espèce en harmonie avec les conditions variables du monde qui l'entoure.

Cette explication conjecturale elle-même nous manque dans d'autres cas de modification locale. Pourquoi les espèces des îles occidentales sont-elles plus petites que celles qui vivent plus à l'Orient? Pourquoi celles d'Amboine sont-elles plus grandes que celles de Gilolo ou de la Nouvelle-Guinée? Pourquoi les espèces qui dans l'Inde sont caudées perdent-elles graduellement ce caractère dans les îles Malaises, et n'en offrent-elles plus de traces sur les bords du Pacifique? Pourquoi, dans trois cas distincts, les femelles des espèces d'Amboine sont-elles de couleurs moins vives que les femelles correspondantes des îles voisines? Autant de questions auxquelles nous ne sommes pas aujourd'hui en mesure de répondre. Il est cependant certain que ces faits se rattachent à un principe général, car on en a observé d'analogues dans d'autres parties du monde. M. Bates m'apprend que trois groupes distincts de Papilio qui, dans la partie supérieure de l'Amazone et dans presque toute l'Amérique du Sud, n'ont aucune tache sur les ailes antérieures, les ont tachetées de blanc et de jaune à Para et sur l'Amazone inférieure; que le groupe *Aeneas*, des Papilio, qui n'a jamais de queue dans les régions équatoriales et sur l'Amazone, en acquiert graduellement dans beaucoup de cas, en s'avançant vers les deux tropiques. L'Europe même nous offre des exemples analogues, car les espèces et les variétés de papillons particulières à l'île de Sardaigne, sont généralement plus petites et de couleurs plus foncées que celles du continent; le même fait a été constaté chez le *Vanessa urticœ* de l'île de Man, et le *Papilio Hospiton*, spécial à la Sardaigne, a perdu la queue qui forme un des traits caractéristiques de son proche allié, le *P. Machaon*.

Je suis persuadé que des faits de cette nature seraient découverts dans d'autres groupes d'insectes, si les faunes locales étaient étudiées avec soin et comparées à celles des contrées environnantes; ils me paraissent indiquer que le climat et les autres causes physiques ont une influence puissante pour la modification des formes et des couleurs spécifiques, et concourent ainsi directement à produire l'infinie variété de la nature.

### La mimique.

J'ai déjà traité ce sujet en détail dans un précédent essai, je me bornerai donc à ajouter ici les exemples fournis par les Papillonides de l'Orient, et à montrer leurs relations avec les phénomènes de variation dont nous venons de parler.

Dans l'ancien monde, comme en Amérique, les Danaïdes sont l'objet le plus fréquent de l'imitation des autres groupes. Mais à côté d'elles, quelques genres de Morphites, et une section du genre Papilio, sont aussi copiées, quoique à un moindre degré. Plusieurs espèces de Papilio imitent ces trois groupes si exactement qu'on ne peut les reconnaître au vol, et celles qui se ressemblent habitent invariablement la même localité. Je donne ci-dessous la liste des cas de mimique les plus importants et les mieux avérés parmi les Papillonides de la région Malaise et de l'Inde.

| Imitateurs. | Espèces imitées. | Habitat commun. |
|---|---|---|
| | DANAÏDES. | |
| 1. Papilio paradoxa (mâle et femelle) | Euplœa Midamus (mâle et femelle)..... | Sumatra, etc. |
| 2. P. Caunus....... | E. Rhadamanthus... | Bornéo et Sumatra. |
| 3. P. Thule........ | Danaïs sobrina...... | Nouvelle-Guinée. |
| 4. P. Macareus..... | D. Aglaia........... | Malacca, Java. |
| 5. P. Agestor...... | D. Tytia............ | Inde septentrionale. |
| 6. P. Idæoides...... | Hestia Leuconoë.... | Philippines. |
| 7. P. Delessertii.... | Ideopsis daos....... | Penang. |
| | MORPHITES. | |
| 8. P. Pandion (femelle)......... | Drusilla bioculata... | Nouvelle-Guinée. |
| | PAPILIO (groupes COON et POLYDORUS). | |
| 9. P. Pammon (Romulus, femelle). | Papilio Hector...... | Inde. |
| 10. P. Theseus, var. (femelle)....... | P. Antiphus........ | Sumatra, Bornéo. |
| 11. P. Theseus, var. (femelle)....... | P. Diphilus......... | Sumatra, Java. |
| 12. P. Memnon, var. (Achates, femelle) | P. Coon............. | Sumatra. |
| 13. P. Androgeus, var. (Achates, femelle) | P. Doubledayi....... | Inde septentrionale. |
| 14. P. Œnomaus (femelle)......... | P. Liris............ | Timor. |

Nous avons ici quatorze espèces ou variétés distinctes de Papilio si semblables à des espèces d'autres groupes appartenant à leurs localités respectives, qu'on ne peut regarder cette ressemblance comme accidentelle. Les deux premiers, *P. Paradoxa* et *P. Caunus*, sont tellement identiques à l'*Euplœa Midamus* et à l'*Euplœa Rhadamanthus*, que je ne pouvais les distinguer au vol, quoique celui-ci fût très-lent. Le premier exemple est très-intéressant, parce que le mâle et la femelle diffèrent considérablement et que chacun d'eux copie le sexe correspondant de l'Euplœa. J'ai découvert dans la Nouvelle-Guinée une espèce de Papilio qui ressemble à la *Danaïs sobrina* du même pays, comme le *Papilio Macareus* ressemble à la *Danaïs Aglaia* à Malacca, et, d'après les dessins du docteur Horsfield, plus exactement encore à Java. Le *Papilio Agestor* (Inde) imite parfaitement la *Danaïs Tytia,* dont le coloris est d'un genre tout différent du précédent. Dans les Philippines, le curieux *P. Idœoides* doit, quand il vole, être pareil à l'*Hestia Leuconoë*, de la même région, comme le *P. Delessertii* imite l'*Ideopsis daos* de Penang. Dans tous ces cas, les Papilio sont rares, tandis que les Danaïdes sont assez abondantes pour gêner le naturaliste en quête d'une proie nouvelle. Les jardins, les routes, les faubourgs des villages en fourmillent, ce qui indique clairement que la vie leur est facile, et qu'elles sont à l'abri des ennemis par lesquels des races moins heureuses sont décimées. M. Bates avait montré que cette surabondance d'individus caractérisait en Amérique les groupes et espèces qui étaient l'objet de la mimique, et il est intéressant de constater, de l'autre côté du globe, la vérité de ses observations.

Le genre remarquable des *Drusilla* est imité par trois genres distincts (*Melanitis*, *Hyantis* et *Papilio*). Les

*Drusilla* sont des papillons de nuances pâles, plus ou moins ornés de taches ocellées ; très-nombreux en individus, d'un vol très-lent et très-faible. Ils ne cherchent pas à se cacher et n'ont aucune protection apparente contre les insectivores. Il est donc probable qu'ils ont quelque moyen de défense secret, car on constate aisément que, quand d'autres insectes par suite d'une variation quelconque arrivent à leur ressembler, ils partagent jusqu'à un certain point leur immunité. Une forme dimorphique curieuse du *Papilio Ormenus* est parvenue à ressembler assez aux *Drusilla* pour se confondre avec eux à quelque distance, et j'ai pris l'un de ces Papilio dans les îles Aru, voltigeant près de terre et se posant de temps en temps, comme le font les Drusilla. Dans ce cas-ci la ressemblance n'est que générale, mais cette forme de Papilio varie beaucoup, et offre ainsi de riches matériaux à l'action de la sélection naturelle; celle-ci pourra arriver, avec le temps, à produire une copie aussi parfaite que dans les cas cités plus haut.

Les Papilio de l'Orient alliés aux *Polydorus*, aux *Coön* et aux *Philoxenus* peuvent être réunis dans une division naturelle du genre et considérés comme représentant dans leurs contrées le groupe *Aeneas* de l'Amérique du Sud, auxquels ils ressemblent sous beaucoup de rapports. Comme eux, ils vivent dans les forêts, volent très-bas et lentement, ils sont très-abondants dans leurs localités favorites, et sont aussi l'objet de la mimique. Nous en concluons qu'ils possèdent quelque protection cachée, et que d'autres insectes trouvent par cette raison, un avantage à leur ressembler. Les Papilio qui les imitent, appartiennent à une section tout à fait distincte du genre, dans laquelle les différences sexuelles sont très-considérables, et ce sont seulement les femelles les moins semblables au mâle, celles que nous avons citées comme des exemples de dimorphisme, qui imitent les espèces de l'autre groupe.

La ressemblance entre le *P. Romulus* et le *P. Hector*, qui est parfois très-considérable, a conduit à placer ces deux espèces à la suite l'une de l'autre dans les catalogues du British Museum. M. Doubleday les classe de même. Je crois cependant avoir montré que le *P. Romulus* est probablement une forme dimorphique du *P. Pammon* femelle, et appartient à une section distincte du genre. Viennent ensuite le *Papilio Theseus* et le *P. Antiphus*, qui sont considérés comme une seule et même espèce par de Haan, ainsi que dans les catalogues du British Museum. Il y a presque autant de ressemblance entre la variété ordinaire de P. Theseus qu'on trouve à Java et le P. Diphilus du même pays. Mais le cas le plus curieux est celui de la forme extrême de la femelle du *Papilio Memnon* (dessinée par Cramer sous le nom de *P. Achates*), qui a acquis la forme générale et les taches du *P. Coön*, insecte aussi différent du *P. Memnon* mâle que le comporte l'étendue de ce genre si nombreux et si varié. De plus, comme pour bien montrer que cette ressemblance n'est pas accidentelle, mais résulte d'une loi, nous trouvons dans l'Inde, avec le *P. Doubledayi* (espèce alliée au *P.*

*Coön*, mais dont les taches sont non pas jaunes, mais rouges), la variété correspondante de *P. Androgeus* (*P. Achates* de Cramer, 182, A. B), chez laquelle se sont reproduits les points rouges. Enfin dans l'île de Timor la femelle du *P. Œnomaus* (espèce alliée au *P. Memnon*) ressemble si fort au *P. Liris*, du groupe *Polydorus*, qu'il fallait un examen minutieux pour distinguer ces deux insectes, qu'on voyait fréquemment voler ensemble.

Les six derniers cas de mimique sont très-instructifs, parce qu'ils paraissent indiquer l'un des modes de production des formes dimorphiques. Lorsque, comme c'est ici le cas, les deux sexes diffèrent beaucoup l'un de l'autre, et que l'un d'eux varie d'une manière considérable, il peut survenir des variations individuelles qui, présentant quelques rapports avec des groupes privilégiés, auront grâce à cette circonstance avantageuse une forte chance de se perpétuer. Les individus qui les auront subies se multiplieront, la transmission héréditaire rendra permanents les caractères protecteurs qu'ils auront acquis, et comme les variations auront d'autant plus de chances de continuation, qu'elles se rapprocheront davantage du groupe imité, nous verrons avec le temps se produire ce fait singulier de deux ou même plusieurs formes fixes et isolées, et liées intimement entre elles, comme formant les sexes d'une même espèce.

Les femelles sont plus sujettes à ce genre de modification que les mâles, probablement parce que la protection leur est particulièrement nécessaire quand leur vol est ralenti par le poids des œufs, ou pendant qu'elles les déposent sur les feuilles; elles obtiennent facilement une protection efficace en ressemblant à une espèce qui par une raison quelconque est à l'abri des attaques de ses ennemis.

### Dernières considérations sur la variation chez les Lépidoptères.

Ce résumé des principaux phénomènes de la variation chez les Lépidoptères de l'Orient suffira, je pense, pour confirmer mon assertion que ce groupe offre des facilités toutes spéciales pour ce genre de recherches, et prouvera en même temps que chez ces insectes l'adaptation par des modifications spéciales a atteint un degré de perfection qu'on trouve rarement parmi les animaux supérieurs. Ce sont particulièrement les grandes tribus des Danaïdes et des Papillonides, nombreuses surtout sous les Tropiques, qui nous offrent les exemples les plus complets de cette adaptation compliquée au monde organique qui les entoure. Elles présentent sous ce rapport une analogie frappante avec les Orchidées, la seule famille de végétaux dans laquelle on constate des cas positifs de polymorphisme, car nous ne pouvons classer autrement les formes mâle, femelle, et hermaphrodite du *Catasetum tridentatum*, si diverses de forme et de structure qu'elles ont été longtemps considérées comme trois genres; les Orchidées sont aussi la seule famille de plantes chez laquelle la mimique paraisse jouer un rôle important.

### Classification et distribution géographique des Papillonides malais.

1. *Classification.* — Quelque nombreuses que soient les espèces de Papillonides de la région Malaise, elles appartiennent toutes à trois genres, sur neuf dont se compose la famille. Les six autres sont ainsi répandus : l'un (*Eurycus*) est confiné dans l'Australie, un autre (*Teinopalpus*) dans l'Himalaya ; les quatre derniers (*Parnassius*, *Doritis*, *Thais* et *Sericinus*) se trouvent dans l'Europe méridionale et dans les chaînes de montagnes de la région Palæarctique (1). Les deux genres *Ornithoptera* et *Leptocircus* sont très-caractéristiques de l'entomologie de la région Malaise, mais ils sont peu nombreux et d'un caractère uniforme. Le genre *Papilio*, en revanche, présente une grande variété de formes, et il est si richement représenté dans l'archipel Malais, que ces îles à elles seules contiennent plus du quart des espèces connues. Avant d'étudier la distribution géographique de ce genre, il est donc nécessaire de le diviser en groupes naturels ; grâce surtout aux observations faites à Java par le Dr Horsfield, nous connaissons une grande partie des chenilles des Papilios, et celles-ci nous fournissent les caractères d'après lesquels nous pourrons établir cette classification.

(1) Soit l'Europe, l'Asie septentrionale jusqu'au Japon, et la partie de l'Afrique située au nord du Sahara.

Sur les six régions (Néotropicale, Néarctique, Palæarctique, Ethiopienne, Indoue et Australienne) adoptées par les naturalistes anglais, voy. sir Ch. Lyell, *Principles of Geology*, ch. XXXVIII.

(*Note du traducteur.*)

La manière dont les ailes postérieures sont plissées ou repliées à leur bord abdominal, la dimension des valves anales, la structure des antennes, et la forme des ailes sont aussi très-utiles, comme aussi le caractère du vol et le style de la coloration. D'après tous ces caractères, je divise les Papillonides malais en quatre sections et dix-sept groupes, comme il suit :

Genre ORNITHOPTÈRE.

- a. *Priamus.* } Noir et vert.
- b. *Brookeanus.* } Noir et vert.
- c. *Pompeus.* Noir et jaune.

Genre PAPILIO.

A. Chenilles courtes, épaisses, de couleur violacée; portant de nombreux tubercules charnus.

- a. Groupe *Nox.* Pli abdominal très-grand chez le mâle, valves anales petites, mais renflées, antennes moyennes, ailes entières ou caudées; comprend le groupe Philoxenus de l'Inde.
- b. Groupe *Coon.* Pli abdominal petit chez le mâle, valves anales petites, mais renflées, antennes moyennes; ailes caudées.
- c. Groupe *Polydorus.* Pli abdominal petit ou absent chez le mâle, valves anales petites ou atrophiées, velues; ailes entières ou prolongées en queue.

B. Chenilles renflées au troisième anneau, rayées transversalement ou obliquement, chrysalide très-arquée. A l'état parfait, corps faible; antennes longues; ailes très-dilatées, souvent caudées; bord abdominal chez le mâle plissé, mais non replié.

- d. Groupe *Ulysses.*
- e. — *Peranthus.* } Le groupe Protenor (Inde) est en quelque manière intermédiaire entre ceux-ci, et se rapproche surtout du groupe Nox.
- f. — *Memnon.* }
- g. — *Helenus.*
- h. — *Erechtheus.*
- i. — *Pammon.*
- k. — *Demolion.*

C. Chenilles sub-cylindriques, diversement colorées. Bord abdominal, chez l'insecte parfait mâle, plissé, mais non replié; corps faible; antennes courtes, terminées par une massue épaisse et recourbée; ailes entières.

l. Groupe *Erithonius*. Sexes semblables, chenilles et chrysalides assez analogues à celles du P. Demolion.

m. Groupe *Paradoxa*. Sexes différents.

n. — *Dissimilis*. Sexes semblables, chenille brillamment colorée, chrysalide droite et cylindrique.

D. Chenilles allongées, atténuées à la partie postérieure, souvent bifides, de couleur verte, avec des bandes pâles obliques et latérales. Bord abdominal, chez l'insecte parfait mâle, replié, garni en dedans de poils ou d'un duvet cotonneux; valves anales petites, velues; antennes courtes et fortes; corps épais.

o. Groupe *Macareus*. Ailes postérieures entières.

p. — *Antiphates*. Ailes postérieures munies de queues longues (queue d'hirondelle).

q. — *Eurypylus*. Ailes postérieures caudées, allongées.

Genre Leptocircus.

En tout, vingt groupes distincts de Papillonides dans l'archipel Malais.

La première section du genre Papilio (A) comprend des insectes qui, quoique très-différents de structure, ont une ressemblance générale. Ils volent faiblement et près de terre, fréquentent les forêts les plus touffues, semblent se plaire à l'ombre, et sont l'objet de l'imitation des autres Papilios. La seconde section (B) se compose d'insectes dont le corps est faible, les ailes grandes, le vol irrégulier et vacillant et qui, lorsqu'ils se posent dans le feuillage, étendent les ailes, ce que les autres espèces font rarement; ce sont les plus éclatants et les plus remarquables des papillons orientaux. La troisième section (C) comprend des insectes beaucoup plus faibles et d'un vol plus lent que les précédents. Leur vol et leurs couleurs rappellent souvent certaines espèces de Danaïdes. La quatrième section comprend les insectes les plus forts de corps et les plus rapides du genre tout entier. Ils se tiennent au soleil, fréquentent le bord des ruisseaux et des flaques d'eau, où des essaims d'espèces différentes s'assemblent pêle-mêle pour pomper avidement l'humidité, et, s'ils sont dérangés, s'élèvent en cercles dans les airs, ou s'enfuient à de grandes hauteurs avec beaucoup de force et de rapidité.

*Distribution géographique.* On connaît maintenant 130 espèces de Papillonides, répandues dans le district qui s'étend de la péninsule de Malacca, au nord-ouest, jusqu'à l'île Woodlark, près de la Nouvelle-Guinée, au sud-est. Ce n'est que par la comparaison avec les autres contrées tropicales qu'on se rendra compte de l'immense richesse de cette région. Nous ne connaissons, dans toute l'Afrique, que 33 espèces de Papillonides, mais comme il en existe plusieurs non encore décrites, nous pouvons élever ce nombre à 40 environ. L'Asie tropicale tout entière n'en a encore fourni que 65, et je n'en ai vu que deux ou trois qui n'aient pas encore reçu de nom. Dans l'Amérique méridionale, au sud de Panama, on compte 150 espèces, environ un septième de plus qu'on n'en connaît dans la région Malaise; mais l'étendue des deux contrées est bien différente, car, tandis que l'Amérique du Sud, sans compter la Patagonie, contient 5,000,000 de milles carrés, une ligne entourant l'archipel Malais entier ne comprendrait qu'une surface de 2,700,000 milles carrés, sur lesquels un million environ de terre ferme.

Cette richesse est en partie réelle, en partie apparente. Le morcellement d'un district en petites portions isolées, comme c'est le cas d'un archipel, paraît éminemment favorable à la production de particularités locales, qui restent spéciales à certains groupes; ainsi une espèce qui dans un continent occuperait peut-être une région très-étendue, et dont les formes locales, s'il en existait, seraient trop reliées entre elles pour pouvoir être distinguées, pourrait, si ces formes étaient isolées, se trouver réduite à un certain nombre de variétés si constantes et si bien définies que force serait de les compter comme des espèces. C'est de ce point de vue que la supériorité de nombre des espèces malaises peut être considérée comme purement apparente. Mais la véritable supériorité de cet archipel consiste dans la possession de trois genres comprenant vingt groupes de Papillonides; l'Amérique du Sud ne possède qu'un seul genre composé de huit groupes, et dont la taille moyenne est inférieure à celle des espèces malaises. En revanche, le contraire a lieu dans la plupart des autres familles, les Érycinides, les Nymphalides et les Satyrides de l'Amérique du Sud surpassant de beaucoup les espèces orientales en beauté, en nombre et en variété. La liste suivante, qui donne la zone habitée par chaque groupe, et sa distribution, nous aidera à étudier leurs relations internes et externes.

*Zone occupée par les Papillonides malais.*

*Ornithoptères.*

1. Groupe Priamus. Des Moluques à l'île Woodlark 5 espèces.
2. » Pompeus. De l'Himalaya à la Nouvelle-Guinée (maximum à Célèbes)........... 11 —

| | | | | |
|---|---|---|---|---|
| 3. Groupe | Brookeana. Sumatra et Bornéo...... | 1 | espèce. |
| *Papilio.* | | | |
| 4. | » Nox. Inde septentrionale, Java, Philippines.............................. | 5 | — |
| 5. | » Coon. De l'Inde septentrionale à Java.. | 2 | — |
| 6. | » Polydorus. De l'Inde à la Nouvelle-Guinée et au Pacifique .................... | 7 | — |
| 7. | » Ulysses. De Célèbes à la Nouvelle-Calédonie.............................. | 4 | — |
| 8. | » Peranthus. De l'Inde à Timor et aux Moluques (maximum aux Indes) ......... | 9 | — |
| 9. | » Memnon. De l'Inde à Timor et aux Moluques (maximum à Java).............. | 10 | — |
| 10. | » Helenus. Afrique, Inde, Nouvelle-Guinée. | 11 | — |
| 11. | » Pammon. De l'Inde au Pacifique et à l'Australie............................ | 9 | — |
| 12. | » Erechtheus. De Célèbes à l'Australie... | 8 | — |
| 13. | » Demolion. De l'Inde à Célèbes......... | 2 | — |
| 14. | » Erithonius. Afrique, Inde, Australie ... | 1 | — |
| 15. | » Paradoxa. De l'Inde à Java (maximum à Bornéo) ............................ | 5 | — |
| 16. | » Dissimilis. Inde à Timor (maximum, Inde)............................... | 2 | — |
| 17. | » Macareus. De l'Inde à la Nouvelle-Guinée. | 10 | — |
| 18. | » Antiphates. Extrêmement répandu..... | 8 | — |
| 19. | » Eurypylus. De l'Inde à l'Australie....... | 15 | — |
| *Leptocircus.* | | | |
| 20. | » Leptocircus. De l'Inde à Célèbes ....... | 4 | — |

Ce tableau montre clairement la grande affinité qui existe entre les Papillonides des Indes et de l'Archipel malais, puisque, sur ces vingt groupes, il n'en est que trois qui s'étendent en Europe, en Afrique ou en Amérique. La restriction des groupes d'animaux aux régions Indoue et Australienne (1), si évidente parmi

(1) M. Wallace a fait voir que l'étude des faunes des îles malaises confirme la division déjà proposée de cet archipel en deux régions; la première (Sumatra, Java, Bali, Bornéo et les Philippines) se rattache à l'Asie; l'autre, qui renferme toutes les îles situées plus à l'est, se rattache à l'Australie. A en juger par le peu de profondeur des mers et par la similitude des espèces, la première de

les animaux supérieurs, l'est beaucoup moins chez les insectes, mais elle se retrouve en quelque degré chez les Papillonides. Les groupes suivants sont presque entièrement confinés dans l'une ou l'autre région :

| Région Indoue. | Région Australienne. |
|---|---|
| Nox. | Priamus. |
| Coon. | Ulysses. |
| Macareus (presque complétem[t]). | Erechtheus. |
| Paradoxa. | |
| Dissimilis (presque complétem[t]). | |
| Brookeanus. | |
| Leptocircus (genre). | |

Les autres groupes, qui occupent toute l'étendue de l'Archipel, sont, dans plusieurs cas, des insectes dont le vol est très-puissant, ou qui fréquentent les lieux découverts ou le bord de la mer, et peuvent ainsi être facilement emportés par le vent d'une île à l'autre. Le fait que trois groupes aussi caractéristiques que le Priamus, l'Ulysses et l'Erechtheus, sont strictement limités à la région Australienne, et que cinq autres le

ces régions a dû être séparée du continent à une époque beaucoup plus récente que la seconde. Cette différence absolue des faunes souffre cependant quelques exceptions. M. Wallace fait remarquer encore deux circonstances intéressantes : 1° que la ligne de démarcation des faunes coïncide presque avec celle des deux races humaines qui habitent cette partie du monde; celle-ci laisse dans la région Indoue les îles de Célèbes, de Bali, et une petite partie des Moluques ; 2° qu'elle ne coïncide absolument pas avec les différences géographiques et climatériques. — Les voyages de M. Wallace n'ayant pas été traduits en français, nous croyons devoir signaler à nos lecteurs les principaux résultats de ses recherches. Ils ont été d'ailleurs exposés et discutés par Sir Charles Lyell (*Principles of Geology*, X[th] edition, chap. XXXVIII et suivants. — Voir Wallace, *the Malayan Archipelago*, Londres, 1869, chap. I et XIV. On verra plus loin (p. 198 et suiv.), que l'auteur, depuis son retour en Angleterre, a reconnu à l'île de Célèbes un caractère tout à fait exceptionnel. (*Note du trad.*)

sont aussi exactement dans la région Indoue, corrobore fortement cette division de l'Archipel, fondée principalement sur la distribution des oiseaux et des mammifères.

Si les diverses îles de la Malaisie ont récemment subi des changements de niveau, et si, depuis l'origine des espèces actuellement existantes, quelques-unes d'entre elles ont été plus rapprochées qu'elles ne le sont maintenant, nous pouvons nous attendre à en trouver des preuves en découvrant des espèces communes dans des îles aujourd'hui éloignées; tandis que celles dont l'isolement remonte plus haut auront eu le temps d'acquérir, par le travail lent et naturel de la variation, des espèces qui leur soient propres.

L'examen des relations entre les espèces des îles adjacentes nous permettra de corriger les erreurs qu'entraînerait la seule considération de leurs positions respectives. Si, par exemple, on regarde la carte de l'archipel Malais, la proximité actuelle de Java et de Sumatra et la ressemblance frappante de leur structure volcanique, forcent presque à croire que ces deux îles ont été unies à une époque récente. Il n'est cependant pas douteux que cette opinion ne soit erronée, Sumatra doit avoir eu avec Bornéo une connexion plus récente et plus intime qu'avec Java: les mammifères de ces îles en donnent une preuve frappante, il n'y a que peu d'espèces communes à Sumatra et à Java, tandis que beaucoup sont les mêmes à Sumatra qu'à Bornéo. Nous trouvons à peu près la même parenté chez les oiseaux, et nous verrons que les Papillonides confirment aussi cette opinion. Ainsi :

| | | |
|---|---|---|
| Sumatra a........ | 21 espèces. | 20 espèces communes. |
| Bornéo »......... | 30 — | |
| Sumatra »........ | 21 espèces. | 11 espèces communes. |
| Java »........... | 28 — | |
| Bornéo » ......... | 30 espèces. | 20 espèces communes. |
| Java »............ | 28 — | |

Nous voyons que Sumatra et Java ont chacune plus de rapport avec Bornéo qu'elles n'en ont entre elles; résultat curieux et intéressant, si nous considérons la grande distance qui les sépare de cette dernière île, et sa structure totalement différente de la leur. Si le cas de ces insectes était isolé, il n'aurait que peu de poids dans une question aussi importante, mais venant comme il le fait à l'appui de déductions tirées de classes entières des animaux supérieurs, on doit lui reconnaître une grande valeur.

Nous pouvons déterminer d'une manière analogue la connexion qui existe entre la Nouvelle-Guinée et les îles des Papous : sur treize espèces de Papillonides trouvées aux îles Aru, six existent à la Nouvelle-Guinée, et sept y manquent. Sur neuf espèces trouvées à Waigiou, six existent à la Nouvelle-Guinée. Les cinq espèces trouvés à Mysol existent toutes à la Nouvelle-Guinée. Mysol est donc rattaché plus intimement à la Nouvelle-Guinée que les autres îles, ce dont nous trouvons une autre preuve dans la distribution des oiseaux. Je n'en citerai ici qu'un exemple : l'oiseau de Paradis qu'on trouve à Mysol, est l'espèce commune de la Nouvelle-Guinée, tandis que les îles de Waigiou et d'Aru possèdent chacune une espèce en propre. La grande île de Bornéo, la plus riche de l'Archipel en Papillonides, n'en a cependant que trois espèces qui lui soient particulières, encore est-il possible et même probable que l'une d'elles se trouve à Sumatra ou à Java. Java possède aussi trois espèces qui lui sont propres, mais Sumatra n'en a pas une seule, et la péninsule de Malacca, deux seulement. L'identité des espèces est plus exacte encore que dans les oiseaux ou les autres groupes d'insectes, et indique d'une manière positive une connexion récente de toutes ces îles entre elles et même avec le continent.

### Particularités curieuses de l'île de Célèbes.

L'île de Célèbes présente avec les îles dont nous avons parlé en dernier lieu un contraste frappant, bien qu'elle n'en soit séparée que par un détroit qui ne dépasse pas en largeur celui qui sépare Bornéo de Sumatra. Bien que Célèbes ne possède pas un nombre d'espèces aussi grand que Bornéo ou Java, elle en a 18 qui lui sont particulières. Plus à l'est, les grandes îles de Ceram et de la Nouvelle-Guinée n'ont chacune que trois espèces en propre, et Timor n'en a que cinq. Il nous faudrait chercher non parmi des îles isolées, mais parmi des groupes tout entiers, pour trouver une faune aussi spéciale que celle de Célèbes. Par exemple, le groupe qui contient les îles de Bornéo, Java et Sumatra, et la péninsule de Malacca, présente, sur 48 espèces, 24 qui lui sont propres, ou juste la moitié ; le grand archipel des Philippines, avec 22 espèces, en a 17 en propre; les 7 principales îles des Moluques en ont 27, dont 12 leur sont propres ; et les îles des Papous, avec 27 espèces, en ont 17 en propre. Célèbes avec ses 24 espèces, dont 18 lui sont particulières, supporte la comparaison avec le plus isolé de tous ces groupes. Ceci confirme ce que j'ai déjà dit sur l'isolement extrême et les traits caractéristiques de cette île intéressante, qui, seule avec quelques petits satellites, présente une importance zoologique comparable à celle de groupes plusieurs fois plus grands qu'elle. Bien que située au centre même de l'Archipel, entourée d'îlots qui la mettent en communication avec d'autres grandes îles et semblent offrir de grandes facilités pour les migrations et l'échange de leurs habitants respectifs, elle conserve son caractère propre dans tous les règnes de la nature, et présente des particularités que je crois sans parallèle dans aucune localité analogue sur la surface du globe. Nous les résumerons brièvement. Parmi le petit nombre de mammifères qui habitent Célèbes, il en est 3 de formes singulières, et tout à fait isolés : le Cynopithèque, singe sans queue allié aux babouins; l'Anoa, antilope à cornes droites, dont on ne connaît pas les affinités, mais qui ne ressemble à aucun animal de l'archipel Malais ni des Indes, et le Babiroussa, porc sauvage tout à fait anormal. Parmi un nombre d'oiseaux très-limité, Célèbes possède une forte proportion d'espèces qui lui sont propres, et, de plus, six genres tous entiers (*Meropogon*, *Ceycopsis*, *Streptocitta*, *Enodes*, *Scissirostrum* et *Megacephalon*) sont confinés dans ses étroites limites. Enfin, deux autres genres (*Prioniturus* et *Basilornis*) ne se trouvent que dans une seule île en dehors de Célèbes.

Les tableaux détaillés dressés par M. Smith sur la distribution des Hyménoptères de l'archipel Malais (voyez *Proceedings of the Linnean Society*. Zoologie, vol. 7) montrent que sur 301 espèces recueillies à Célèbes, 190, ou près des deux tiers, lui sont absolument spéciales et 12 genres entiers ne se trouvent nulle part ailleurs dans l'Archipel. J'ai moi-même exploré Bornéo et les Moluques, et vérifié ainsi les assertions de M. Smith. J'ai déjà montré que, pour ce qui est des Papillonides, Célèbes possède en propre un plus grand nombre d'espèces qu'aucune autre île, et cela dans une plus forte proportion que la plupart des grands groupes d'îles, enfin, qu'elle donne à plusieurs des espèces qui l'habitent un accroissement de taille et une modification spéciale de la forme des ailes qui impriment aux insectes les plus dissemblables un signe distinctif de leur patrie commune.

Quelle conséquence devons-nous tirer de ces phénomènes? Devons-nous nous contenter de l'explication simple, mais peu satisfaisante, qui prétend que ces insectes comme les autres animaux ont été créés exactement tels qu'ils sont, et placés exactement là où ils sont, par la volonté inscrutable du Créateur, et que nous n'avons autre chose à faire qu'à enregistrer ces faits et à admirer? Cette île, toute seule, aurait-elle été choisie pour un étalage fantastique du pouvoir créateur, dans le but d'exciter une admiration enfantine et irréfléchie ? La modification graduelle par l'action des causes naturelles, dont nous pouvons suivre pas à pas presque tous les degrés, serait-elle une pure illusion ? L'harmonie entre les groupes les plus divers, qui présentent des phénomènes analogues, et indiquent par là leurs relations avec des changements physiques dont nous avions déjà des preuves, serait-elle un faux témoignage ? Si je pouvais le croire, l'étude de la nature perdrait pour moi son plus grand charme. J'éprouverais l'impression d'un géologue à qui l'on pourrait prouver que l'histoire passée de la terre n'est qu'une erreur, qu'il se trompe lorsqu'il croit rencontrer les traces d'un Océan primordial, que les fossiles dont il fait une étude attentive ne sont pas les témoins d'un monde jadis vivant, mais ont été créés tels qu'il les voit, et dans les rochers même où il les trouve. Je dois exprimer ma conviction que, malgré les apparences, aucun de ces phénomènes, même le plus insignifiant, n'est réellement isolé. L'aile même d'un papillon ne saurait changer de forme ou de couleur, sans que ce phénomène soit en harmonie avec la nature universelle, et constitue un pas dans sa marche générale. Je crois que tous les faits curieux que je viens d'énumérer sont dans la dépendance immédiate de la dernière série de changements organiques et inorganiques qui se sont produits dans ces régions, et si les phénomènes que présente l'île de Célèbes diffèrent de ceux des îles avoisinantes, ce ne peut être, à mon sens, que parce que l'histoire passée de cette île a été, à un degré quelconque, distincte de la leur.

Nous avons besoin de beaucoup plus de données que nous n'en possédons, avant de déterminer la nature précise de cette différence. La seule conclusion qui me paraisse claire, c'est que Célèbes représente l'une des plus anciennes parties de l'Archipel ; qu'elle a été jadis plus complétement isolée de l'Asie et de l'Australie qu'elle ne l'est aujourd'hui, et qu'au milieu des mutations qu'elle a subies, les débris de la faune et de la flore de quelque terre ancienne nous ont été conservés.

Ce n'est que depuis mon retour en Angleterre, quand j'ai pu comparer les productions de l'île de Célèbes avec celles des îles voisines, que leur singularité m'a causé une aussi vive impression et a excité en moi l'intérêt qu'elle mérite. Les plantes et les reptiles de cette île sont encore à peu près inconnus. Il est à désirer que quelque naturaliste se consacre bientôt à les étudier. La géologie mériterait aussi des recherches sérieuses, et les fossiles récents offriraient un intérêt spécial en élucidant les causes qui ont amené les conditions anormales dont nous avons parlé. Cette île se trouve, pour ainsi dire, sur la limite de deux mondes. D'un côté, la faune australienne, qui a conservé jusqu'à aujourd'hui le facies d'une époque géologique ancienne ; de l'autre, la faune riche et variée de l'Asie, qui semble posséder les animaux les plus parfaits de toutes les classes et de tous les ordres. Célèbes, tout en ayant des rapports avec les deux, n'appartient positivement à aucune d'elles, elle possède des traits qui lui sont absolument propres, et je ne crois pas qu'une autre île dans le monde récompensât aussi richement une étude sérieuse et détaillée de son histoire passée et présente.

### Conclusion.

Je me suis proposé dans cet essai de montrer tout le fruit qu'on peut tirer, dans des circonstances favorables, de ce qu'on peut appeler la *physiologie externe* d'un petit groupe d'animaux, habitant un district limité. Cette branche de l'histoire naturelle n'avait guère attiré l'attention jusqu'au moment où M. Darwin montra son utilité dans l'interprétation vraie de l'histoire des êtres organisés, et attira de ce côté une petite partie des recherches qui jusqu'alors avaient été exclusivement réservées à l'organisation interne et à ses fonctions. Nous avons exposé comment le groupe très-restreint des Papillonides malais fournit des données sur la nature des espèces, les lois de la variation, l'influence mystérieuse de la localité sur la forme et la couleur, sur les phénomènes de dimorphisme et de mimique, l'influence modificatrice du sexe, les lois générales de la distribution géographique, et l'interprétation des changements passés de la surface du globe, et nous avons montré comment nos conclusions sont confirmées par des faits analogues, observés chez des groupes d'animaux divers, et souvent même très-différents.

# V

## L'INSTINCT CHEZ L'HOMME ET LES ANIMAUX.

C'est chez les insectes que l'on trouve les exemples les plus parfaits et les plus frappants de ce qu'on appelle l'*instinct*, les actes dans lesquels la raison ou l'observation paraissent avoir le moins d'influence, et qui semblent impliquer la possession des facultés les plus différentes des nôtres. Les constructions merveilleuses des abeilles et des guêpes, l'économie sociale des fourmis, la prévoyance soigneuse avec laquelle plusieurs coléoptères et plusieurs mouches pourvoient à la sécurité d'une postérité qu'ils ne doivent jamais voir, les curieux préparatifs que font les larves des lépidoptères en vue de leur métamorphose, tous ces faits sont des exemples typiques de la faculté appelée *instinct;* on y voit la preuve de l'existence de quelque capacité spéciale n'ayant aucun rapport avec les moyens d'action que nous tirons de nos sens et de notre raison.

### Comment on peut le mieux étudier l'instinct.

Quelque définition que nous puissions donner de l'instinct, il rentre évidemment dans les phénomènes de l'ordre psychologique. Or nous ne pouvons juger une organisation mentale et ses fonctions qu'en la comparant avec la nôtre, et en observant ses manifestations chez les autres hommes et les animaux ; par conséquent nous devons étudier et chercher à comprendre celle des enfants, des hommes à l'état sauvage et des animaux supérieurs avant de nous prononcer positivement sur la nature des opérations mentales chez des êtres aussi radicalement différents de nous que les insectes.

Nous n'avons pas même encore pu constater exactement la nature des sens qu'ils possèdent, ou ce que sont leurs facultés de vue, d'ouïe, de toucher, comparées aux nôtres. Leur vision peut surpasser beaucoup la nôtre en délicatesse et en portée, et leur donner peut-être, de la constitution interne de certains corps, une connaissance analogue à celle que nous obtenons au moyen du spectroscope. Que leurs organes visuels soient doués d'avantages que n'ont pas les nôtres, cela est indiqué par les curieux faisceaux cristallins qui dans l'œil composé rayonnent du ganglion optique aux facettes : ces faisceaux varient de forme et d'épaisseur dans les différentes parties de leur longueur et possèdent des caractères distinctifs dans chaque groupe d'insectes. Dans les yeux des vertébrés on ne trouve rien de semblable à cet appareil complexe, qui peut-être sert à quelque fonction tout à fait inconcevable pour nous, aussi bien qu'à celle que nous connaissons sous le nom de vision.

Il y a des raisons pour admettre que les insectes perçoivent des sons d'une délicatesse extrême, et l'on supdose que certains organes très-petits, abondamment pourvus de nerfs et situés chez la plupart des insectes dans la veine sous-costale de l'aile, sont les organes de l'ouïe. Mais, en outre, les orthoptères (grillons, sauterelles, etc.) ont sur les pattes de devant des organes qu'on suppose être des oreilles, et M. Lowne croit que les petites boules pédicellées qui sont les seuls restes des ailes postérieures dans les mouches, sont aussi des organes de l'ouïe ou de quelque sens analogue. Chez les mouches aussi, la 3e articulation des antennes contient des milliers de fibres nerveuses, qui se terminent en petites cellules ouvertes, et que M. Lowne considère comme l'organe de l'odorat ou de quelque autre sens, peut-être nouveau pour nous. Il est donc fort possible que les insectes soient doués de sens particuliers, au moyen desquels ils perçoivent des choses qui nous restent toujours inconnues, et peuvent accomplir des actes qui nous paraissent incompréhensibles.

Dans cette ignorance complète où nous sommes de leurs facultés et de leur nature interne, n'est-il pas téméraire de vouloir juger de leurs forces par une comparaison avec les nôtres ? Comment pouvons-nous prétendre pénétrer le mystère de leur nature mentale et prononcer sur l'étendue de leurs perceptions, dire jusqu'où peuvent aller leur mémoire, leur raison ou leur réflexion ! Passer d'un seul bond de nos propres perceptions à celles d'un insecte, est aussi déraisonnable et absurde que vouloir, avec la seule connaissance de la table de multiplication, aller droit au calcul intégral, ou bien encore, en anatomie comparée, sauter de l'étude du squelette humain à celui du poisson, et vouloir, sans l'aide des nombreuses formes intermédiaires, déterminer les homologies entre ces types distants de vertébrés. Une pareille manière de procéder entraînerait inévitablement des erreurs, et l'étude continuée dans la même direction ne ferait que les confirmer, et les rendre plus difficiles à déraciner.

### Définition de l'instinct.

Avant d'aller plus loin, nous devons déterminer ce que nous entendons par le terme *instinct.*

On en a donné diverses définitions, telles que : « Aptitude qui opère sans l'aide de l'instruction ou de l'expérience ;» ou bien : «Une faculté mentale totalement indépendante de l'organisation ; » «Une faculté à laquelle on attribue chez l'animal les actes qui, chez l'homme, résultent d'un enchaînement de raisonnements, aussi bien que ceux dont l'homme est incapable, et qu'on ne peut expliquer par aucun effort de l'intelligence. » Le mot instinct est aussi très-souvent appliqué à des actes qui résultent évidemment de l'organisation ou de l'habitude. On dit du poulain ou du veau qu'il marche par instinct, aussitôt qu'il est né ; mais cela est dû uniquement à son organisation qui lui rend la marche possible et agréable. De même on dit que, par instinct, nous étendons les mains pour éviter une chute ; mais c'est là une habitude acquise, que l'enfant ne possède pas.

Je proposerai de définir l'instinct « l'accomplissement par un animal d'actes complexes, absolument sans instruction ni connaissance acquise préalablement. » Ainsi on dit des oiseaux ou des abeilles qui construisent leurs nids ou leurs cellules, des insectes qui pourvoient à leurs besoins futurs ou à ceux de leurs descendants, qu'ils accomplissent tous ces actes sans jamais en avoir vu faire de semblables à d'autres, et sans aucunement savoir pourquoi ils les font eux-mêmes. C'est ce qu'exprime le terme très-commun « d'instinct aveugle ».

Mais ce sont là autant d'assertions positives qui, chose étrange, n'ont jamais été prouvées. On les considère comme évidentes par elles-mêmes et n'ayant aucun besoin de preuve. Personne n'a encore fait l'expérience suivante : prendre les œufs d'un oiseau qui construit un nid perfectionné, faire éclore ces œufs au moyen de la vapeur ou sous une couveuse étrangère, puis mettre les jeunes oiseaux dans une grande volière ou dans un jardin couvert, où ils trouveraient une situation et des matériaux convenables pour un nid semblable à celui de leurs parents, et voir alors quelle espèce de nid ces oiseaux construiraient. Si, rigoureusement soumis à ces conditions, ils choisissent les mêmes matériaux, la même situation, construisent leur nid de la même manière et aussi parfaitement que leurs parents l'avaient fait, alors nous aurons un cas d'instinct, bien prouvé. Pour le moment il n'est que supposé, et supposé sans raison suffisante, ainsi que je le montrerai plus loin.

De même, personne n'a encore enlevé d'un rayon de miel les larves pour les tenir hors de la présence d'autres abeilles, dans une grande serre avec abondance de fleurs et d'aliments, et observer alors quelle espèce de cellules elles construiraient. Tant que cette expérience n'a pas été faite, nul ne peut dire que les abeilles bâtissent sans instruction, nul ne peut dire que, dans chaque nouvel essaim, il n'y a pas d'abeilles plus âgées que les autres et qui leur enseignent peut-être la construction du rayon.

Or, dans une recherche scientifique, un point dont on peut chercher la preuve ne doit pas se présumer, et l'on ne doit point avoir recours à une force tout à fait inconnue pour expliquer les faits, aussi longtemps que les forces connues peuvent suffire. Pour ces deux motifs je refuse d'accepter la théorie de l'instinct dans tous les cas où l'on n'a pas d'abord épuisé tous les autres moyens possibles d'explication.

### L'homme possède-t-il des instincts ?

Plusieurs des défenseurs de la théorie de l'instinct maintiennent que l'homme a des instincts exactement semblables à ceux des animaux, mais plus ou moins sujets à être effacés par ses facultés de raisonnement. C'est là un cas qui se prête plus qu'aucun autre à l'observation, et je vais lui consacrer quelques pages. On dit que l'enfant nouveau-né tette par instinct et plus tard marche par instinct aussi ; chez l'adulte on croit surtout voir l'effet de cette faculté chez les individus des races sauvages qui peuvent trouver leur chemin au travers d'une contrée inconnue et sans route battue.

Considérons d'abord le premier cas, celui de l'enfant nouveau-né. On dit quelquefois que celui-ci *cherche le sein* (assertion absurde), et on y voit une preuve merveilleuse de l'instinct. Sans doute c'en serait une, si le fait était vrai; mais, malheureusement pour la théorie, il est absolument faux, ainsi que peuvent l'attester tous les médecins et toutes les nourrices. Néanmoins il est certain que l'enfant tette sans qu'on le lui ait enseigné; mais c'est là un de ces actes *simples* qui résultent de la conformation même des organes, et qui ne peuvent pas plus être attribués à l'instinct que la respiration ou le mouvement musculaire. Tout objet de grandeur convenable, mis dans la bouche de l'enfant, irrite les nerfs et les muscles de façon à produire l'acte de succion. Un peu plus tard (la volonté entrant en jeu), l'acte est continué par suite des sensations agréables qu'il produit. De même, la marche résulte évidemment de l'arrangement des os et des articulations, de l'exercice naturel aux muscles, qui rend peu à peu l'attitude verticale plus agréable qu'aucune autre ; il n'est guère douteux que l'enfant apprendrait de lui-même à marcher debout même s'il était nourri par une bête sauvage.

### Comment les Indiens voyagent au travers de forêts inconnues et sans chemin battu.

Considérons maintenant le fait que les Indiens trouvent leur chemin à travers des forêts qu'ils n'ont jamais traversées auparavant. Ce fait est très-mal compris; je crois qu'il n'a lieu que dans des conditions très-spéciales, qui montrent que l'instinct n'y est pour rien.

Le sauvage, il est vrai, peut trouver son chemin à travers les forêts de son pays natal, dans une direction toute nouvelle pour lui; mais cela tient à ce que, depuis l'enfance, il est habitué à les parcourir, s'orientant au moyen de signes qu'il a observés lui-même ou que d'autres lui ont appris. Les sauvages font de longs voyages dans beaucoup de directions, et toutes leurs facultés étant employées à ce seul objet, ils acquièrent une connaissance complète et exacte de la topographie, non-seulement de leur propre district, mais encore de toutes les régions environnantes. Celui qui a voyagé dans une direction nouvelle, fait part aux autres de ce qu'il a appris, et les descriptions des routes, des localités, des petits incidents du voyage, forment l'une des principales ressources de la conversation ; le soir autour du feu, chaque voyageur, chaque prisonnier appartenant à une autre tribu, vient ajouter son contingent de renseignements. Comme l'existence même des individus, des familles et des tribus dépend de cette connaissance de la nature, toutes les facultés subtiles du sauvage adulte sont employées à l'acquérir et à la perfectionner. Bon chasseur ou bon guerrier, il réussit ainsi à connaître la direction de chaque colline ou chaîne de montagnes, celle de tous les cours d'eau, et leurs confluents, la situation de tous les lieux caractérisés par une végétation particulière, et cela non-seulement dans les limites qu'il a explorées lui-même, mais peut-être encore cent milles au delà. Son observation pénétrante lui fait découvrir les plus petites ondulations de la surface du sol, les changements du sous-sol ou de la végétation, qui seraient tout à fait imperceptibles pour un étranger. Ses yeux regardent sans cesse dans la direction où il marche ; la mousse qui couvre un côté des arbres, la présence de certaines plantes à l'ombre des rochers, le vol des oiseaux le matin ou le soir, sont pour lui autant d'indications qui le guident presque aussi sûrement que le soleil. Si donc il est appelé à trouver son chemin à travers ce même pays dans une direction où il n'a encore jamais été, il est parfaitement à la hauteur de la difficulté. Quel que soit le détour par lequel il est arrivé au point d'où il doit partir, il a observé toutes les directions et les distances si exactement, qu'il sait assez bien où il est, de quel côté se trouve son village, de quel côté l'endroit où il doit aller. Il se met en route et sait qu'après un certain temps, il aura à passer un plateau ou une rivière ; il sait dans quel sens les cours d'eau doivent couler, à quelle distance de leurs sources il doit les passer. Il connaît la nature du sol ainsi que les traits principaux de la végétation dans toute la région. Lorsqu'il approche de quelque contrée où il a déjà été, plusieurs petites indications le guident, mais il les observe si prudemment que ses compagnons blancs ne peuvent point concevoir par quel moyen il s'est dirigé. De temps à autre il change un peu sa direction, mais il n'est jamais embarrassé, il ne se perd jamais, toujours il se sent pour ainsi dire chez lui, jusqu'à ce qu'enfin il arrive à un district bien connu et alors il dirige sa marche de façon à atteindre exactement le lieu désiré. Aux Européens dont il est le guide, il semble être arrivé sans difficulté, sans aucune observation spéciale, et par une marche continue et presque directe. Dans leur étonnement, ils lui demandent s'il a déjà fait la même route une fois ; sur sa réponse négative, ils concluent que quelque instinct infaillible peut seul l'avoir conduit.

Conduisez ce même homme dans un autre pays, très-semblable au sien, mais avec d'autres rivières, d'autres collines, une autre espèce de sol, une autre végétation et une faune différente ; amenez-le par un circuit plus ou moins long à un certain point et demandez-lui de retourner au point de départ par une ligne droite de 50 milles au travers de la forêt, il s'y refusera certainement, ou bien, s'il essaye, il échouera plus ou moins complétement. Son instinct supposé n'agit pas hors de son pays.

Sans doute un sauvage, même dans une contrée nouvelle pour lui, possède des avantages incontestables, résultant de sa grande habitude de la vie dans les bois, de son indifférence à la chance dè s'égarer, et de sa perception exacte des directions et des distances ; il peut donc acquérir très-vite une connaissance du pays qui semble merveilleuse à l'homme civilisé ; mais ma propre observation des sauvages dans des forêts m'a convaincu moi-même qu'ils trouvent leur chemin par l'usage des mêmes facultés que nous possédons nous-mêmes. Par conséquent, avoir recours à une force nouvelle et mystérieuse pour expliquer comment les sauvages peuvent faire ce que, dans des conditions semblables, nous ferions presque tous, quoique peut-être moins parfaitement, c'est là un procédé superflu et presque absurde.

Dans le prochain essai, je tâcherai de prouver que beaucoup d'actes qui ont été attribués à l'instinct chez les oiseaux peuvent fort bien s'expliquer par l'exercice de ces facultés d'observation, de mémoire, d'imitation, et ce degré limité de raison, dont ils fournissent des manifestations indubitables.

---

## VI

### PHILOSOPHIE DES NIDS D'OISEAUX.

La construction des nids est-elle un effet de l'instinct ou de la raison?

On dit en général que les oiseaux construisent leurs nids par *instinct*, tandis que l'homme fait usage de sa raison dans la construction de sa demeure; et l'on en donne pour preuve le fait que les oiseaux bâtissent toujours sur le même plan, sans y jamais rien changer; tandis que l'homme modifie et perfectionne ses maisons; or, dit-on, le progrès caractérise la raison, tandis que l'instinct est stationnaire.

Cette doctrine est généralement, on peut presque dire universellement adoptée. Des personnes dont les opinions diffèrent d'ailleurs sur tout autre sujet, acceptent comme bonne cette explication des faits; philosophes et poëtes, métaphysiciens et théologiens, naturalistes et gens du monde, tous sont d'accord pour la considérer comme probable, l'adoptent même comme une sorte d'axiome, et en font la base de leurs spéculations sur l'instinct et la raison. Une opinion si générale devrait, semble-t-il, reposer sur des faits incontestables, et en être déduite logiquement. Je suis pourtant arrivé à la conclusion que cette manière de voir est non-seulement très-douteuse, mais absolument erronée ; non-seulement elle s'écarte beaucoup de la vérité, mais elle lui est complétement opposée presque en tous points. Bref, je crois que les oiseaux ne font *pas* leurs nids par instinct et que l'homme ne construit *pas* sa demeure par raison, que les oiseaux changent et améliorent sous l'influence des mêmes causes qui font progresser l'homme, et que l'espèce humaine ne modifie ni ne perfectionne lorsqu'elle est soumise à des conditions semblables à celles qui sont presque universelles parmi les oiseaux.

### L'homme construit-il par raison ou par imitation ?

Examinons d'abord la théorie d'après laquelle la raison détermine seule l'architecture domestique de la race humaine.

On dit que l'homme, animal raisonnable, change et améliore sans cesse sa demeure. Je nie cela entièrement. En général, l'homme ne modifie ni ne perfectionne, pas plus que les oiseaux. Quelle amélioration peut-on voir dans les maisons de la plupart des tribus sauvages ? chacune est aussi invariable que le nid d'une espèce d'oiseau. Les tentes des Arabes sont les mêmes aujourd'hui qu'elles étaient il y a 2 ou 3000 ans, et les villages de boue de l'Égypte ne peuvent guère avoir été améliorés depuis l'époque des Pharaons. Quel progrès peut-on supposer dans les huttes en feuilles de palmier ou dans les cabanes qu'habitent les tribus de l'Amérique du Sud et de l'archipel Malais, depuis que ces régions sont peuplées ? Quant à l'abri grossier que le Patagon se fait avec du feuillage ou que l'habitant de l'Afrique méridionale se creuse dans la terre, nous ne pouvons même les concevoir inférieurs à ce qu'ils sont aujourd'hui. Plus près de nous, la cabane en gazon de l'Irlandais, et la hutte de pierres de la haute Écosse, ne peuvent guère avoir beaucoup progressé depuis 2000 ans.

Or personne ne voit un effet de l'instinct dans cet état stationnaire de l'architecture domestique chez ces peuples sauvages, mais on l'explique plutôt par l'imitation transmise de génération en génération, et par l'absence de toute circonstance qui les aient poussés à améliorer. Personne n'imagine que, si un enfant arabe était transporté en Patagonie ou en Écosse, une fois adulte, il étonnerait ses nouveaux parents en construisant une tente de peaux. D'autre part, il est clair que les conditions physiques, combinées avec le degré de civilisation atteint, rendent pour ainsi dire nécessaires certains types de construction. Le gazon, les pierres, la neige, les feuilles de palmier, le bambou, les branches, sont pris comme matériaux des maisons des différents pays, parce qu'ils sont plus faciles à se procurer qu'aucune autre chose. Le paysan égyptien n'a aucune de ces substances, pas même du bois. Que peut-il donc employer d'autre que la boue ?

Dans les forêts des tropiques, le bambou et les larges feuilles de palmier sont les matériaux naturels pour les maisons ; la forme et le mode de construction seront déterminés en partie par la nature du pays, selon que celui-ci est chaud ou frais, marécageux ou sec, rocailleux ou plat, selon que la contrée est fréquentée par des bêtes sauvages ou exposée aux attaques des hommes. Toutes ces circonstances font adopter un mode particulier de construction qui, confirmé par l'habitude, devient héréditaire et sera conservé longtemps, même lorsque de nouvelles conditions ou une migration dans une région différente lui auront fait perdre son utilité.

Dans toute l'étendue du continent américain, et en règle générale, les maisons des indigènes reposent sur le terrain même; on les rend sûres et solides au moyen de murs épais et bas, surmontés d'un toit. Par contre, dans presque toutes les îles malaises, les maisons sont élevées sur des pieux, parfois à une grande hauteur, le plancher en bambou étant à claire voie : toute la bâtisse est excessivement mince et légère. Or, quelle peut être la raison de cette différence remarquable entre ces pays, dont bien des parties nous offrent d'ailleurs une ressemblance frappante dans leur constitution physique, leurs productions naturelles et le degré de civilisation de leurs habitants? Nous en trouvons l'explication, ce me semble, dans l'origine probable et les migrations de leurs populations respectives. On croit que les indigènes de l'Amérique tropicale sont venus du Nord, d'un pays où les hivers sont rudes et où des maisons bâties au-dessus du sol avec des planchers ouverts, seraient inhabitables. Ils se sont dirigés vers le Sud en suivant les chaînes de montagnes et les plateaux, et, sous un climat nouveau, ils ont conservé le mode de construction de leurs ancêtres, modifié seulement par les matériaux qu'ils trouvaient. M. Bates, qui a fait des observations exactes sur les Indiens de la vallée des Amazones, est arrivé à la conclusion qu'ils sont récemment immigrés d'un climat plus froid : « On ne peut, » dit-il, « vivre longtemps parmi les Indiens de l'Amazone supérieure sans être frappé de leur antipathie constitutionnelle pour la chaleur... Leur peau est chaude au toucher et ils transpirent peu... Ils sont agités et mécontents par un temps chaud et sec, mais gais par les jours frais, lorsque la pluie coule en abondance sur leurs dos nus. » Après beaucoup d'autres détails, il conclut : « Comme tout cela diffère du nègre, le véritable enfant des climats tropicaux ! Je me sentais toujours plus porté à admettre que l'Indien Peau-Rouge vit dans ces contrées chaudes comme émigré ou étranger, que sa constitution n'était point originairement faite pour ce climat, auquel elle ne s'est qu'imparfaitement adaptée. »

D'autre part, les races malaises sont certainement de très-anciens habitants des contrées les plus chaudes ; elles ont particulièrement pour habitude de placer leur premier établissement à l'embouchure des rivières, dans des anses, ou bien dans les baies ou détroits peu ouverts. Peuples éminemment maritimes, le canot est pour eux une nécessité de la vie, et ils ne voyagent jamais par terre s'il peuvent le faire par eau. Conformément à ces goûts, le Malais a construit sa maison sur des pilotis à la manière des habitations lacustres de la vieille Europe ; et ce mode de construction est tellement entré dans ses mœurs que même les tribus qui ont pénétré dans l'intérieur, et se sont établies dans des plaines arides et sur des montagnes rocheuses, continuent à bâtir exactement de la même manière et trouvent de la sécurité à élever leurs demeures au-dessus du sol.

### Pourquoi chaque oiseau construit une espèce particulière de nid.

Tels sont les caractères généraux des habitations de l'homme sauvage. Les nids des oiseaux nous en offrent de tout à fait analogues.

Chaque espèce emploie les matériaux qui sont le plus à sa portée, et choisit les situations les plus conformes à ses habitudes. Le troglodyte, par exemple, vivant dans les haies et les bosquets bas, fait en général son nid avec de la mousse, qu'il trouve toujours là où il vit, et qui lui fournit probablement beaucoup d'insectes pour sa nourriture ; mais parfois il varie, employant du foin ou des plumes, lorsqu'il peut se les procurer. Le freux creuse dans les prairies et les champs labourés pour prendre les vers, et, en faisant cela, trouve continuellement des racines et des fibres végétales. Il s'en sert pour revêtir son nid, quoi de plus naturel ! Pour le même usage, le corbeau, qui se nourrit de chair morte, telle que lapins et agneaux, et fréquente les pâturages et les garennes, choisit la laine et la fourrure. L'alouette se tient dans les champs cultivés et fait sur le sol un nid de tiges sèches qu'elle double d'herbes fines, matériaux le plus à sa portée et le mieux adaptés à ses besoins. Le martin-pêcheur construit sòn nid avec les arêtes des poissons qu'il a mangés. L'hirondelle emploie de l'argile et de la boue prises sur les bords des étangs et des rivières, à la surface desquels elle trouve les insectes dont elle se nourrit. Bref, les matériaux dont les oiseaux font leurs nids, aussi bien que ceux que l'homme sauvage prend pour sa maison, sont donc ceux qui sont le plus à portée; dans aucun cas, le choix n'est dû à un instinct spécial.

Mais, dira-t-on, ce sont surtout la forme et la structure des nids, plus encore que leurs matériaux, qui nous frappent par leur variété, et sont si merveilleusement adaptées aux besoins, aux habitudes de chaque espèce; comment s'en rendre compte autrement que par l'instinct?

Je réponds que nous en trouvons l'explication en grande partie dans les habitudes générales de l'espèce, dans la nature des outils qui lui sont donnés, et les matériaux qu'elle emploie, enfin dans le discernement des moyens les plus propres au but, discernement très-élémentaire, sans doute, mais qui rentre parfaitement dans la capacité intellectuelle de l'oiseau. La délicatesse et la perfection du nid seront proportionnées à la grandeur de l'oiseau, à sa conformation et à ses habitudes. Celui du troglodyte ou du colibri n'est peut-être relativement ni plus parfait ni plus beau que celui du merle, de la pie, de la corneille. Le troglodyte, avec son bec mince, ses longues jambes et sa grande agilité, peut très-facilement former un nid bien tressé des matériaux les plus fins, et il le place dans les arbustes et les haies qu'il fréquente et où il trouve sa nourriture. La mésange, qui hante les arbres fruitiers et les murs, cherchant des insectes dans les fentes et les crevasses, est naturellement conduite à s'établir dans des trous qui la tiennent à l'abri et en sûreté; sa grande agilité et la perfection de ses outils (bec et pattes), lui permettent de former rapidement un admirable réceptacle pour ses œufs et ses petits. Le pigeon, ayant un corps lourd avec des pattes et un bec faibles, mauvais instruments pour faire une construction délicate, bâtit un nid grossier et plat, formé de bâtons, mis en travers de branches assez fortes pour porter le poids de l'oiseau et de ses petits. Les engoulevents ont les instruments les plus imparfaits de tous: des pattes qui ne peuvent les porter que sur une surface plane, car ils ne peuvent percher, et un bec excessivement large, court et faible, presque caché par des plumes et des soies. Ces oiseaux ne sauraient construire un nid de fibres ou de branches, de poils ou de mousse; aussi s'en passent-ils généralement, et pondent-ils leurs œufs sur le sol nu, sur une branche plate ou sur le tronc d'un arbre coupé. Le perroquet, avec son gros bec recourbé, son cou et ses pattes trop courtes, son corps pesant, est tout à fait incapable de bâtir un nid comme presque tous les oiseaux. Il ne peut grimper sur une branche, ni se retourner sur place lorsqu'il perche, sans employer son bec aussi bien que ses pattes. Comment alors pourrait-il tresser, ou entremêler les matériaux d'un nid? Il pond ses œufs dans le trou d'un arbre, au sommet de troncs pourris, ou dans une fourmilière abandonnée, dont la substance est facile à creuser.

Beaucoup de *Sterna* et de *Tringa* déposent leurs œufs sur le sable au bord de la mer ; le duc d'Argyll sans doute a raison lorsqu'il attribue cette habitude, non à leur incapacité de former un nid, mais au fait que, dans de pareilles situations, un nid serait apparent et ferait découvrir les œufs. Cependant le choix de la *place* est évidemment déterminé par les habitudes de ces oiseaux, qui, dans la recherche quotidienne de leur nourriture, parcourent continuellement de grands bancs de sable, à la marée basse. Les mouettes varient beaucoup dans leur manière de nicher, mais celle-ci est toujours en harmonie avec leur conformation et leurs habitudes; le nid est placé tantôt sur un roc nu, ou sur le bord d'une falaise, tantôt dans un marais ou parmi les algues du rivage; il est fait d'algues, de touffes d'herbes ou de roseaux, ou encore de débris trouvés sur le rivage, amoncelés les uns par-dessus les autres, avec aussi peu d'ordre et d'art que le comportent les pattes palmées et le bec grossier de ces oiseaux; le bec surtout est plus propre à prendre le poisson qu'à bâtir un nid délicat.

Le flamant aux longues jambes et au large bec, qui arpente continuellement les bas-fonds humides, se fait avec de la boue un siége conique, au sommet duquel il dépose ses œufs. Il peut de la sorte les couver à son aise, et ils restent à sec, hors de la portée des marées.

Maintenant je crois que, dans toute la classe des oiseaux, on trouvera les mêmes principes généraux, plus ou moins faciles à découvrir, selon que les mœurs de l'espèce sont plus ou moins marquées ou leur conformation plus ou moins spéciale. Il est vrai que, parmi des oiseaux qui diffèrent peu sous ces deux rapports, nous voyons des systèmes de nids très-divers. Mais il n'est point difficile d'expliquer l'origine de ces différences. Elles résultent de ces grands changements climatériques et géologiques que nous savons avoir eu lieu depuis l'apparition des espèces actuelles. On sait que les habitudes simples sont héréditaires, et, comme chaque espèce occupe aujourd'hui un espace différent des autres, nous pouvons être sûrs que de tels changements agiraient différemment sur chacune, réunissant souvent des espèces qui, dans des régions distinctes et soumises à des conditions différentes, avaient déjà acquis leurs habitudes particulières.

### Comment les jeunes oiseaux apprennent à construire leurs premiers nids.

On objecte que les oiseaux n'*apprennent* pas à faire leur nid comme l'homme apprend à bâtir, car tous les individus d'une espèce font exactement le même nid, même s'ils n'en ont jamais vu un seul, et on prétend que cela ne peut s'expliquer que par l'instinct. Sans doute ce serait là de l'instinct, si c'était vrai, et je demande simplement une preuve du fait allégué. Ce point, si important pour la question en litige, est toujours admis sans preuve, et même contrairement aux preuves, car les faits connus lui sont opposés.

Un oiseau, élevé en cage dès sa naissance, ne fait pas le nid caractéristique de son espèce, même si on lui fournit les matériaux nécessaires ; souvent même on ne lui verra faire aucun nid quelconque, mais entasser grossièrement les matériaux.

On n'a jamais convenablement essayé de lâcher dans un enclos couvert d'un filet, un couple élevé de cette façon, pour voir quel nid pourront produire ses efforts inexpérimentés ; l'expérience a été tentée pour le chant des oiseaux, qui est censé également instinctif et l'on trouve que de jeunes oiseaux n'ont jamais le chant particulier à leur espèce s'ils ne l'ont pas entendu auparavant, tandis qu'ils apprennent facilement le chant de tout autre oiseau avec lequel ils sont associés.

### Les oiseaux chantent-ils par instinct ou par imitation ?

L'honorable Daines Barrington soutenait l'opinion que « le chant n'est pas plus inné chez les oi« seaux que le langage ne l'est chez l'homme, mais « qu'il dépend entièrement de l'enseignement qui « leur est donné *en tant que leurs organes leur « permettent d'imiter les sons* qu'ils ont souvent l'oc« casion d'entendre. »

Il a exposé ses observations dans les « Philosophical Transactions, » 1773 (vol 63). Il dit : « J'ai « élevé des linottes prises dans le nid avec les trois

« alouettes qui chantent le mieux : l'*alauda arvensis*, « l'*alauda arborea*, et l'*anthus pratensis*. Chaque « linotte, au lieu du chant de son espèce, adopta en« tièrement celui de son maître. Lorsque le chant de « la *linotte-alouette des prés* fut tout à fait fixé, je « plaçai l'oiseau avec deux linottes communes dans « une chambre où elles restèrent ensemble pendant « trois mois; la linotte n'emprunta pas un seul passage « au chant de ses nouvelles compagnes, mais conserva « constamment celui de l'alouette. »

L'auteur expose ensuite que les oiseaux retirés du nid à l'âge de trois ou quatre semaines, ont déjà appris le cri d'appel de leur espèce; pour éviter cela, il faut les ôter du nid un jour ou deux après leur naissance; il cite l'exemple d'un chardonneret qu'il avait vu à Knighton (Radnorshire), et qui chantait exactement comme un troglodyte, sans aucun des sons particuliers à son espèce. Cet oiseau, enlevé de son nid un jour ou deux après sa naissance, avait été placé à une fenêtre donnant sur un petit jardin : c'est là sans doute qu'il avait acquis le ramage du troglodyte, n'ayant aucune occasion d'apprendre même l'appel du chardonneret. Le même auteur avait vu aussi une linotte qui, enlevée de son nid à l'âge de denx ou trois jours, avait presque appris à articuler et pouvait répéter les mots « Pretty boy » et quelques autres courtes phrases, aucun autre son n'ayant été proposé à son imitation. Il éleva une autre linotte avec une *vengolina* (petit pinson d'Afrique) qui, à ce qu'il dit, chante mieux qu'aucun oiseau étranger, excepté l'oiseau moqueur d'Amérique, et l'imitation du maître par l'élève fut si parfaite, qu'il était impossible de les distinguer l'un de l'autre. Chose plus extraordinaire encore, un moineau commun, oiseau qui d'ordinaire ne fait que gazouiller, apprit le chant de la linotte et du bouvreuil en étant élevé avec ces oiseaux. Le rév. W. H. Herbert fit des observations semblables et raconte que les jeunes, quand ils sont enfermés, apprennent facilement le chant des autres espèces et deviennent d'assez bons chanteurs, quoique, dans l'état de nature, ils soient pauvrement doués sous ce rapport. Le bouvreuil, dont le ramage est naturellement faible, dur et insignifiant, a néanmoins une faculté musicale remarquable, car on peut lui enseigner à siffler des airs complets. D'autre part, le rossignol, dont le chant naturel est si beau, montre une grande aptitude, dans la domesticité, à apprendre celui d'autres espèces. Bechstein parle d'un rouge-queue qui, ayant niché sous le bord de son toit, imitait le chant d'un pinson en cage sur une fenêtre au-dessous de lui, tandis qu'un autre, dans un jardin voisin, répétait quelques-unes des notes d'une fauvette à tête noire dont le nid était tout près.

Ces faits, et beaucoup d'autres qu'on pourrait citer, donnent la certitude que le chant particulier de chaque oiseau est acquis par imitation, aussi bien que l'enfant apprend l'anglais ou le français, non par instinct, mais en entendant le langage parlé par ses parents.

Il est particulièrement remarquable que, pour faire acquérir à de jeunes oiseaux un nouveau chant correctement, il faut les soustraire à leurs parents de très-bonne heure; car, les trois ou quatre premiers jours leur suffisent pour connaître et imiter plus tard le chant de ceux-ci. Cela montre que de très-jeunes oiseaux peuvent entendre et se souvenir, et il serait fort extraordinaire que, puisqu'ils peuvent voir, ils ne pussent ni observer ni se rappeler, et vécussent des jours et des semaines dans un nid sans rien savoir ensuite des matériaux dont il est fait et de la façon dont il est construit. Pendant qu'ils apprennent à s'envoler et à revenir souvent à leur nid, ils peuvent l'examiner à fond à l'intérieur et à l'extérieur; comme d'ailleurs la recherche de leur nourriture les conduit invariablement parmi les matières dont le nid est composé et à des places semblables à celles où il se trouve, est-il donc bien étonnant qu'ils soient ensuite capables d'en faire un semblable pour leur propre usage? Ne serait-ce pas bien plus remarquable, s'ils se dérangeaient pour trouver des matériaux tout différents de ceux qu'ont employés leurs parents, les combinaient d'une façon dont ils ne connaîtraient aucun exemple, et formaient une construction tout autre que celle où ils ont été élevés? Celle-ci est d'ailleurs probablement celle que toute leur organisation peut assembler le plus vite et le plus facilement.

On a cependant objecté que l'observation, l'imitation, la mémoire, ne peuvent rien avoir à faire avec l'habileté architecturale d'un oiseau, parce que les jeunes qui en Angleterre naissent en mai ou juin, bâtissent au mois d'avril ou de mai suivant un nid aussi parfait que celui où ils ont été élevés, sans pourtant en avoir jamais vu bâtir. Mais ces jeunes oiseaux, avant de quitter le nid, ont pu certainement en observer bien des fois la *forme*, la *grandeur*, la *situation*, les *matériaux* et leur disposition, et en conserver le souvenir jusqu'au printemps suivant, alors que la recherche de leur nourriture met à leur portée les matériaux voulus; il est très-probable que les oiseaux les plus âgés font leurs nids les premiers, ceux de la dernière couvée suivent alors leur exemple, apprenant d'eux à faire les fondations du nid et à en assembler les éléments (1); de plus nous n'avons aucune raison de croire que les jeunes s'accouplent en général entre eux. Il est plus problable que chaque couple ne contient fréquemment qu'un seul sujet né l'été précédent, et qui est donc plus ou moins guidé par l'expérience de l'autre.

Mon ami M. Richard Spruce, bien connu comme voyageur et botaniste, pense que tel est en effet le cas. Il a bien voulu me permettre de publier les observations suivantes, dont il m'a fait part après avoir lu la première édition de mon livre.

(1) J'ai entendu faire à un ami une remarque ingénieuse, c'est que si les jeunes oiseaux observent le nid dans lequel ils ont été élevés, ils doivent le considérer comme une production naturelle aussi bien que les branches et les feuilles entrelacées qui l'entourent, et ne peuvent absolument pas supposer que leurs parents l'aient construit. Cette objection est peut être juste, et, dans ce cas, nous devons avoir recours au mode d'enseignement décrit dans les paragraphes suivants. Du reste la question ne peut être définitivement résolue que par une série d'observations attentives.

De quelle façon les jeunes oiseaux peuvent apprendre à construire leurs nids.

« Parmi les Indiens du Pérou et de l'Équateur, qui « ont conservé beaucoup des usages qui caractérisaient « leur demi-civilisation avant la conquête espagnole, « il règne la coutume que les jeunes gens épousent de « vieilles femmes, et réciproquement, les jeunes filles « épousent des vieillards. Ils disent qu'un jeune « homme, habitué à la sollicitude de sa mère, serait « mal partagé s'il n'avait qu'une jeune fille ignorante « pour prendre soin de lui, et la jeune fille, de son côté, « se trouve mieux d'un homme d'âge mûr, qui peut « lui servir de père.

« Nous retrouvons, chez beaucoup d'animaux, quel-« que chose d'analogue à cette coutume. Un vieux « daim vigoureux peut généralement conquérir la « femelle de son choix, et même toutes les femelles « auxquelles il peut suffire, mais un jeune daim « du « premier bois » doit se résigner au célibat, ou se « contenter de quelque respectable douairière.

« Comparez le cas très-semblable du coq domes-« tique et de beaucoup d'autres oiseaux ; considérez « quelles seront les conséquences de l'accouplement « d'un vieux mâle avec une jeune femelle, ou d'une « vieille femelle avec un jeune mâle, ce qui, je crois, a « lieu chez le merle, et chez d'autres oiseaux, qui, on « le sait, se disputent la possession des femelles les plus « belles et les plus jeunes ; dans chaque couple, l'un « des conjoints ayant déjà de « l'expérience », « ensei-

« gnera à son jeune compagnon, non-seulement les « *choses futiles*, mais aussi le choix d'un emplacement « pour le nid et la manière de le construire : il lui « montrera aussi comment on couve les œufs et com- « ment on élève les petits. Telle est, en peu de mots, « l'idée que je me fais, de la manière dont un oiseau, « à ses premières noces, apprend peut-être tous les de- « voirs de la vie conjugale. »

J'ai demandé, sur ce point difficile, des renseignements à quelques-uns de nos meilleurs ornithologistes vivant à la campagne, mais sans succès, parce qu'il est presque toujours impossible de distinguer après la première année les jeunes oiseaux des vieux. On m'apprend cependant que chez les merles, chez les moineaux, et beaucoup d'autres espèces, les mâles se battent avec fureur, et le plus fort a naturellement le choix de sa compagne. L'opinion de M. Spruce est au moins aussi vraisemblable que l'opinion contraire, qui veut que les jeunes oiseaux, dans la règle, s'accouplent ensemble, et elle est confirmée, jusqu'à un certain point, par le célèbre observateur américain Wilson. Ce dernier insiste avec force sur la variété des nids d'une même espèce : il dit que les uns sont beaucoup mieux faits que les autres, et il pense que les nids les moins parfaits sont l'ouvrage des oiseaux les plus jeunes, les plus parfaits aux contraire, celui des plus vieux.

En tout cas l'expérience capitale n'a point été faite : on n'a point encore montré qu'un couple d'oiseaux, élevés à part depuis leur naissance et n'ayant jamais vu de nid, soit à même d'en faire un exactement sur le type de celui de leurs parents. Ce serait là l'expérience décisive. Tant qu'elle n'a pas été faite, je ne pense pas que l'on doive attribuer à une faculté inconnue et mystérieuse, un acte parfaitement comparable aux constructions de l'homme sauvage.

Du reste, il ne faut point s'exagérer le degré de connaissance ou d'habileté acquise (d'autres diraient *d'instinct*) que doit posséder un oiseau pour construire un nid qui nous semble délicatement et artistement fabriqué. N'oublions pas que ce nid a été formé branche par branche, fibre par fibre, grossièrement d'abord, puis les fentes et les irrégularités qui doivent paraître des brèches et des trous énormes aux petits architectes, sont bouchées avec des bouts de branches ou des rejetons introduits au moyen de leur bec mince et de leurs pattes souples ; brin par brin ils déposent les poils, les plumes, le crin, et le résultat nous semble une merveille de dextérité ; il en serait de même de la plus grossière hutte indienne, aux yeux d'un natif de Brobdingnag.

Levaillant décrit le nid d'un petit oiseau africain, qui montre bien que très-peu d'art peut produire une construction très-parfaite. La base en est faite de mousse et de lin entremêlés d'herbe et de touffes de coton ; cette masse d'abord informe, ayant 5 à 6 pouces de diamètre et 4 pouces d'épaisseur, devient sous les pieds de l'oiseau qui la presse et la foule avec persistance, une sorte de feutre. L'oiseau le comprime avec son corps, se retournant dans tous les sens, de façon à le rendre bien ferme et égal, avant d'élever les bords. Ceux-ci sont ajoutés bout par bout, ajustés et battus des pieds et de l'aile, et bien comprimés, le bec servant à rentrer de temps à autre les fibres qui projettent au dehors. Par ces moyens simples et en apparence insuffisants, la surface intérieure du nid est rendue presque aussi unie et aussi compacte qu'une pièce d'étoffe.

### Que les œuvres de l'homme sont surtout imitatives.

Mais voyez l'homme civilisé! dira-t-on. Voyez l'architecture grecque, égyptienne, romaine et gothique! Quel avancement! quel progrès! quels raffinements! Voilà à quoi mène la raison, tandis que l'oiseau reste toujours au même point.

Mais si ces progrès-là sont nécessaires pour prouver les effets de la raison opposée à l'instinct, alors il n'y a pas de raison chez les peuples sauvages et chez plusieurs des races à moitié civilisées, et celles-ci construisent par instinct, aussi bien que les oiseaux.

L'homme se répand sur toute la terre, et existe dans les conditions les plus diverses; de là nécessairement des habitudes également variées, il émigre d'un pays à un autre; il fait la guerre et des conquêtes; le mélange des races met en contact des coutumes différentes; celles par exemple d'un peuple émigré ou conquérant sont modifiées par les circonstances nouvelles du pays où il arrive.

La race civilisée qui conquit l'Égypte doit avoir développé son architecture dans un pays de forêts où le bois était abondant; car il n'est pas probable que l'idée de colonnes cylindriques prît naissance dans une contrée sans arbres. Une race indigène aurait peut-être construit les pyramides, mais non les temples de Luxor et de Karnak. Dans l'architecture grecque, presque chaque trait caractéristique a son origine dans les constructions en bois. Les colonnes, l'architrave, la frise, les astragales, les modillons, la forme du toit, tout cela doit avoir eu son origine dans quelque contrée boisée du Midi; confirmation frappante de ce qu'enseigne la philologie, savoir, que la Grèce fut colonisée par des peuples venus du nord-ouest de l'Inde. Mais, élever des colonnes et les relier par d'immenses blocs de pierre ou de marbre, ce ne sont pas des actes de raison, mais bien de pure imitation, car c'est la voûte qui est le moyen rationnel de couvrir de grands vides avec la pierre: par conséquent, l'art grec, si parfaitement beau d'ailleurs, est faux dans son principe, et ne constitue point un bon exemple de la raison appliquée à l'architecture.

Que faisons-nous presque tous aujourd'hui, sinon imiter les constructions de ceux qui nous ont précédés? Nous n'avons pas même été capables de découvrir ou développer un style défini approprié à nos besoins. Nous n'avons aucun style d'architecture nationale, et sous ce rapport nous sommes même inférieurs aux oiseaux, dont chacun a sa forme de nid caractéristique, exactement adaptée à ses besoins et à ses habitudes.

### Que les oiseaux changent et améliorent leurs nids lorsque des conditions nouvelles l'exigent.

La grande uniformité qu'offre l'architecture de chaque espèce d'oiseau ne prouve donc point, ainsi qu'on l'a supposé, un instinct spécial, mais nous pouvons l'attribuer à l'uniformité des conditions dans lesquelles vit chacune des espèces. Leur domaine est souvent très-limité, et il est rare qu'elles se rendent dans un pays nouveau pour y rester, de façon à être placées dans des conditions nouvelles. Cependant, lorsque celles-ci se présentent, les oiseaux en profitent aussi librement et aussi sagement que l'homme pourrait le faire.

Les hirondelles de cheminée et de fenêtre sont une preuve vivante d'un changement d'habitudes qui a dû se faire depuis que l'on construit des maisons et des cheminées, c'est-à-dire en Amérique par exemple, dans les trois derniers siècles. Beaucoup de nids sont faits aujourd'hui avec des fils de coton ou de laine au lieu de laine brute ou de crin ; et le choucas montre une prédilection pour les clochers, qui ne peut guère s'expliquer par l'instinct.

Dans les parties les plus peuplées des États-Unis, le troupiale-baltimore construit son nid suspendu, avec toutes sortes de bouts de cordons, d'écheveaux de soie, de tille de jardinier, au lieu des quelques poils et fibres végétales, qu'il ne trouve que difficilement dans les régions sauvages ; et Wilson, observateur très-exact, croit que cet oiseau perfectionne ses nids par la pratique : les individus les plus âgés faisant mieux que les autres.

L'hirondelle pourpre (*Progne purpurea*) s'empare des gourdes vides et des petites boîtes, qui, dans presque tous les villages et fermes d'Amérique, sont disposées au dehors pour la recevoir ; plusieurs troglodytes d'Amérique font volontiers leurs nids dans des boîtes à cigares, percées d'un petit trou, si celles-ci sont placées dans une situation convenable. Le *Xanthorius varius* des États-Unis est un excellent exemple des changements que les oiseaux apportent à leurs nids suivant les circonstances : lorsqu'il établit son domicile sur des branches fortes et raides, son nid est presque plat, mais souvent il le suspend aux branches minces d'un saule pleureur, il le fait alors beaucoup plus profond, pour éviter que le vent, en le secouant avec violence, n'en fasse tomber les petits.

On a aussi observé que, dans les contrées chaudes du Midi, les nids sont construits plus légèrement et d'une substance plus poreuse que dans les régions plus froides du Nord.

Notre moineau commun sait aussi bien se conformer aux circonstances. Quand il s'établit sur un arbre (ce qui sans doute était sa seule manière à l'origine), il fait un nid bien construit et couvert, où ses petits sont très-bien abrités ; mais il ne se donne pas autant de peine lorsqu'il trouve un trou commode dans un bâtiment ou dans du chaume : son nid est alors très-imparfaitement construit.

On a observé dans la Jamaïque un curieux exemple

de changement d'habitudes récent. Avant 1854 le *Tachornis phœnicobea* habitait exclusivement les palmiers dans quelques districts du pays. Une colonie de ces oiseaux s'établit alors dans deux palmiers cacaotiers à Spanish-Town et y resta jusqu'en 1857, année où un orage abattit l'un de ces arbres et dépouilla l'autre de ses feuilles. Au lieu de rechercher d'autres palmiers, les oiseaux chassèrent les hirondelles qui vivaient dans la cour du palais du Gouvernement, s'emparèrent de la place, et y firent leurs nids sur le sommet des murs d'enceinte et dans les angles formés par les poutres et les solives ; ils occupent encore en grand nombre cet endroit. On remarque qu'ils y forment leurs nids avec beaucoup moins de soin que lorsqu'ils vivaient sur les palmiers, probablement parce qu'ils sont moins exposés.

Au moment où la première édition de cet ouvrage venait de paraître, M. F.-A. Pouchet publia, dans la dixième livraison des *Comptes rendus* pour l'année 1870, ses observations relatives à un exemple encore plus curieux de perfectionnement dans la construction des nids. Il y a quarante ans, M. Pouchet avait lui-même recueilli, dans de vieilles maisons de Rouen, des nids d'hirondelles de fenêtres (*Hirundo urbica*), et les avait déposés dans le musée de cette ville. S'étant récemment procuré de nouveaux nids, il fut surpris, en les comparant avec les anciens, d'y voir un changement positif dans la forme et l'arrangement. Cela le décida à étudier la chose de plus près. Les nids modifiés avaient été pris dans un quartier neuf de la ville, et M. Pouchet constata que tous ceux qui provenaient des rues neuves avaient la forme modifiée; mais en examinant les églises et d'autres bâtiments anciens, ainsi que des rochers habités par ces oiseaux, il trouva beaucoup de nids du type ancien, mélangés avec quelques-uns du nouveau modèle. Il étudia alors les dessins et les descriptions des anciens naturalistes, et il n'y trouva absolument que la forme primitive. Voici, suivant lui, en quoi consiste la différence. L'ancienne forme est une portion de sphère, elle est égale au quart d'un hémisphère quand le nid est situé dans l'angle supérieur d'une fenêtre; l'ouverture est circulaire et très-petite, tout juste suffisante pour laisser passer l'oiseau. Le nid moderne est, au contraire, plus large que haut, sa forme étant celle d'un segment de sphéroïde aplati; l'ouverture est très-large et basse, et placée tout près de la surface horizontale à laquelle le nid tient par sa partie supérieure.

M. Pouchet pense que la forme nouvelle est indubitablement un perfectionnement de l'ancienne. Le fond élargi doit laisser aux petits plus de liberté de mouvements qu'ils n'en avaient dans l'ancien nid étroit et profond; de plus, l'agrandissement de l'ouverture leur permet de regarder au dehors et de prendre l'air; elle est même assez large pour leur servir en quelque sorte de balcon, et l'on y voit parfois deux petits qui peuvent s'y tenir sans gêner le passage des parents. En même temps, placée si près du sommet, elle a moins d'inconvénients aux points de vue de la pluie, du froid et des ennemis, que le petit trou rond de l'ancien nid. Voilà donc, dans la construction des nids, un progrès aussi évident qu'aucun de ceux qui s'accomplissent en un temps si court dans l'architecture humaine.

Du reste, les nids ne sont pas toujours caractérisés par une structure parfaite et une excellente conformation; chez beaucoup d'oiseaux, ils présentent de véritables imperfections; celles-ci sont parfaitement compatibles avec notre théorie, mais beaucoup moins explicables dans l'hypothèse de l'instinct supposé infaillible. Le pigeon voyageur d'Amérique couvre souvent les branches de ses nids jusqu'à les faire casser par le poids, et l'on voit alors le sol couvert de nids, d'œufs et de jeunes oiseaux détruits. Les nids de freux sont souvent si imparfaits que les vents violents en font tomber les œufs; mais l'oiseau le plus mal partagé sous ce rapport est l'hirondelle de fenêtres; White de Selborne nous dit en avoir vu s'établir chaque année dans des places où elles risquaient de voir leurs nids emportés par une forte pluie et leurs petits détruits.

### Conclusion.

Une appréciation impartiale de tous ces faits confirme, je pense, l'assertion par laquelle j'ai commencé, savoir, que les facultés mentales manifestées par les oiseaux dans la construction de leurs nids, sont de même nature que celles que montre l'homme dans la construction de sa demeure.

Ces facultés sont essentiellement l'imitation, unie à une adaptation partielle et lente aux conditions nouvelles qui s'imposent.

Comparer l'ouvrage des oiseaux avec les manifestations les plus élevées de la science et de l'art humain, c'est rester tout à fait à côté de la question. Je ne prétends pas que l'oiseau soit doué d'une faculté de raisonnement qui en variété ou en étendue soit le moins du monde comparable à celle de l'homme. Je dis simplement que le mode de construction des nids nous offre des phénomènes qui, si on les compare impartialement avec ceux que présente la grande masse des hommes dans la construction des maisons, n'indiquent aucune différence essentielle dans la nature ou l'espèce des facultés employées. Si l'instinct signifie quelque chose, ce ne peut être que la capacité d'accomplir un acte complexe sans enseignement ni expérience. Il implique des idées innées bien définies, et, s'il était prouvé, il renverserait le *sensationalisme* de M. Mill et toutes les idées de la philosophie moderne sur l'expérience.

Que l'existence de l'instinct puisse être établie dans d'autres cas, cela n'est pas impossible; mais dans l'exemple particulier des nids d'oiseaux, qui est généralement considéré comme un de ses principaux appuis, je ne puis rien trouver absolument qui prouve l'existence de quelque chose d'autre que ces facultés rudimentaires de raisonnement et d'imitation qui sont universellement attribuées aux animaux.

---

## VII

### THÉORIE DES NIDS D'OISEAUX, MONTRANT LA RELATION DE CERTAINES DIFFÉRENCES DE COULEUR CHEZ LES FEMELLES AVEC LE MODE DE NIDIFICATION.

On doit certainement considérer comme l'un des traits caractéristiques les plus remarquables de la classe des oiseaux, l'habitude qu'ils ont de bâtir une construction plus ou moins compliquée pour y recevoir leurs œufs et leurs petits. Il est très-rare de trouver des travaux analogues chez les autres vertébrés, et ils n'atteignent jamais le même degré de perfection et de beauté. Les nids ont, par conséquent, vivement attiré l'attention, et ont fourni l'un des arguments les plus fréquents en faveur de l'existence d'un instinct aveugle, mais infaillible, chez les animaux inférieurs. L'opinion générale que tout oiseau est rendu capable de bâtir son nid, non par les facultés ordinaires d'observation, de mémoire et d'imitation, mais en vertu d'une impulsion innée et mystérieuse, a eu l'effet déplorable de faire perdre de vue la relation évidente qui existe entre la structure, les mœurs et l'intelligence des oiseaux d'une part, et le genre de nids qu'ils bâtissent d'autre part.

J'en ai traité en détail dans un précédent essai, et nous avons vu que l'examen de la structure, de l'alimentation et des autres particularités de l'existence d'un

16

oiseau, nous permettra de deviner, et souvent avec une grande exactitude, la raison qui lui fait construire son nid avec tels ou tels matériaux, dans telle ou telle situation, et d'une manière plus ou moins compliquée. Je me propose maintenant de considérer la question à un point de vue plus général et d'en discuter l'application à quelques problèmes curieux de l'histoire naturelle des oiseaux.

### De l'influence exercée sur la nidification par le changement des conditions et la persistance des habitudes.

Il existe, en dehors des causes mentionnées plus haut, deux facteurs qui doivent avoir exercé une influence importante pour déterminer les détails de la nidification, bien que nous ne puissions que vaguement deviner leur action dans chaque cas particulier.

Ce sont le changement des conditions d'existence extérieures ou intérieures, et l'influence des habitudes héréditaires ou imitatives. La première cause amène des modifications en harmonie avec les changements de l'organisation, du climat, de la faune et de la flore environnantes; la seconde conserve les particularités ainsi produites, quand même par suite d'autres circonstances elles cessent d'être nécessaires. On a déjà constaté, d'après des faits nombreux, que les oiseaux font des nids appropriés à la situation dans laquelle ils les placent, et les hirondelles, les troglodytes et d'autres oiseaux qui habitent les toits, les cheminées, des nids artificiels, nous montrent que ces animaux sont toujours prêts à profiter des différentes circonstances qui se présentent. Il est donc probable qu'un changement de climat permanent obligerait beaucoup d'oiseaux à modifier la forme ou les matériaux de leurs nids, afin de mieux protéger leurs petits. L'introduction de nouveaux ennemis, dangereux pour les œufs et les petits oiseaux, produirait le même résultat; une modification dans la végétation d'une contrée entraînerait l'emploi de nouveaux matériaux; de même, si les caractères internes ou externes d'une espèce variaient lentement, elle serait portée à changer en quelque mesure son mode de construction. Ce résultat pourrait être dû à toutes sortes de modifications, par exemple : la force et la rapidité du vol, dont dépend la distance jusqu'à laquelle l'oiseau ira chercher ses matériaux ; la faculté de se tenir immobile en l'air, qui peut déterminer la place où le nid sera construit; la force et la puissance préhensile de la patte, relativement au poids de l'oiseau, qui sont absolument nécessaires pour la construction d'un nid délicatement tressé et bien fini. La longueur et la finesse du bec, qui sert comme d'aiguille dans la fabrication des nids les plus fins, composés de matières textiles, la longueur et la mobilité du cou, qui concourent au même but, la possession d'une sécrétion salivaire, comme celle qu'emploient plusieurs hirondelles, certains martinets ou encore le merle-grive, ce sont là autant de particularités qui sont après tout le résultat de l'organisme, et déterminent le plus souvent la nature et le choix des matériaux aussi bien que leur combinaison, la forme et la position de l'édifice. Malgré ces changements, il se conserverait pendant un temps plus ou moins long certains caractères dans la construction des nids, quand même les causes qui les avaient rendus nécessaires auraient disparu. Nous rencontrons partout ces traces du passé, même dans les œuvres de l'homme, en dépit de la raison dont il se vante si fort. Non-seulement les traits principaux de l'architecture grecque ne sont que des copies en pierre d'un original en bois, mais nos copistes modernes de l'architecture gothique bâtissent souvent des contre-forts massifs, pour soutenir un toit en bois, dépourvu de la poussée qui les rendrait nécessaires : ils croient même orner leurs bâtiments en y ajoutant de fausses gouttières en pierre sculptée, dont les fonctions sont en réalité remplies par des conduites modernes, qu'ils appliquent sans avoir égard à l'harmonie du style. De même, quand les chemins de fer ont remplacé les diligences, on a cru devoir donner aux wagons de première classe la forme de plusieurs voitures liées les unes aux autres ; on a conservé les bretelles auxquelles se suspendaient les voyageurs, quand nos routes aujourd'hui macadamisées faisaient de chaque voyage une succession ininterrompue de cahots ; on les trouve même sur les chemins de fer où elles nous rappellent un mode de locomotion dont nous pouvons à peine nous faire une idée. Nous avons encore un exemple de cette routine dans nos chaussures ; quand la mode vint de porter des bottines à élastiques, nous étions si bien habitués à les attacher avec des boutons ou des lacets, qu'une chaussure qui en était dépourvue nous paraissait trop nue, et les cordonniers placèrent souvent une rangée de boutons ou un semblant de lacet, parce que l'habitude nous les rendait nécessaires. Tout le monde reconnaît que les habitudes des enfants et des sauvages nous donnent les indications les plus précieuses sur celles des animaux; or chacun peut observer de quelle manière les enfants imitent leurs parents, sans avoir égard à la portée ou à l'utilité de leurs actions. Chez les sauvages, certaines coutumes, particulières à chaque tribu, se perpétuent de père en fils, et continuent à exister longtemps après que leur raison d'être a cessé.

Quand nous considérons ces faits et mille autres analogues, qui se produisent tous les jours autour de nous, nous pouvons avec raison attribuer à une cause semblable les détails de l'*architecture* des oiseaux que nous ne parvenons pas à comprendre. Si nous nous y refusons, il nous faut admettre, ou que les oiseaux sont dans toutes leurs actions guidés par la raison pure plus complétement encore que l'homme; ou bien qu'un instinct infaillible les conduit au même résultat par une voie différente. Je ne crois pas que la première théorie ait jamais été soutenue par personne, et j'ai déjà montré que la seconde, quoique généralement admise, n'est pas prouvée, et se trouve en contradiction avec un grand nombre de faits. L'un de mes critiques a prétendu que j'admettais l'existence de l'instinct, sous le nom d'habitude héréditaire, mais l'ensemble de mes arguments prouve que ce n'est pas là ma pensée. Les deux termes, d'*habitude* héréditaire et d'*instinct*, sont il est vrai synonymes quand ils s'appliquent à une action simple dépendant d'une particularité héréditaire dans la structure, comme par exemple quand les descendants de pigeons culbutants culbutent, ou que ceux de pigeons grosse-gorge gonflent leur jabot; mais, dans ce cas-ci, je parle simplement des habitudes héréditaires ou plutôt persistantes et imitatives des sauvages, qui construisent leurs maisons comme leurs pères l'ont fait. L'imitation est une faculté d'ordre inférieur à l'invention, les enfants et les sauvages imitent avant de créer, tout comme les oiseaux et les autres animaux.

On voit, d'après ces observations, que le mode de nidification spécial à chaque espèce d'oiseau est probablement le résultat d'une réunion de causes qui l'ont sans cesse modifié en harmonie avec les conditions physiques ou organiques. Les plus importantes de ces causes paraissent être d'abord la structure de l'espèce, et en second lieu le milieu où elle vit, ou ses conditions d'existence. Or nous savons que chacun des caractères, chacune des conditions comprises dans ces termes généraux, est variable : nous avons vu qu'en général, les traits principaux des nids d'un certain groupe d'oiseaux sont en relation avec sa structure organique, et nous pouvons en conclure sans témérité que, si la structure varie, le nid variera aussi en quelque point correspondant. Nous savons encore que les oiseaux modifient la position, la forme et la construction de leurs nids, toutes les fois que les matériaux ou les situations à leur portée subissent quelque changement, que ce soit dû à l'action de l'homme, ou à celle de la nature. Nous devons cependant nous rappeler que tous ces facteurs demeurent stables pendant plusieurs générations, et agissent avec une lenteur proportionnée à celle des agents physiques dont l'œuvre nous est révélée par la géologie; il est donc évident que la forme et les matériaux des nids, qui en dépendent, sont également stables. Si donc nous trouvons entre le mode de nidification et des caractères insignifiants ou aisément modifiés, une corrélation telle, que l'un des deux faits soit probablement la cause de l'autre, nous serons fondés à croire que ce sont ces caractères variables qui dépendent du mode de nidification, bien loin d'avoir contribué à le déterminer. C'est ce genre de corrélation qui va faire l'objet de notre étude.

### Classification des nids.

Nous devons d'abord classer les nids en deux grandes catégories, sans avoir égard à leurs différences ou à leurs analogies même les plus évidentes, mais en nous bornant à constater si le contenu, c'est-à-dire les œufs, les petits ou l'oiseau qui couve, est caché ou exposé à la vue. Nous placerons dans la première classe tous les nids dans lesquels les œufs ou les petits sont entièrement cachés, sans chercher si ce but est atteint au moyen d'un édifice habilement couvert, ou simplement en déposant les œufs sous terre ou dans le creux d'un arbre; nous grouperons dans la seconde classe tous ceux dont les habitants sont exposés à la vue, sans regarder si le nid est élégamment construit, ou s'il n'y a, à proprement parler, pas de nid du tout. Parmi les premiers, on compte les martins-pêcheurs, qui bâtissent toujours dans les berges des cours d'eau, les pics et les perroquets, qui bâtissent dans les arbres creux, les Ictérides d'Amérique qui ont des nids habilement couverts et suspendus, et le troglodyte commun, dont le nid est recouvert d'un dôme; nos grives, nos pinsons, nos becs-fins et tous les Dicrourus, les Cotingidés, les Tanagridés des Tropiques, ainsi que tous les pigeons et les rapaces, et un grand nombre d'autres répandus sur tout le globe, se rangent dans la deuxième catégorie.

On verra que cette division des oiseaux d'après leur mode de nidification n'est point en rapport avec la forme et la structure du nid, mais uniquement avec les fonctions qu'il remplit. Elle a cependant certaines relations avec les affinités naturelles, car d'importants groupes d'oiseaux, incontestablement alliés, se rangent exclusivement dans l'une ou l'autre de ces classes; il est rare que les espèces d'un même genre ou d'une même famille se répartissent entre les deux, quoiqu'elles offrent souvent des exemples des deux modes distincts de nidification compris dans la première. Tous les oiseaux grimpeurs et la plupart des fissirostres, bâtissent des nids recouverts, et, dans ce dernier groupe, les martinets et les engoulevents, dont les nids sont ouverts, sont évidemment très-différents des autres familles auxquelles nos classifications les associent. Les mésanges varient beaucoup dans leur manière de construire; les unes font des nids ouverts cachés dans des trous, d'autres des nids en dôme, et même suspendus, mais elles sont toutes dans la même classe. Les Sturnidés varient d'une manière analogue ; les *Gracula*, comme nos étourneaux, bâtissent dans des trous, les beaux étourneaux d'Orient du genre Calornis forment des nids couverts et suspendus, tandis que le genre *Sturnopastor* niche dans les arbres creux. Les pinsons sont un curieux exemple de la division d'une famille, car tandis que presque toutes les espèces européennes bâtissent des nids ouverts, plusieurs de celles d'Australie les construisent en forme de dôme.

### Différences sexuelles de couleur chez les oiseaux.

Si, de l'étude des nids, nous passons à celle des oiseaux mêmes, nous aurons à les considérer d'un point de vue assez inusité ; nous les partagerons en deux groupes : l'un dans lequel les deux sexes sont également ornés de couleurs voyantes, l'autre dans lequel le mâle seul en est paré.

Les différences sexuelles de couleur et de plumage sont très-importantes chez les oiseaux ; on s'en est déjà beaucoup occupé ; elles ont été, en ce qui concerne les oiseaux polygames, fort bien expliquées par le principe de la sélection sexuelle, énoncé par M. Darwin. Nous pouvons assez bien comprendre que la rivalité des mâles en force et en beauté ait produit le brillant plumage et la grande taille des faisans et des *grouse* mâles, mais cette théorie n'explique pas pourquoi les femelles du toucan, du guêpier, du perroquet, de l'ara macao, et de la mésange, sont toujours aussi vivement colorées que le mâle, tandis que celles du cotinga, du pipra, du tangara, des oiseaux de paradis, et de notre merle commun, sont de couleurs si ternes et si peu apparentes qu'on peut à peine les reconnaître comme appartenant à la même espèce que le mâle.

### Loi qui relie les couleurs des oiseaux femelles et leur mode de nidification.

Cette anomalie peut s'expliquer par l'influence du mode de nidification, car j'ai reconnu, comme une règle souffrant peu d'exceptions, que, lorsque les deux sexes portent les mêmes couleurs éclatantes et très-apparentes, le nid est de la première classe, soit formé de manière à cacher la couveuse, tandis que, s'il y a contraste, c'est-à-dire si le mâle est de couleurs brillantes et la femelle de couleurs ternes, le nid est ouvert et la couveuse exposée à la vue. Je commencerai par énumérer les faits qui soutiennent cette assertion, et j'expliquerai ensuite de quelle manière je suppose que cette relation s'est établie. Nous examinerons en premier lieu le groupe dans lequel la femelle porte des couleurs apparentes, et ressemble presque toujours exactement au mâle.

1. *Martins-pêcheurs* (Alcedinidæ). — Chez quelques-unes des plus belles espèces, la femelle et le mâle sont identiques; chez d'autres, il existe une différence sexuelle, mais qui tend rarement à rendre la femelle moins apparente. Quelquefois la femelle porte sur la poitrine une raie qui manque chez le mâle, c'est le cas

chez le *Halcyon diops* de Ternate. Chez d'autres, en particulier dans plusieurs espèces américaines, cette raie est roussâtre ; dans le *Dacelo gaudichaudii*, et d'autres du même genre, la queue de la femelle est rousse, tandis que celle du mâle est bleue. Le nid de la plupart des martins-pêcheurs est dans un trou profond creusé dans la terre, on dit que les *Tanysiptera* font le leur dans les trous des fourmilières de termites, ou quelquefois dans des crevasses sous les rochers.

2. *Momots* (Momotidæ.) — Les deux sexes de ces beaux oiseaux sont semblables, et leur nid dans un trou sous la terre.

3. *Tamatias* (Bucconidæ.) — Ces oiseaux portent souvent des couleurs vives, plusieurs ont le bec rouge comme du corail, les sexes sont identiques, et le nid dans un trou pratiqué dans un terrain en pente.

4. *Trogons* (Trogonidæ.) — Les femelles de ces superbes oiseaux, quoique en général moins brillamment colorées que le mâle, sont encore de couleurs vives. Le nid est dans le creux d'un arbre.

5. *Huppes* (Upupidæ.) — Le plumage rayé et les longues huppes de ces oiseaux les rendent très-apparents. Les sexes sont semblables et le nid dans un arbre creux.

6. *Calaos* (Bucerotidæ). — Ces grands oiseaux ont d'énormes becs, colorés, celui de la femelle est d'ordinaire aussi apparent et aussi bien coloré que celui du mâle. Leurs nids sont toujours dans des arbres creux, où la femelle est entièrement cachée.

7. *Barbus* (Capitonidæ). — Les couleurs de ces oi-

seaux sont toujours vives, et, chose curieuse, les taches les plus brillantes sont disposées d'une manière très-apparente, autour du cou et de la tête. Les sexes sont semblables, et le nid dans le creux d'un arbre.

8. *Toucans* (Rhamphastidæ). — Ces beaux oiseaux portent des couleurs vives sur les parties les plus apparentes de leur corps, en particulier sur leur bec, et sur les couvertures inférieures et supérieures de la queue, qui sont blanches, cramoisies ou jaunes. Les sexes sont semblables, et le nid dans le creux d'un arbre.

9. Musophagidæ. — Ici encore la tête et le bec sont dans les deux sexes de couleurs très-vives, et le nid dans le creux d'un arbre.

10. Centropus. — Les couleurs de ces oiseaux sont souvent très-éclatantes. Les deux sexes sont semblables. Le nid est en forme de dôme.

11. *Pics* (Picidæ). — Les femelles de cette famille diffèrent souvent des mâles, en ce que leur huppe est jaune ou blanche, au lieu d'être cramoisie, mais elles sont presque aussi apparentes qu'eux. Leurs nids sont tous dans le creux des arbres.

12. *Perroquets* (Psittaci). — La règle, dans ce groupe nombreux, orné des couleurs les plus brillantes et les plus variées, est que les sexes sont identiques: c'est le cas des familles les plus éclatantes, les loris, les kakatoès et les aras macaos, mais on trouve quelquefois de légères différences sexuelles. Ils nichent tous dans des trous, principalement dans les arbres, d'autres fois dans la terre ou dans des fourmilières de

termites. Le seul perroquet qui bâtisse un nid visible, le *Pezoporus formosus*, perroquet terrestre d'Australie, a perdu les teintes brillantes de ses confrères, et porte un plumage sombre, vert grisâtre et noir, nuances éminemment protectrices.

13. Eurylœmidæ. — Chez ces beaux oiseaux orientaux, quelque peu alliés aux cotingas américains, les sexes sont semblables, et ornés des couleurs les plus éclatantes. Le nid est tressé, *recouvert*, et suspendu à l'extrémité des branches au-dessus de l'eau.

14. *Pardalotus* (Ampelidæ). — Les femelles de ces oiseaux, originaires d'Australie, diffèrent des mâles, mais sont souvent très-apparentes à cause de leur tête, tachetée de couleurs brillantes. Les nids sont quelquefois en forme de dôme, quelquefois dans des trous d'arbres ou sous la terre.

15. *Mésanges* (Paridæ). — Ces petits oiseaux sont tous jolis, et plusieurs, surtout parmi les espèces des Indes, sont très-apparents. Les sexes sont semblables, circonstance très-rare parmi les petits oiseaux de notre pays dont les couleurs sont voyantes. Le nid est recouvert ou caché dans un trou.

16. Sitta. — Oiseaux souvent très-jolis. Les sexes sont semblables et le nid dans le trou d'un arbre.

17. Sittella. — La femelle de ces oiseaux, originaires d'Australie, est souvent plus apparente que le mâle, étant tachetée de noir et de blanc. Le nid est, d'après Gould, complétement caché parmi des rameaux verticaux rattachés ensemble.

18. *Échelets* (Climacteris). — Chez ces oiseaux, ori-

ginaires d'Australie, les sexes sont semblables, ou bien la femelle est plus apparente que le mâle. Le nid est dans le creux d'un arbre.

19. *Estrelda*, *Amadina*. — Chez ces deux genres de pinsons, originaires de l'Orient et d'Australie, la femelle, quoique plus ou moins différente du mâle, est cependant très-apparente, à cause de son croupion rouge, et de ses taches blanches. Ils bâtissent des nids en dôme, ce qui les distingue de presque tous les autres membres de leur famille.

20. Certhiola. — Chez ces jolis petits grimpeurs, originaires d'Amérique, les sexes sont identiques. Le nid est en forme de dôme.

21. *Gracula* (Sturnidæ). — Ces beaux étourneaux d'Orient sont semblables dans les deux sexes. Ils nichent dans les trous des arbres.

22. *Calornis* (Sturnidæ). — Ces étourneaux, de belles nuances métalliques, ne présentent pas de différences sexuelles. Ils bâtissent un nid suspendu et recouvert.

23. Icteridæ. — Le plumage noir et rouge ou noir et jaune de ces oiseaux est très-apparent. Les sexes sont semblables. Ils sont célèbres à cause de leurs beaux nids suspendus, en forme de bourse.

On remarquera que cette liste comprend six familles importantes de fissirostres, quatre de scansores, tous les perroquets, et plusieurs genres ainsi que trois familles entières de passereaux, comprenant environ douze cents espèces, soit un septième du nombre total des oiseaux connus.

Les espèces chez lesquelles, le mâle étant brillamment coloré, la femelle a des teintes plus ternes, sont extrêmement nombreuses : nous y trouvons presque tous les Passereaux à couleurs vives, excepté ceux qui sont mentionnés ci-dessus. Voici les principaux.

1. *Cotingas* (Cotingidæ). — Ce groupe comprend quelques-uns des plus beaux oiseaux du monde ; leurs couleurs les plus habituelles sont des nuances éclatantes, de bleu, de rouge et de pourpre. Les femelles sont toujours de teintes obscures, et souvent d'une nuance verdâtre qui se confond aisément avec le feuillage.

2. *Pipra* (Pipridæ). — Chez ces oiseaux, dont le chaperon ou la huppe offrent généralement les plus vives couleurs, la femelle est d'ordinaire d'un vert sombre.

3. *Tangaras* (Tanagridæ). — Ces oiseaux le disputent aux cotingas par la beauté de leurs couleurs, et l'emportent même par la variété. Le plumage des femelles est ordinairement laid et sombre, et toujours moins apparent que celui du mâle.

Dans les familles nombreuses des fauvettes (Sylviadæ), des grives (Turdidæ), des gobe-mouches (Muscicapidæ), des pies-grièches (Laniadæ), une quantité considérable d'espèces sont ornées de couleurs gaies et voyantes ; c'est aussi le cas chez les faisans et les *grouses*, mais les femelles sont toujours plus ternes, et le plus souvent des couleurs les plus sombres et les moins apparentes. Or, chez toutes ces familles, le nid est ouvert, et je ne connais pas un seul exemple où l'un de ces oiseaux ait bâti un nid en dôme, ou l'ait placé dans le creux d'un arbre, dans un trou du sol, ou dans une cachette quelconque.

Il n'est pas nécessaire, pour élucider cette question, de nous occuper des grands oiseaux, parce qu'il est rare qu'ils se cachent pour pourvoir à leur sûreté. Les couleurs vives sont, en général, absentes chez les rapaces; d'ailleurs leurs mœurs sont telles qu'une protection spéciale pour la femelle serait inutile. Les femelles des grands échassiers sont souvent aussi éclatantes que les mâles, mais il est probable que ces oiseaux n'ont pas beaucoup d'ennemis, car l'ibis écarlate (*Eudocimus ruber*), le plus voyant de tous les oiseaux, existe en nombre immense dans l'Amérique du Sud.

Chez les oiseaux de gibier terrestres ou aquatiques, les femelles sont souvent très-simples, tandis que les mâles sont revêtus des plus belles couleurs, et le groupe anormal des Mégapodes nous offre l'exemple curieux d'une identité de couleur dans les deux sexes (couleurs assez vives dans le *Mégacephalon* et le *Talegalla*), combinée avec l'habitude de ne pas couver du tout.

### Conclusion à tirer des faits qui précèdent.

Considérant l'ensemble des faits que nous venons d'énumérer et qui comprennent presque tous les groupes d'oiseaux brillamment colorés, on admettra, je crois, comme suffisamment établie, la relation entre la couleur des oiseaux et leur mode de nidification.

Il existe, il est vrai, quelques exceptions, les unes réelles, les autres apparentes ; j'en parlerai tout à l'heure ; mais je puis les négliger pour le moment, car elles ne sont ni assez nombreuses ni assez importantes pour contre-balancer la masse de preuves qui appuient ma théorie. Voyons ce que nous devons conclure de cette série de rapports entre des groupes de phénomènes si différents au premier abord. Se rattachent-ils à d'autres ? Nous enseignent-ils quelque chose sur les procédés de la nature, ou nous donnent-ils un aperçu des causes auxquelles nous devons la merveilleuse variété, l'harmonie et la beauté des êtres vivants ? Je crois qu'on peut répondre affirmativement à ces questions, et je mentionnerai d'ailleurs, pour prouver la relation que je vois entre tous ces faits, qu'elle me fut d'abord révélée par l'étude de phénomènes analogues chez les insectes, savoir, la ressemblance protectrice et la mimique.

Le premier enseignement qui ressort de ce qui précède, c'est que les femelles des oiseaux ne sont pas incapables de posséder les brillantes couleurs dont les mâles sont si souvent ornés, puisqu'elles les portent toutes les fois qu'elles sont cachées ou protégées pendant l'incubation. La conclusion naturelle est donc que le développement imparfait ou l'absence de brillantes couleurs dans leur plumage, est due au défaut de protection et d'abri pendant cette période importante de leur vie. Cela s'explique facilement si nous admettons l'action de la sélection naturelle ou sexuelle. Comme nous l'avons vu, il arrive souvent que les deux sexes sont parés des mêmes riches couleurs, tandis qu'il est rare qu'ils soient également pourvus d'armes offensives et défensives, quand celles-ci ne sont pas nécessaires à la sûreté individuelle : cela semble indiquer que l'action normale de la sélection sexuelle est de développer chez les deux sexes la couleur et la beauté, par la conservation et la multiplication dans chacun d'eux des variations attrayantes pour l'autre. Plusieurs observateurs minutieux des mœurs des animaux m'ont assuré que les oiseaux et les quadrupèdes mâles prennent souvent en aversion ou en affection une certaine femelle, et nous avons peine à croire qu'ils ne partagent pas, dans une certaine mesure, le goût pour la couleur, si général dans l'autre sexe. Quoi qu'il en soit, le fait reste que dans, un grand nombre de cas, la femelle acquiert des couleurs aussi vives et aussi variées que le mâle ; il est donc probable qu'elle les acquiert de la même manière que lui, c'est-à-dire, parce qu'elles lui sont utiles, ou sont en corrélation avec une variation utile, ou encore parce qu'elles plaisent à l'autre sexe. La seule hypothèse possible en dehors de celle-ci, serait qu'elles seraient transmises par l'autre sexe, sans être d'aucune utilité. Ceci, d'après les nombreux exemples cités plus haut, de femelles douées de couleurs vives, impliquerait que les caractères de couleur acquis par l'un des sexes seraient généralement (mais non pas nécessairement) transmis à l'autre. S'il en est ainsi, nous pourrons, je crois, expliquer les phénomènes, même sans admettre qu'un plumage plus ou moins éclatant influence jamais le mâle dans le choix de sa compagne.

La femelle, pendant qu'elle couve dans un nid découvert, est très-exposée aux attaques de ses ennemis, et une variation de couleur qui la rendrait plus apparente, lui serait funeste, ainsi qu'à sa progéniture. Toutes les variations dans cette direction, chez la femelle, seraient donc, tôt ou tard, éliminées, tandis que celles qui tendraient à la confondre avec les objets environnants, tels que le sol ou le feuillage, se continueraient, et conduiraient peu à peu à la possession des teintes brunes, verdâtres et ternes qu'on observe chez presque toutes les femelles dont les nids sont découverts, au moins sur la partie supérieure de leur corps.

Ceci ne signifie pas, comme quelques personnes l'ont pensé, que tous les oiseaux femelles fussent à l'origine aussi beaux que les mâles. Le changement a été graduel, ayant commencé en général à l'origine des genres et des groupes importants; mais il est certain que les aïeux éloignés d'oiseaux aujourd'hui séparés par de grandes différences sexuelles, furent à peu près ou tout à fait semblables entre eux, ressemblant en général à la femelle actuelle, quelquefois peut-être au mâle tel qu'il est aujourd'hui. Les jeunes oiseaux, qui d'ordinaire ressemblent à la femelle, nous donnent probablement une idée de ce type primitif, et tout le monde sait qu'il est souvent impossible de distinguer les uns des autres, des petits d'espèces alliées et de sexes différents.

La couleur est plus variable que la structure et les mœurs, et a été par conséquent plus généralement modifiée.

J'ai essayé de prouver, en commençant cet essai, que les différences caractéristiques et les traits essentiels des nids d'oiseaux dépendent de la structure de l'espèce et de leurs conditions d'existence passées et présentes. Ces facteurs sont tous deux plus importants et plus fixes que la couleur, et nous en concluons que, dans la plupart des cas, le mode de nidification, dépendant de la structure et du milieu, a été la cause et non l'effet, des différences sexuelles pour ce qui est de la couleur.

Quand un groupe d'oiseaux avait l'habitude constante de nicher dans le creux d'un arbre, comme les toucans, ou dans un trou dans la terre comme les martins-pêcheurs, la protection obtenue par la femelle pendant l'époque importante et périlleuse de l'incubation égalisait les chances d'attaque pour les deux sexes, et permettait à la sélection sexuelle ou à toute autre cause d'agir librement et de développer de brillantes couleurs chez la femelle comme chez le mâle. Quand, au contraire, comme chez les tangaras et les gobe-mouches, un groupe avait l'habitude de faire des nids ouverts, en forme de tasse, dans des situations plus ou moins exposées, le développement de la couleur chez la femelle était continuellement entravé par le danger qu'il lui faisait courir, tandis que chez le mâle les teintes les plus riches se produisaient sans obstacle.

A cela cependant, il peut y avoir eu des exceptions, car, chez les oiseaux les plus intelligents et les plus capables de modifier leurs habitudes, le danger que couraient les femelles trop éclatantes a pu conduire à la construction de nids cachés ou fermés, comme ceux des mésanges et des Ictérides. Dans ce cas-là, une protection spéciale cessait d'être nécessaire pour la femelle ; ainsi l'acquisition de la couleur et la modification du nid peuvent avoir quelquefois agi et réagi l'une sur l'autre, de manière à atteindre ensemble leur plein développement.

### Cas exceptionnels qui confirment cette explication.

Il existe, dans l'histoire naturelle des oiseaux, quelques curieuses anomalies qui peuvent heureusement servir de pierre de touche pour vérifier cette explication des inégalités de la coloration sexuelle. On sait depuis longtemps que, chez certaines espèces, les mâles partagent ou exercent exclusivement la fonction de l'incubation. On a aussi souvent remarqué que, chez certains oiseaux, les différences sexuelles dans la couleur étaient renversées, le mâle étant de couleurs ternes, la femelle de couleurs vives et souvent plus grande que lui. Je ne sache pas cependant qu'on ait jamais considéré ces deux anomalies comme étant reliées par le lien de causalité jusqu'au moment où je les ai produites à l'appui de ma théorie de l'adaptation protectrice. C'est cependant un fait incontestable, que dans les cas les mieux connus où la femelle est plus apparente que le mâle, il est certain que c'est à celui-ci qu'incombe la charge de l'incubation, on a tout au moins de fortes raisons de le supposer. L'exemple le plus concluant est celui du Phalarope gris (*Phalaropus fulicarius*), dont les deux sexes sont identiques en hiver, tandis qu'en été c'est la femelle et non pas le mâle, qui revêt le brillant plumage des noces, mais le mâle couve les œufs, déposés sur la terre nue. La femelle du pluvier (*Eudromias morinellus*) est plus grande et plus vivement colorée que le mâle, et, dans ce cas-ci encore, il est presque certain que c'est le mâle qui couve. Il en est de même chez les *Turnices* de l'Inde, et M. Jerdon dans ses « Oiseaux des Indes » affirme, d'après les récits des indigènes, qu'après la ponte, les femelles abandonnent leurs œufs et se réunissent en troupes, pendant que les mâles sont occupés à couver. Nous ne connaissons pas exactement les mœurs des autres espèces dont la femelle est plus belle que le mâle. L'exemple des autruches et des émus pourra donner lieu à une objection, c'est le mâle qui couve, et il n'est cependant pas moins apparent que la femelle; mais cette exception s'explique par deux motifs : d'abord ces oiseaux sont trop grands pour éviter le danger en se cachant, de plus ils ont la force de se défendre contre les ennemis qui attaqueraient les œufs, et peuvent échapper par la fuite à ceux qui les attaqueraient eux-mêmes.

Nous trouvons donc une dépendance réciproque entre une grande quantité de faits relatifs à la coloration sexuelle et au mode de nidification des oiseaux, y compris quelques-unes des anomalies les plus extraordinaires que présente leur histoire; dépendance qui s'explique par le simple principe que celui des parents auquel est confiée l'incubation a besoin de plus de protection que l'autre. Étant donnée l'imperfection de nos connaissances sur les mœurs de la plupart des oiseaux exotiques, les exceptions à ce principe sont rares, et se présentent en général dans des groupes ou des espèces isolées, tandis que certaines exceptions apparentes sont en définitive des confirmations de la loi.

### Exceptions apparentes ou réelles à la loi énoncée page 250.

Les seules exceptions positives que j'ai pu découvrir sont les suivantes :

1. *Drongos* (Dicrourus). — Ces oiseaux sont d'un noir luisant, leur queue est longue et fourchue. Les sexes sont semblables et leurs nids ouverts. On peut vraisemblablement expliquer ce fait par la raison que ces oiseaux n'ont pas besoin de la protection d'une couleur moins voyante. Ils sont très-querelleurs, attaquent souvent et repoussent les corbeaux, les faucons, les milans, et comme ils sont demi-sociables, les femelles ne risquent guère d'être attaquées pendant l'incubation.

2. *Loriots* (Oriolidæ). — Les véritables loriots portent de très-vives couleurs; dans plusieurs espèces orientales les sexes sont tout à fait ou presque semblables et les nids sont ouverts. Cette exception est

l'une des plus sérieuses, mais elle confirme cependant la règle jusqu'à un certain point, car on a remarqué que ces oiseaux mettent le plus grand soin à dissimuler leur nid dans l'épaisseur du feuillage et surveillent leurs petits avec une sollicitude incessante. Ils ressentent donc l'absence de la protection dérivée d'une couleur sombre et suppléent à cet inconvénient par le développement des facultés mentales.

3. *Brèves* (Pittidæ). — Ces oiseaux élégants et de couleurs éclatantes sont généralement semblables dans les deux sexes. Leur nid est ouvert. Cette exception n'est cependant qu'apparente, car il est curieux de constater que presque toutes les couleurs vives sont sur la surface inférieure, le dos étant d'ordinaire brun ou vert olive, la tête noire, rayée de brun ou de blanc; nuances qui s'harmonisent aisément avec le feuillage, les rameaux et les racines qui entourent le nid, construit ordinairement sur le sol ou près de terre, et qui ainsi concourent à protéger l'oiseau.

4. Grallina Australis. — Cet oiseau est de couleurs tranchées, blanc et noir. Les sexes sont semblables et son nid est construit dans un endroit exposé, sur un arbre; il est ouvert et fait d'argile. Cette exception est très-frappante au premier abord, mais je ne suis pas convaincu qu'elle soit très-grave. Avant de pouvoir déclarer que la couveuse est réellement très-visible sur son nid, nous devons connaître l'arbre qu'elle habite en général, la couleur de son écorce ou des lichens qui la recouvrent, les teintes du sol et des autres objets environnants. On a remarqué que de

petites taches blanches et noires se confondent à une certaine distance en une couleur grise, l'une des plus communes dans la nature.

5. Nectarineidæ. — Chez ces charmants petits oiseaux les mâles seuls sont ornés de vives couleurs, et les femelles sont très-ternes ; cependant dans tous les cas constatés jusqu'à présent, ils bâtissent des nids recouverts. Ceci est une exception négative plutôt que positive, car des causes autres que le besoin de protection peuvent empêcher la femelle d'acquérir les couleurs du mâle ; une circonstance curieuse jette quelque lumière sur ce sujet. On croit que le mâle du *Leptocoma zeylanica* aide à l'incubation. Il est donc possible que ce groupe d'oiseaux ait anciennement bâti un nid ouvert, et que quelque changement de conditions ayant amené le mâle à couver, l'adoption d'un nid en dôme soit devenue nécessaire. Je dois dire cependant que cette exception est la plus sérieuse que j'aie encore rencontrée.

6. Maluridæ. — Chez ces petits oiseaux, les mâles sont ornés des plus vives couleurs, tandis que les femelles sont de couleurs ternes, et ils bâtissent cependant des nids en forme de dôme. Il faut observer que le plumage du mâle est uniquement *nuptial*, et qu'il ne le conserve que pendant très-peu de temps ; les deux sexes sont semblables pendant tout le reste de l'année. Il est donc probable que le dôme du nid est destiné à préserver de la pluie ces délicats petits êtres, et qu'une cause encore inconnue aura développé la couleur chez le mâle.

Il est encore un cas, qui au premier abord semble

être une exception, mais qui n'en est réellement pas une, et qui mérite d'être mentionné. Chez le Jaseur ordinaire (*Bombycilla garrula*), les sexes sont presque identiques, et les extrémités rouges des ailes, dont la forme est très-élégante, sont à peu près, sinon tout à fait, aussi apparentes chez la femelle que chez le mâle. Il construit cependant un nid ouvert, et au simple aspect de l'oiseau, on serait porté à croire, d'après ma théorie, qu'il doit bâtir un nid fermé. Mais sa couleur le protége, en fait, d'une manière aussi efficace que possible. Il ne se reproduit que dans des latitudes élevées, et son nid, placé dans des sapins, est principalement formé de lichens; or les nuances délicates de gris cendré et violacé de la tête et du dos de cet oiseau, le jaune des ailes et de la queue, s'harmonisent admirablement avec les teintes des diverses espèces de ces plantes, tandis que les pointes rouges représentent la fructification d'un lichen commun le *Cladonia coccifera*. La femelle, dans son nid, n'offre par conséquent aucune couleur distincte de celles qui l'environnent, et ces teintes mêmes sont réparties dans les mêmes proportions sur son corps et sur les alentours; l'oiseau est donc, à quelque distance, impossible à distinguer de son nid, ou d'un amas naturel des plantes dont celui-ci est fait.

Je crois avoir exposé toutes les exceptions de quelque importance à la loi qui fait dépendre la coloration sexuelle du mode de nidification. On voit qu'elles sont peu nombreuses, comparativement aux exemples qui appuient la loi générale, et, dans plusieurs cas, quelques circonstances dans les mœurs ou la structure de l'espèce suffisent à les expliquer. Il est aussi curieux de rappeler que je n'ai presque pas trouvé d'exceptions *positives*, c'est-à-dire de cas où des femelles très-éclatantes habitent des nids découverts. On pourra plus rarement encore citer un groupe d'oiseaux chez lequel toutes les femelles portent à leur surface supérieure des couleurs voyantes, et couvent cependant dans des nids ouverts. Les cas nombreux dans lesquels des espèces d'oiseaux dont les deux sexes sont de couleurs ternes, bâtissent des nids couverts ou cachés, n'affectent en rien ma théorie, puisque celle-ci est uniquement destinée à expliquer pourquoi les femelles éclatantes de mâles également éclatants habitent *toujours* des nids en dôme ou cachés, tandis que les femelles obscures de mâles éclatants ont presque toujours des nids ouverts et exposés. Le fait qu'on retrouve parmi les oiseaux dont les deux sexes sont ternes, des nids de toute espèce, montre simplement que, comme je l'ai affirmé, la coloration de la femelle est, dans la plupart des cas, déterminée par le caractère du nid, et non pas *vice versâ*.

Si cette manière de voir est correcte, si ce sont bien là les influences variées qui ont déterminé les caractères du nid de chaque oiseau, la coloration générale des femelles, ainsi que la relation de ces deux phénomènes entre eux, nous ne pouvons guère espérer une série de témoignages plus complète que celle que nous venons d'exposer. La nature est un réseau si embrouillé de relations complexes, que, quand nous trouvons une série de phénomènes qui se correspondent, dans des centaines d'espèces, de genres et de familles, dans toutes les parties du système, nous sommes forcés d'y reconnaître une connexion réelle ; quand en outre on peut prouver que l'un des deux facteurs de ce problème dépend des conditions d'existence et d'organisation les plus stables et les plus fondamentales, tandis que l'autre est universellement reconnu pour un caractère superficiel et aisément modifié, il reste peu de doute sur leur relation respective de cause et d'effet.

### Des modes variés de protection chez les animaux.

L'explication que je viens de tenter, pour rendre compte de ce phénomène, ne s'appuie pas seulement sur les faits que j'ai pu exposer ici. On a vu, dans l'essai sur la mimique, le rôle important rempli par le besoin de protection dans la détermination des formes extérieures et de la couleur, et quelquefois même dans celle de la structure intérieure des animaux. Je puis, comme éclaircissement sur ce dernier point, indiquer les petites épines recourbées, fourchues ou étoilées d'un grand nombre d'éponges, auxquelles on attribue principalement la fonction de rendre ces animaux immangeables. Les Holothuries ont une protection analogue : plusieurs d'entre elles ont, comme le *Synapta*, des piquants en forme d'ancre, plantés dans la peau ; d'autres (*Cuviera squamata*) sont couvertes d'une cuirasse calcaire très-dure. Plusieurs de ces dernières sont d'une belle couleur rouge ou violette, et par conséquent très-apparentes, tandis que l'espèce alliée du Trépang, ou bêche de mer (*Holothuria edulis*) qui n'est pas munie d'arme défensive, est d'une couleur terne, analogue au sable et à la boue du fond de la mer sur lequel elle repose. Beaucoup des petits animaux marins sont presque invisibles à cause de leur transparence, tandis que ceux dont les couleurs sont vives sont souvent pourvus d'une protection spéciale, soit de tentacules venimeux, comme la physalie, soit d'une cuirasse calcaire, comme les étoiles de mer.

### Dans certains groupes les femelles possèdent la protection spéciale qui leur est plus nécessaire qu'aux mâles.

Dans la lutte pour l'existence, la facilité de se cacher est l'un des moyens de conservation les plus efficaces, et cette protection s'acquiert par les modifications de couleur plus facilement que par tout autre moyen, puisque ce caractère est sujet à des variations nombreuses et rapides. L'exemple que je viens de traiter est tout à fait analogue à celui des papillons. En règle générale, le papillon femelle est de couleurs ternes et peu visibles, alors même que le mâle est le plus brillamment paré, mais, quand l'espèce est protégée de ses ennemis par une odeur désagréable, comme c'est le cas des Danaïdes, des Héliconides et des Acréides, les deux sexes étalent les mêmes vives nuances. Parmi les espèces qui cherchent une protection dans l'imitation de ces formes privilégiées, on remarque que chez les Leptalides, insectes faibles et d'un vol lent, la ressemblance existe dans les deux sexes, parce que tous deux ont également besoin de protection, tandis que dans les genres plus vigoureux et d'un vol rapide (Papilio, Pieris, Diadema), les femelles seules, en général, imitent les autres groupes, et deviennent quelquefois par là plus brillantes que leurs mâles, renversant ainsi les caractères usuels et presque universels des deux sexes. Ainsi, dans les merveilleux insectes-feuilles de l'Orient, du genre *Phyllium*, la femelle seule imite les feuilles vertes, parce que sa sécurité pendant le temps de la ponte est nécessaire à la perpétuation de la race. Chez les mammifères et les reptiles, il y a rarement une différence de couleur entre les sexes, même quand ces couleurs sont brillantes, parce que la femelle n'est pas nécessairement plus exposée au danger que le mâle. On ne connaît pas un seul exemple chez les papillons ci-dessus mentionnés, Diadema, Pieris et Papilio, ni chez aucun autre, d'un mâle qui imite *seul* les Danaïdes ou les Héliconides. Ce fait peut, je crois, être considéré comme une confirmation de ma manière de voir; d'autant plus que la couleur, étant bien plus riche chez les mâles, semble devoir se prêter à chaque instant à toute modification utile. Cette observation paraît se rapporter à cette loi générale, que chaque espèce, comme aussi chaque sexe, est susceptible de modification dans la mesure exacte qui lui est nécessaire pour se maintenir dans la lutte pour l'existence, mais pas au delà. L'insecte mâle, par sa structure et par ses mœurs, est moins exposé au danger que sa femelle, requiert une moins grande protection, et ne peut par conséquent pas l'obtenir seul, par le moyen de la sélection naturelle, tandis que la femelle l'acquiert par ce moyen, parce qu'une protection extraordinaire lui est indispensable, soit à cause des risques qu'elle court, soit à cause de sa grande importance au point de vue de la reproduction.

M. Darwin reconnaît que le besoin de protection a pu être quelquefois la cause des couleurs sombres des oiseaux femelles. (Origine des espèces, 4e éd. anglaise), p. 241) ; mais il ne paraît pas attribuer à ce fait un rôle aussi important dans les modifications de couleur, que je suis moi-même porté à le faire. Il rappelle dans le même paragraphe (p. 240), que les oiseaux et les papillons femelles sont tantôt très-ternes, tantôt aussi brillants que les mâles, mais paraît considérer ce fait comme dû à des lois particulières d'hérédité, d'après lesquelles les variations de couleur se perpétuent tantôt dans un sexe seulement, tantôt dans les deux. Sans nier l'action d'une telle loi, que M. Darwin me dit pouvoir appuyer sur des faits, j'attribue la différence, dans la plupart des cas, au plus ou moins grand besoin de protection ressenti par les femelles de ces divers groupes d'animaux.

Ceci fut déjà remarqué il y a un siècle par l'Hon. Daines Barrington ; dans le travail déjà cité, il rappelle que tous les oiseaux chanteurs sont petits, et propose, ce que je crois erroné, d'expliquer ce fait par la difficulté qu'auraient de grands oiseaux à se cacher, si leur voix attirait l'attention de leurs ennemis ; il ajoute ensuite : « Je serais porté à croire que c'est pour la

« même raison que les femelles ne chantent jamais, « car ce talent serait encore plus dangereux pour elles « durant l'incubation, et c'est ce même motif qui, « peut-être, *doit expliquer leur infériorité au point de « vue du plumage.* » Nous avons là un curieux pressentiment de l'idée qui fait le sujet principal de cet essai ; il a passé inaperçu pendant près d'un siècle, et je ne l'ai connu moi-même que tout récemment, M. Darwin l'ayant signalé à mon attention.

### Conclusion.

Quelques personnes seront peut-être disposées à penser que les causes auxquelles j'attribue une si grande partie des phénomènes qui frappent nos yeux dans la nature sont trop simples et trop insignifiantes, pour un résultat aussi considérable.

Mais il faut observer que tous les détails de la structure des animaux ont pour but essentiel la conservation de l'individu,et celle de l'espèce. Jusqu'à présent on a trop souvent considéré la couleur comme une circonstance adventice et superficielle, comme un caractère donné à l'animal non à cause de son utilité intrinsèque, mais pour plaire à l'homme, ou même à des êtres encore supérieurs, ou pour ajouter à la beauté et à l'harmonie idéale de la nature. Si tel était le cas, la couleur des êtres organisés serait évidemment une exception à tous les autres phénomènes naturels ; au lieu de se rattacher à des lois générales, et d'être déterminée par des conditions extérieures sans cesse modifiées, elle dépendrait d'une volonté dont les motifs doivent à jamais nous rester inconnus, et nous devrions abandonner toute recherche sur son origine et ses causes. Mais, chose curieuse, à peine avons-nous commencé à examiner et à classer les couleurs des êtres, que nous leur découvrons une relation intime avec une quantité d'autres phénomènes, et que nous les trouvons soumises comme ceux-ci, à des lois générales. J'ai cherché ici à élucider quelques-unes de ces lois en ce qui touche les oiseaux, et j'ai montré l'influence exercée par le mode de nidification sur la couleur des femelles.

J'ai précédemment fait voir jusqu'à quel point et de quelle manière le besoin de protection a déterminé les couleurs des insectes, de quelques groupes de reptiles et de mammifères, et je voudrais maintenant attirer l'attention sur ce fait, établi par M. Darwin, que les vives nuances des fleurs sont aussi soumises à cette grande loi de l'utilité, bien qu'elles eussent été longtemps considérées comme prouvant que la couleur avait été créée pour autre chose que pour le bien de son possesseur. Les fleurs n'ont pas grand besoin de protection, mais les insectes sont très-souvent nécessaires pour les féconder, ou pour maintenir intacte la vigueur de leurs organes reproducteurs. Leurs couleurs éclatantes, comme leur parfum et leurs sécrétions sucrées servent à attirer ces animaux ; nous avons une preuve que c'est là la fonction principale de la couleur, dans le fait que les plantes qui peuvent être parfaitement fécondées au moyen du vent et ne réclament pas l'aide des insectes, n'ont que rarement, ou même jamais, de fleurs éclatantes.

Cette vaste extension du principe général de l'utilité à la question de la couleur dans les deux règnes organiques, nous oblige à reconnaître que le principe du règne de la loi a pris pied sur ce terrain, où jusqu'à présent les défenseurs des créations spéciales se croyaient invincibles. Aux adversaires de l'explication que j'ai donnée des faits cités dans cet essai, je crois pouvoir rappeler, sans manquer à la courtoisie, qu'ils doivent s'attaquer à l'ensemble des phénomènes, et non à un ou deux d'entre eux pris isolément. On est forcé d'admettre qu'un grand nombre de faits se rattachant à la couleur dans la nature, ont été coordonnés et expliqués par la théorie de l'évolution et de la sélection naturelle. Jusqu'à ce qu'on explique un ensemble de faits au moins aussi considérable, au moyen d'une autre théorie, on ne peut s'attendre à ce que nous abandonnions celle qui nous a si bien servi, et qui a révélé un si grand nombre d'harmonies intéressantes autant qu'inattendues, parmi les phénomènes les plus communément présentés par les êtres organisés, phénomènes, il est vrai, très-négligés et peu compris jusqu'à aujourd'hui.

---

## VIII

### CRÉATION PAR LOI.

Parmi toutes les critiques qui ont été opposées à la théorie célèbre de M. Darwin sur l'Origine des espèces, il en est une qui séduit particulièrement un grand nombre de personnes instruites et intelligentes ; nous voulons parler de la doctrine que M. le duc d'Argyll a développée dans son ouvrage sur le *Règne de la loi*. Le noble auteur exprime les sentiments et les idées de cette nombreuse catégorie de gens qui prennent intérêt au progrès de la science en général et de l'Histoire naturelle en particulier, mais qui n'ont jamais étudié par eux-mêmes la nature dans ses détails ; ces personnes n'ont pu acquérir cette connaissance directe de la structure de formes alliées, de ces gradations merveilleuses qui relient entre eux les groupes et les espèces, de la diversité infinie des phénomènes de la *variation* chez les êtres organisés, connaissance qui est absolument nécessaire pour apprécier entièrement les faits et les raisonnements contenus dans le grand ouvrage de M. Darwin.

Le duc d'Argyll consacre à peu près la moitié de son livre à l'exposition de ce qu'il appelle « Création par loi ; » il explique si clairement les difficultés et les objections qu'il trouve à la théorie de la Sélection naturelle, qu'il me paraît convenable de les réfuter complétement; on verra que ses propres principes conduisent à des conclusions aussi difficiles à accepter qu'aucune de celles qu'il reproche à M. Darwin.

Le duc d'Argyll insiste surtout sur cette idée que nous rencontrons dans toute la nature des preuves d'une Intelligence, et que celles-ci sont particulièrement évidentes, partout où nous constatons soit une *combinaison*, soit les caractères du beau. C'est là ce qui, d'après l'auteur, indique une surveillance constante, une intervention directe du Créateur, aucun système de lois ne pouvant suffire à l'expliquer.

Or, l'ouvrage de M. Darwin a pour principal objet de montrer que tous les phénomènes qui s'observent chez les êtres vivants, ces organes merveilleux, cette structure complexe, la variété infinie des formes, des grandeurs et des couleurs, les rapports compliqués qui relient les êtres, peuvent avoir été produits par l'action de quelques lois générales fort simples, qui ne sont elles-mêmes pour la plupart que l'énoncé de faits certains. Voici quelles sont les principales de ces lois, les principaux de ces faits.

1. *La loi de la multiplication suivant une progression géométrique.* — Tous les êtres organisés ont une puissance de multiplication énorme. Bien qu'elle soit plus faible chez l'homme que chez tous les autres animaux, une population humaine, dans des circonstances favorables, peut se doubler en quinze ans, ou centupler en un siècle. La postérité de beaucoup d'animaux ou de

plantes peut, en une seule année, atteindre un chiffre dix fois ou mille fois plus considérable que le nombre primitif.

2. *Loi de limite des populations.* — Le nombre des individus vivants qui représentent chaque espèce dans un pays ou sur toute la surface du globe, est en fait stationnaire. Il suit de là que tout cet énorme accroissement périt presque aussitôt qu'il a été produit, à la seule exception des individus à qui une place est faite par la mort des parents. Voici un exemple simple et frappant : dans une forêt de chênes, chaque arbre sème annuellement autour de lui des milliers et des millions de glands ; mais aucun de ceux-ci ne produira un chêne avant qu'un vieil arbre ait péri ; tous disparaîtront après avoir atteint un degré quelconque de développement.

3. *La loi de l'hérédité, ou de la ressemblance de la progéniture avec les parents.* — Cette loi est universelle, mais n'est pas absolue. Toutes les créatures ressemblent à leurs parents à un haut degré, et, dans la majorité des cas, très-exactement ; même les particularités individuelles, quelle que soit leur nature, sont presque toujours transmises à quelques-uns des descendants.

4. *La loi de la variation.* — Elle est fort bien exprimée par ces vers :

> No being on this earthly ball,
> Is like another, all in all (1).

Les produits ressemblent beaucoup à leurs parents,

(1) Aucun être sur cette boule terrestre n'est de tout point semblable à un autre.

mais non pas complétement; chacun possède son individualité. Cette *variation* elle-même varie quant au degré, mais elle existe toujours, non-seulement dans l'ensemble de l'individu, mais dans chacune de ses parties. Chaque organe, chaque caractère, chaque sentiment est individuel, c'est-à-dire s'éloigne plus ou moins du sentiment, du caractère, de l'organe, qui lui correspond dans tout autre individu.

5. *La loi du changement perpétuel auquel sont soumises les conditions physiques à la surface du globe.* — La géologie nous enseigne que ce changement a toujours eu lieu dans le passé, et nous savons aussi que partout il se continue aujourd'hui.

6. *L'équilibre ou l'harmonie de la nature.* — Lorsqu'une espèce est bien adaptée aux conditions qui l'environnent, elle prospère; si elle l'est imparfaitement, elle décline; si elle ne l'est pas du tout, elle s'éteint. Ce principe ne saurait guère être contesté, si l'on prend en considération toutes les conditions qui déterminent le bien-être d'un organisme.

Ce n'est là que l'exposé pur et simple de ce qui existe dans la nature, ce sont des faits et des principes qui sont généralement connus, généralement admis, mais aussi, lorsqu'il s'agit de discuter l'origine des espèces, généralement oubliés. De ces faits universellement admis, on peut déduire l'origine de toutes les formes de la nature par un enchaînement logique de raisonnements qui, à chaque pas, se vérifie par son accord avec la réalité; en même temps qu'on explique ainsi beaucoup de phénomènes curieux dont on ne peut rendre compte autrement. Il est probable que ces lois fondamentales ne sont que le résultat de la nature même de la vie et des propriétés essentielles de la matière, soit brute, soit organisée.

M. Herbert Spencer, dans ses *Premiers principes* et dans sa « *Biologie* », me paraît avoir assez bien fait comprendre cette connexion; mais pour le moment nous pouvons accepter ces lois simples sans remonter plus haut, et la question qui se pose est alors celle-ci : ces lois peuvent-elles avoir suffi pour produire la variété, l'harmonie, la combinaison parfaite et la beauté que nous admirons chez les êtres organisés, ou bien faut-il encore admettre l'intervention constante et l'action directe de l'intelligence et de la volonté du Créateur? Cela n'implique que cette question : Comment le Créateur a-t-il procédé? Le duc d'Argyll (et je le cite comme ayant bien exprimé les opinions des adversaires les plus intelligents de M. Darwin) maintient que le Créateur a personnellement mis en œuvre des lois générales pour leur faire produire des effets que ces lois par elles-mêmes ne seraient pas capables de produire; que l'univers seul, avec toutes ses lois intactes, serait une sorte de chaos, sans variété ni harmonie, sans but ni beauté; qu'il n'y a (et que par conséquent nous pouvons présumer qu'il ne saurait y avoir) dans l'univers, aucune force capable de tirer son développement d'elle-même. Je crois au contraire que l'univers est constitué de façon à être à soi-même son propre régulateur. Aussi longtemps qu'il renferme la vie, les formes dans lesquelles celle-ci se manifeste sont douées de la faculté de s'accommoder les unes aux autres, aussi bien qu'aux circonstances qui les environnent; cet accord a pour résultat nécessaire la plus grande somme possible de variété, de beauté, de puissance, parce qu'il provient de lois générales, non d'une surveillance continuelle et d'un arrangement des détails après coup.

Au point de vue du sentiment et de la religion, cette théorie me paraît être une conception beaucoup plus élevée du Créateur et de l'univers, que celle que l'on peut appeler l'hypothèse de « l'intervention continue »; mais d'ailleurs ce n'est point une question que doivent décider nos sentiments ou nos convictions; c'est une question de faits et de raisonnements. Le changement que la géologie nous prouve avoir toujours eu lieu dans les formes de la vie, peut-il s'expliquer par l'action de lois générales, ou bien faut-il absolument pour cela croire à la surveillance incessante d'une intelligence créatrice? telle est la question que nous avons à examiner, et, si nous faisons voir qu'il y a en faveur de notre théorie des faits et des rapprochements, c'est à nos adversaires qu'incombe la tâche difficile de prouver le contraire.

### Que les métaphores de M. Darwin sont exposées à être mal comprises.

M. Darwin, employant continuellement la métaphore pour décrire les variations merveilleuses des êtres organisés, s'est exposé à bien des malentendus, et a donné ainsi à ses adversaires une arme puissante contre lui-même. « Il est curieux, » dit le duc d'Argyll, d'obser-« ver le langage que prend instinctivement le disciple « très-avancé du pur naturalisme, lorsqu'il veut décrire « la structure compliquée de cette curieuse famille de « plantes (les Orchidées). Il néglige complétement la « *réserve que l'on doit mettre à attribuer* des intentions « à la nature. L'intention est la seule chose qu'il voie, « et, quand il ne la voit pas, il la cherche jusqu'à ce « qu'il l'ait trouvée. Il a recours à toutes les expres-« sions, à toutes les comparaisons, pour indiquer une « intention, un but intelligemment poursuivi : *artifice*, « *curieux artifice*, *admirable artifice*, ces termes-là re-« viennent sans cesse sous sa plume. Voici, par exemple, « la phrase dans laquelle il décrit les caractères d'une « espèce particulière : « Le labellum développé prend « la forme d'un nectaire prolongé, *afin d'attirer* les Lé-« pidoptères, et nous ferons voir tout à l'heure que « probablement le nectar est placé ainsi *à dessein*, qu'il « ne peut être absorbé que lentement, *dans le but de* « laisser à la substance visqueuse le temps de devenir « sèche et dure. »

Plusieurs autres exemples d'expressions analogues sont encore cités par le duc, qui prétend qu'il n'y a pour ces « artifices » aucune explication possible, à moins qu'on n'admette un inventeur personnel, qui arrange spécialement les détails de chaque cas, tout en les faisant produire par l'accroissement et la reproduction dans leur marche ordinaire.

Or cette manière de considérer l'origine de la structure des orchidées présente une difficulté à laquelle le duc ne fait aucune allusion. La plupart des plantes à fleurs sont fécondées, ou sans l'intervention des insectes, ou bien, si celle-ci est nécessaire, sans que la structure de la fleur subisse aucune modification bien importante. Il est donc évident qu'il aurait pu être créé des fleurs d'une beauté aussi variée et aussi originale que les orchidées, et qui néanmoins auraient été fécondées sans avoir une structure plus compliquée que celle des violettes, du trèfle, des primevères ou de mille autres espèces. Les étranges dispositions que nous offrent les fleurs de certaines orchidées, sous la forme de ressorts, de trappes et de piéges, ne peuvent pas être nécessaires *par elles-mêmes*, puisqu'elles manquent dans mille autres fleurs, qui néanmoins atteignent le même but. N'est-ce pas alors une idée extraordinaire, que de s'imaginer le Créateur *inventant* ces organes compliqués de quelques fleurs, comme un mécanicien inventerait un jouet ou une surprise ingénieuse ? N'est-ce pas une conception plus élevée, que de voir dans ces phénomènes les résultats de ces lois générales qui, à la première apparition de la vie sur la terre, furent coordonnées de façon à produire nécessairement le plus grand développement possible de formes variées ?

Mais prenons l'un des cas les plus simples parmi ceux qui ont été cités, et voyons si nos lois générales sont impuissantes à l'expliquer.

La stucture d'une orchidée, expliquée par la Sélection naturelle.

Il y a dans l'île de Madagascar une orchidée, l'*Angræcum sesquipedale*, dont le nectaire est excessivement long et profond. D'où provient le développement extraordinaire de cet organe? Voici comment l'explique M. Darwin.

Le pollen de cette fleur ne peut être enlevé que par quelques papillons de nuit très-grands, qui s'en emparent au moyen de la base de leur trompe, quand ils tâchent d'atteindre le nectar au fond du canal. Les papillons doués de la trompe la plus longue y parviendront le mieux; ils obtiendront aussi le plus de nectar; ils préféreront donc les fleurs au nectaire le plus profond, et celles-ci par conséquent seront les mieux fécondées. Ainsi les orchidées au nectaire le plus profond et les papillons à la trompe la plus longue se prêteront un appui mutuel dans la lutte pour l'existence; il en résultera leur multiplication respective, aussi bien que l'allongement de la trompe du papillon et du nectaire de la plante. Rappelons-nous maintenant que ce dont il faut rendre compte, c'est seulement la longueur inusitée de cet organe. Le nectaire se trouve dans beaucoup d'ordres de plantes; il est particulièrement répandu chez les orchidées; mais le cas qui nous occupe est le seul où la longueur de cet organe dépasse un pied. Comment la chose s'est-elle produite? M. Darwin a prouvé par l'expérience que les papillons qui fréquentent les orchidées, enfoncent dans les nectaires leurs trompes en spirales, et fécondent la plante en transportant le pollen d'une fleur aux stigmates d'une autre. Il a en outre expliqué en détail le mécanisme de ce phénomène, et le duc d'Argyll reconnaît la sûreté de ses observations. Dans les espèces communes dans les îles Britanniques, telles que l'*orchis pyramidalis*, il n'est pas nécessaire qu'il y ait coïncidence parfaite dans les dimensions du nectaire et de la trompe de l'animal; aussi un grand nombre d'insectes de diverses grandeurs servent à transporter le pollen, et à opérer la fécondation. Au contraire, pour l'*angrœcum sesquipedale*, il est nécessaire que la trompe pénètre jusqu'à une partie spéciale de la fleur, ce qui ne peut être accompli que par un grand papillon qui enfouit sa trompe jusqu'à sa base, et s'efforce d'absorber le nectar qui occupe le fond de ce long tube, avec une profondeur d'un ou deux pouces au plus. Considérons maintenant de quelle façon les choses ont dû se passer à l'époque où le nectaire n'avait que la moitié de sa longueur actuelle, soit six pouces environ, et où la fécondation s'opérait par une espèce de papillon qui apparaissait au moment de la floraison et possédait une trompe à peu près égale au nectaire. Parmi les millions de fleurs d'angrœcum produites chaque année, quelques-unes dépassaient la longueur moyenne, d'autres lui restaient inférieures; pour celles-ci la fécondation était impossible, car le papillon s'emparait de tout leur nectar sans être obligé pour cela d'enfoncer sa trompe jusqu'à sa base même; elle était au contraire facile pour les autres, et devait se faire le plus complétement pour les plus longues d'entre elles. De cette façon la longueur moyenne du nectaire a dû s'augmenter chaque année, car, les fleurs petites étant stériles et les autres ayant une postérité abondante, l'effet produit a dû être le même que si un jardinier avait détruit les premières et n'avait semé que les graines de la grande variété; nous savons par expérience que ce procédé a pour résultat d'allonger l'organe auquel on l'applique; car c'est précisément ce moyen dont on s'est servi pour agrandir et modifier les fruits et les fleurs de nos jardins.

Cependant, les choses marchant ainsi pendant un certain temps, le nectaire acquerra une longueur telle, que beaucoup de papillons ne pourront plus atteindre que la surface du nectar; quelques-uns seulement, doués de trompes exceptionnellement longues, pourront en absorber une quantité considérable, et les autres, ne pouvant plus tirer de ces fleurs un approvisionnement suffisant, les négligeront; si le pays ne nourrissait aucune autre espèce de papillons, la plante souffrirait, et le développement du nectaire serait alors arrêté, précisément par la même cause qui jusque-là le favorisait; mais il y a une immense variété de papillons, avec de grandes différences dans la longueur de la trompe; l'allongement du nectaire fera intervenir pour la fécondation de nouvelles espèces plus grandes, et leur influence s'exerçant toujours dans le même sens, les papillons les plus grands finiront par accomplir seuls cette fonction.

A partir de ce moment, sinon déjà plus tôt, l'insecte

subira lui-même une modification ; celui qui a la trompe la plus longue, prendra le plus de nourriture, et sera par conséquent le plus vigoureux ; aussi il fécondera le plus grand nombre de fleurs et laissera la postérité la plus nombreuse. D'autre part, les fleurs douées du nectaire le plus long étant mieux fécondées que toutes les autres, chaque génération verra cet organe s'allonger en même temps que se développera aussi la trompe des papillons. Et ce sera là un *résultat nécessaire* de ce fait, que comme dans toute la nature, ici aussi les organes des fleurs et des papillons oscillent autour d'une moyenne ; à chaque génération, certains nectaires la dépassent et d'autres lui restent inférieurs, et il en est de mêmes des trompes des papillons. Sans doute mille causes auraient pu arrêter cette marche des choses avant qu'elle eût atteint le point où nous la trouvons parvenue. Si par exemple, à une période quelconque, la variation dans la quantité du nectar avait été plus grande que celle de la longueur du nectaire, il en serait résulté que des papillons plus petits auraient pu l'atteindre, et par conséquent effectuer la fécondation. Il aurait pu encore arriver que, par d'autres causes, la trompe des papillons se fût accrue plus rapidement que le nectaire, ou que cet accroissement fût, de quelque façon, nuisible aux insectes, ou bien encore que l'espèce douée de la trompe la plus longue fût très-diminuée par les attaques de quelque ennemi ou par toute autre cause. Dans tous ces cas-là, l'avantage aurait appartenu aux fleurs qui, avec un nectaire court, auraient pu être fécondées par les papillons de petites espèces. Ce sont évidemment des obstacles de cette nature, qui ont agi dans d'autres parties du monde, et c'est pour cela que nous ne trouvons ce développement extraordinaire du nectaire que dans la seule île de Madagascar et dans une seule espèce d'orchidées. J'ajouterai ici que quelques-uns des grands lépidoptères nocturnes des tropiques ont la trompe presque aussi longue que le nectaire de l'*Angræcum sesquipedale*. J'ai mesuré exactement celle d'un spécimen du *Macrosila cluentius*, de l'Amérique du Sud, dans la collection du British Museum, et je l'ai trouvée longue de neuf pouces et quart. Elle est de sept pouces et demi dans le *Macrosila Morganii*, de l'Afrique tropicale. Une espèce dont la trompe serait de deux ou trois pouces plus longue, pourrait atteindre le nectar dans les plus grandes fleurs de l'*Angræcum sesquipedale*, dont le nectaire varie en longueur de dix à quatorze pouces. On peut prédire hardiment qu'un tel papillon existe à Madagascar; le naturaliste qui visitera cette île pourra le chercher avec autant de certitude que les astronomes ont cherché la planète Neptune, et j'ose lui prédire le même succès.

Au lieu de cet agencement merveilleux qui agit par soi-même, on propose la théorie que le Créateur de l'univers, par un acte direct de sa volonté, disposa les forces naturelles qui règlent la croissance de cette seule espèce de plante, de façon à porter son nectaire jusqu'à cette longueur prodigieuse; et qu'en même temps, par un acte également spécial, il dirigea les sucs nourriciers dans le corps du papillon, de manière à accroître sa trompe exactement dans la même proportion, ayant, au préalable, construit l'Angræcum de telle manière, que l'intervention de l'insecte fût absolument nécessaire au maintien de son existence.

Mais on ne nous donne aucune preuve quelconque, que l'accord ait été établi de cette manière. On allègue seulement le sentiment que nous avons qu'il y a là un agencement très-délicat, et l'impossibilité de le rapporter à aucune cause connue. Je crois au contraire avoir montré qu'un tel agencement n'est pas seulement possible, mais inévitable, à moins que l'on ne conteste sur quelque point l'action de ces lois simples que nous avons déjà reconnu n'être que l'expression de faits positifs.

### Adaptation amenée par les lois générales.

Il est difficile de trouver un cas analogue dans la nature inorganique; mais l'exemple d'un fleuve fera peut-être comprendre le sujet en quelque degré. Supposons qu'une personne, ne sachant rien de la géologie moderne, étudie attentivement le bassin d'un grand fleuve. Près de son embouchure, c'est un chenal large et profond, rempli jusqu'au bord d'une eau qui coule lentement à travers la plaine, apportant à la mer un dépôt fin et abondant; plus haut dans son cours, il se divise en un certain nombre de canaux plus petits, qui tantôt traversent le fond plat des vallées, tantôt coulent entre des bords élevés; parfois, dans un district accidenté, le lit est profond et rocailleux entre deux parois perpendiculaires, l'eau est profonde quand le lit est étroit, elle est basse quand il est large. Remontant encore plus haut, l'observateur atteint une région montagneuse, où des centaines de torrents et de ruisseaux, avec leurs mille petits tributaires, recueillent l'eau de chaque mille carré de la surface, chacun de ces canaux est calculé pour la quantité d'eau qu'il doit transporter ; on voit la pente de chacun de ces cours d'eau devenir de plus en plus rapide à mesure qu'on approche de sa source, ce qui lui permet d'emmener l'eau des fortes pluies et d'entraîner les pierres et le gravier qui autrement arrêteraient son cours.

Dans chaque partie du système, on observe une adaptation exacte des moyens au but. L'observateur sera donc porté à dire que ce système doit avoir été fait à dessein, puisqu'il répond si bien à sa destination ; qu'une intelligence peut seule avoir si exactement mesuré les pentes, la capacité et le nombre des canaux à la nature du sol et à la quantité de pluie. Il verra une adaptation spéciale aux besoins de l'homme dans ces larges rivières, tranquilles et navigables, coulant au travers de plaines fertiles qui nourrissent une nombreuse population, tandis que les torrents impétueux des montagnes sont limités à ces régions stériles où ne peuvent vivre que quelques bergers. Il écoutera avec incrédulité le géologue qui lui affirmera que cette adaptation si admirable à ses yeux est un résultat inévitable de l'action des lois générales, que les eaux aidées des forces souterraines ont donné à la contrée sa configuration, formé les collines et les vallées, creusé le lit des rivières et nivelé les plaines. Mais, que notre observateur continue pendant longtemps ses études, qu'il suive de près les petits changements qu'amène chaque année, et se les représente mille fois, dix mille fois augmentés, qu'il visite les différentes régions de la terre, qu'il regarde les évolutions qui s'accomplissent partout, et les preuves incontestables de changements plus grands dans le passé ; alors il comprendra que la surface de la terre, quelque belle et harmonieuse qu'elle lui paraisse, est, dans chacun de ses détails, l'œuvre de forces qui, ainsi qu'on peut le prouver, se contrôlent et se règlent mutuellement.

Bien plus, étendant encore ses recherches, il s'apercevra que tous les inconvénients qu'il pourrait attendre d'un défaut d'harmonie, se présentent en effet quelque part dans la nature, mais qu'ils ne sont pas toujours réellement fâcheux. Regardant par exemple une vallée fertile, il dirait peut-être : « Si le lit de cette rivière « n'était pas bien combiné, si, sur une longueur de « quelques milles, sa pente prenait une mauvaise di- « rection, l'eau ne pourrait s'échapper, et elle ferait « une vaste solitude de cette vallée aujourd'hui remplie « d'êtres humains. » Il y a, en effet, des centaines de cas semblables, tous les lacs sont des vallées « dévas- « tées par les eaux », et beaucoup d'entre eux, la mer Morte par exemple, sont un mal positif et font tache dans l'harmonie qui règne sur toute la surface de la terre.

« Si, dirait encore notre observateur, la pluie ne

« tombait pas ici, et si les nuages passaient au-dessus « de nos têtes vers quelque autre région, cette plaine « verdoyante et cultivée deviendrait un désert ; » or, il y a, en effet, sur une grande partie de la terre, des déserts semblables, que des pluies abondantes transformeraient en séjours agréables pour l'homme. Il pourrait encore, observant quelque fleuve navigable, penser qu'il suffirait de quelques rochers, ou de bords plus escarpés dans quelques endroits, pour le rendre inutile à l'homme ; et un peu de recherche lui ferait voir dans toutes les parties du monde des rivières par centaines, ainsi rendues impropres à la navigation.

Les choses se passent exactement de même dans la nature organique. Nous apercevons certains exemples de combinaisons admirables, telles que le développement inusité d'un organe, mais il nous échappe des centaines de cas, dans lesquels il n'en est pas ainsi. Sans doute, comme aucun organisme ne peut exister sans être en harmonie avec le monde qui l'entoure, cette harmonie se produira nécessairement d'une manière ou d'une autre, et cette adaptation est rendue possible dans la plupart des cas par la variation incessante, jointe à une puissance de multiplication illimitée. Le monde est ainsi constitué, que l'action de lois générales y produit la plus grande variété possible dans sa configuration et dans ses climats, et des lois aussi générales y ont fait naître les organismes les plus variés adaptés aux diverses conditions de chaque partie de la terre. Nos contradicteurs reconnaîtraient probablement eux-mêmes, dans les différences que présente la surface de la terre, l'action et la réaction réciproque de lois générales prolongées pendant des siècles innombrables : c'est bien ainsi qu'ils expliqueraient les plaines et les vallées, les collines et les montagnes, les déserts, les volcans, les vents et les courants, les lacs, les rivières et les mers, et tous les climats si variés. Ils admettraient que le Créateur ne semble pas guider et contrôler l'action de ces lois, ici déterminant la hauteur d'une montagne, là le lit d'une rivière, rendant ici les pluies plus abondantes, là changeant la direction d'un courant. Ils admettraient probablement que les forces de la nature inorganique se règlent et se combinent d'elles-mêmes, que le résultat oscille nécessairement autour d'une moyenne donnée (qui elle-même change lentement), et que, en dedans de certaines limites, il se produit la plus grande variété possible.

Or, s'il n'est pas nécessaire d'admettre l'intervention d'une intelligence ordonnatrice à chaque pas de l'évolution qui se poursuit incessamment dans le monde inorganique, pourquoi veut-on nous obliger à y croire dans le domaine de la nature organique? Ici, il est vrai, les lois qui sont à l'œuvre sont plus complexes, les agencements plus délicats, l'adaptation spéciale en apparence plus remarquable; mais pourquoi mesurer l'intelligence créatrice à la nôtre? Prétendra-t-on que parce que l'harmonie est complète, elle suppose une machine trop compliquée, si compliquée, que le Créateur n'aurait pas pu la construire assez parfaite? La théorie de « l'intervention continuelle » met des bornes au pouvoir du

Créateur. Elle implique qu'il ne pouvait pas agir dans le monde organique par de simples lois, comme il l'a fait dans le monde inorganique ; qu'il n'a pas su prévoir les conséquences des lois combinées de la matière et de l'esprit; qu'il se produit continuellement des faits contraires à l'ordre, et qui obligent le Créateur à changer le cours normal de la nature pour maintenir cette beauté, cette variété et cette harmonie, que nous-mêmes, avec nos intelligences bornées, pouvons concevoir comme résultant de lois invariables agissant et se réglant elles-mêmes. Quand même nous ne pourrions concevoir cette idée du monde se gouvernant lui-même, et capable d'un développement indéfini, ce serait rabaisser le Créateur que de lui imputer ce qui ne serait que l'incapacité de notre intelligence. Mais puisque beaucoup d'esprits humains peuvent concevoir, et même prouver en détail, l'action d'une loi invariable dans plusieurs des adaptations de la nature, il semble étrange que, dans l'intérêt de la religion, quelqu'un cherche à démontrer que le système de la nature, bien loin d'être supérieur à l'idée que nous nous en faisons, reste fort au-dessous d'elle. Quant à moi, je ne puis croire que le monde tombât dans le chaos s'il était abandonné à la loi seule ; je ne puis croire qu'il ne possède en lui-même aucun pouvoir de produire la beauté ou la variété, et que l'action directe de la Divinité soit nécessaire pour faire apparaître chaque tache ou raie sur chaque insecte, chaque détail d'organisation dans chacun des millions d'organismes qui vivent ou ont vécu sur la terre. Car il est impossible de tracer une limite. Si quelques modifications organiques peuvent s'expliquer par une loi, pourquoi pas toutes? Si certaines adaptations ont pu se produire d'elles-mêmes, pourquoi pas les autres? Si le principe est juste pour quelques variétés de couleur, pourquoi ne l'admettrait-on pas pour toutes celles que nous voyons? On pense éluder la difficulté en faisant observer que partout apparaît un « but » précis, partant une « combinaison, » et que par conséquent (déduction illogique) on doit y reconnaître l'action directe d'une intelligence, puisque la nôtre produit de semblables « combinaisons » ; on oublie que toute adaptation, quelle que soit son origine, a nécessairement l'apparence d'un arrangement intentionnel; le lit d'une rivière a l'air d'être fait *pour* la rivière, tandis qu'il est au contraire fait *par* elle; les couches minces d'un dépôt de sable semblent parfois avoir été triées, tamisées et nivelées à dessein; les côtés et les angles d'un cristal sont parfaitement semblables à ce que ferait la main de l'homme; pourtant il ne nous paraît pas nécessaire d'admettre dans chacun de ces cas l'intervention d'une intelligence créatrice, et nous ne trouvons point de difficulté à reconnaître que ces effets sont produits par la loi naturelle.

### Du beau dans la nature.

Laissons pour un instant le côté général de la question, pour discuter un point spécial qui a été présenté comme concluant contre les théories de M. Darwin. Pour quelques personnes, le beau est une pierre d'achoppement aussi bien que la combinaison. Elles ne peuvent concevoir l'Univers comme un système assez parfait pour développer nécessairement toutes les formes du beau ; un objet spécialement beau leur paraît dépasser les forces de l'univers, et lui avoir été ajouté par le Créateur pour son plaisir particulier.

Parlant des colibris, le duc d'Argyll dit : « En premier lieu il faut observer pour le groupe entier de ces « animaux, que l'on ne peut prouver ni concevoir aucune « connexion entre leur beauté admirable et une fonction « quelconque essentielle à leur vie. Si une pareille re- « lation existait, leur éclatante beauté appartiendrait « aux deux sexes, tandis qu'elle est presque toujours « limitée au mâle ; la femelle, avec ses couleurs plus « sombres, n'est certainement pas plus mal partagée « dans la lutte pour l'existence. » — Puis, après avoir décrit les divers ornements de ces oiseaux, il ajoute : « La beauté et la variété de la forme, prises en elles- « mêmes, sont le seul principe ou la seule règle qui « paraisse avoir guidé le Créateur lorsqu'il forma ces « oiseaux si merveilleusement beaux..... La couleur « de topaze de l'aigrette ne vaut pas mieux dans la « lutte pour l'existence que ne vaudrait celle du sa- « phir ; une fraise qui se termine en paillettes d'éme- « raudes, ne vaut pas mieux que si elle se terminait en « paillettes de rubis ; une queue ne sera ni plus ni « moins utile au vol, qu'elle soit ornée de plumes « blanches sur les bords ou dans le milieu..... La « beauté et la variété sont des choses que nous recher- « chons pour elles-mêmes, quand nous pouvons em-

« ployer, pour les obtenir, les forces de la nature; « je ne puis concevoir aucune raison pour contester « ou mettre en doute qu'elles aient été aussi le but des « formes données aux organismes vivants. » (Reign of law, p. 248.)

Cette affirmation, qu'on ne peut concevoir aucune connexion entre la splendeur des colibris et « une fonc- « tion quelconque essentielle à leur vie», est inexacte, car M. Darwin a non-seulement compris, mais encore prouvé, par l'observation et le raisonnement, que la beauté de la couleur et de la forme peut exercer une influence directe sur la fonction la plus importante de la vie, celle de la reproduction. Entre autres variations auxquelles les oiseaux sont sujets, il peut arriver que quelques individus soient doués de couleurs exceptionnellement brillantes, ils sont dès lors attrayants pour les femelles, et par conséquent laissent une progéniture plus nombreuse que la moyenne. L'expérience et l'observation ont montré que cette espèce de sélection sexuelle s'exerce effectivement; or les lois de l'hérédité amènent nécessairement le développement ultérieur de toute particularité individuelle attrayante; ainsi la splendeur des oiseaux-mouches est en relation directe avec leur existence même. Il peut être indifférent qu'une aigrette ait la couleur de la topaze ou celle du saphir, mais une aigrette quelconque vaut peut-être mieux que pas d'aigrette du tout. Les diverses conditions auxquelles la forme mère doit avoir été soumise dans les différentes régions de son habitat, auront déterminé des variations de teintes dont quelques-unes étaient avantageuses. La raison pour laquelle les femelles ne sont pas ornées de plumes aussi brillantes que les mâles est suffisamment claire, l'éclat leur serait nuisible en les rendant trop apparentes pendant l'incubation ; la survivance des plus aptes a donc favorisé l'apparition de cette teinte vert foncé qu'on voit sur le dos d'un si grand nombre d'oiseaux-mouches femelles, et qui les protégent le mieux pendant qu'elles accomplissent les importantes fonctions de couver et d'élever les petits.

Si l'on a présentes à l'esprit les lois dont l'action continue régit la multiplication des êtres, la variation et la survivance des plus aptes, le développement de la beauté variée et l'adaptation harmonieuse aux conditions extérieures paraissent des résultats, non-seulement concevables, mais nécessaires.

L'opinion que je combats dans ce moment n'a d'autre base qu'une analogie supposée entre l'esprit du Créateur et le nôtre, en ce qui concerne le goût du beau en lui-même ; mais si cette analogie existe véritablement, alors il ne doit y avoir dans la nature aucun objet qui soit laid ou désagréable à nos yeux : or il est indubitable qu'il y en a un grand nombre. S'il est certain que le cheval et le daim sont beaux et gracieux, en revanche l'éléphant, l'hippopotame, le rhinocéros et le chameau sont l'inverse. Le plus grand nombre des singes ne sont pas beaux ; la plupart des oiseaux n'ont pas de belles couleurs, et un grand nombre d'insectes et de reptiles sont positivement laids. Or, d'où peut venir cette laideur, si l'esprit du Créateur est semblable au nôtre? Lorsque le principe qui a servi à expliquer une moitié de la création se trouve être inapplicable à l'autre, on ne se tirera pas d'affaire en disant que « c'est là un mystère inexplicable. » Nous savons qu'un homme doué d'un goût élevé et possédant une richesse illimitée, supprime dans tout ce qui dépend de lui les formes et les couleurs disgracieuses et désagréables; si l'on veut expliquer la beauté de la création par le goût du beau chez le Créateur, nous demandons pourquoi il n'en a pas banni la laideur, comme l'homme riche et éclairé la bannit de sa maison et de sa propriété, et, si nous ne recevons aucune réponse satisfaisante, nous aurons raison de rejeter l'explication qu'on nous offre. Quand il s'agit des fleurs, auxquelles on se réfère toujours spécialement comme prouvant de la manière la plus certaine que le Créateur a voulu le beau en lui-même, on ne tient pas compte de tous les faits. La moitié au moins des plantes de notre globe n'ont pas de fleurs brillantes ou belles, et M. Darwin est récemment arrivé à cette conclusion générale remarquable, que les fleurs sont devenues belles, dans le but unique d'attirer les insectes qui aident à leur fécondation. Il ajoute: « J'ai été amené à cette conclusion, en constatant, comme règle invariable, que, lorsqu'une fleur est fécondée par le vent, elle n'a jamais une corolle de couleur vive. » Voilà un exemple étonnant et le plus inattendu de l'*utilité* de la beauté, mais il y a plus : il est prouvé que, lorsque la beauté est inutile à la plante, elle ne lui est pas donnée; on ne peut pas la supposer nuisible, elle est simplement superflue, et, comme telle, refusée. On devrait nous dire comment ce fait peut se concilier avec l'opinion que le beau a été un *but en lui-même* et a été donné *intentionnellement* aux objets de la nature.

### De quelle façon les formes nouvelles sont produites par la variation et la sélection.

Considérons maintenant une autre objection populaire, que le duc d'Argyll énonce comme il suit : « M. Darwin ne prétend pas avoir découvert la loi ou « la règle suivant laquelle les formes nouvelles sont « sorties des anciennes. Il ne dit pas que les conditions « extérieures, quelles que soient leurs modifications, « puissent suffire à les expliquer... Sa théorie paraît « être beaucoup plus qu'une simple théorie : elle pa- « raît une vérité scientifique établie, en tant qu'elle « explique, au moins en partie, la réussite, la durée et « l'extension des formes nouvelles, *lorsqu'elles ont une* « *fois pris naissance*, mais elle ne dit absolument rien « de la loi suivant laquelle ces formes auraient pris « naissance. La sélection naturelle ne peut rien faire, « si ce n'est avec les matériaux qui lui sont présentés ; « elle ne peut s'exercer que parmi des objets divers « déjà existants... Ainsi, pour parler exactement, ce « n'est point une théorie sur l'origine des espèces, mais « seulement une théorie des causes qui amènent, ou le « succès ou l'extinction des formes nouvelles qui peu-

« vent se produire dans le monde. » (*Reign of law.* p. 230.)

Dans ce passage, comme dans beaucoup d'autres, le duc d'Argyll émet la théorie de la « création par naissance, » il affirme que, pour faire naître chaque forme nouvelle de parents différents d'elle, il a fallu une intervention spéciale du Créateur, dans le but d'imprimer au développement une direction définie ; chaque nouvelle espèce serait donc en fait une création spéciale, quoique son existence ait commencé selon les lois ordinaires de la reproduction. Il affirme ainsi que les lois de la multiplication et de la variation ne peuvent fournir à l'action de la sélection naturelle les matériaux nécessaires au moment nécessaire. Je crois, pour ma part, que l'on peut *prouver* le contraire logiquement en le déduisant des six lois évidentes énoncées plus haut, mais j'aime mieux faire la preuve au moyen des *faits* très-nombreux qui établissent que les lois de la multiplication et de la variation suffisent à ce résultat.

L'expérience de tous les cultivateurs et de tous les éleveurs montre que si l'on examine un nombre suffisant d'individus, on est sûr d'y rencontrer toutes les variations cherchées. De là la possibilité d'obtenir des races et des variétés fixes d'animaux et de plantes, et il se trouve qu'une variation quelconque peut être accumulée par sélection, sans que cela affecte matériellement les autres caractères de l'espèce. Chaque génération *paraît* ne varier que dans la direction voulue ; par exemple, dans les navets, les radis, les pommes de terre et les carottes, les racines ou tubercules varient de grandeur, de couleur, de forme et de saveur, tandis que la feuille et la fleur semblent rester presque stationnaires; au contraire dans le chou et la laitue, on peut modifier la forme et le mode de croissance du feuillage, sans altérer sensiblement la racine, la fleur ni le fruit. Dans le chou-fleur et le brocoli, les têtes varient; dans les pois, la cosse seule change. Nous obtenons des formes innombrables de pommes et de poires, tandis que les fleurs et les feuilles des arbres restent tout à fait les mêmes. La même chose a lieu pour les groseilles de nos jardins. Mais aussitôt que, dans ce même genre, nous voulons une fleur nouvelle, nous l'obtenons dans le *Ribes sanguineum*, bien que des siècles de culture n'aient produit aucune différence positive dans les fleurs du *Ribes grossularia*. Que la mode demande un changement quelconque dans la forme, la grandeur ou la couleur d'une fleur, l'on est sûr qu'il se présente une variation suffisante dans la direction voulue, ce que nous voyons, par exemple, dans les roses, les auricules, les géraniums. Il en est de même lorsque le feuillage d'ornement est en vogue, comme ç'a été le cas récemment; nous avons des pelargoniums à feuilles zonées et du lierre panaché, et l'on découvre qu'une quantité de nos arbustes les plus communs et de nos plantes herbacées se sont précisément mis à varier dans cette direction alors que cela nous convenait! Cette variation rapide n'a pas seulement lieu chez les plantes anciennes et connues, cultivées durant une longue suite de générations, mais le rhododendron de Sikim, les fuchsias et les calcéolaires des Andes, ainsi que les pelargoniums du Cap, sont tout aussi accommodants, et varient précisément où, quand, et comment nous le voulons.

Les animaux nous offrent des exemples également frappants. Si nous désirons une qualité spéciale dans une espèce, nous n'avons qu'à en élever un nombre suffisant d'individus en les surveillant attentivement, et nous sommes certains d'y rencontrer la variation voulue qui est susceptible de presque tout le développement qu'on pourra désirer. Dans le mouton, nous obtenons la viande, la graisse et la laine ; dans la vache, le lait ; dans le cheval, la grandeur, la couleur, la force et la vitesse ; dans la volaille, nous avons produit presque toutes les variétés de couleur, de curieuses modifications dans le plumage, et la capacité de pondre en toute saison. Le pigeon nous offre une preuve encore plus remarquable de l'universalité de la variation, car le caprice des éleveurs s'est tour à tour porté sur chacune des parties de cet oiseau, et la variation requise ne leur a jamais manqué. La grandeur et la forme du bec et des pattes ont subi des modifications qui, chez l'oiseau sauvage, caractérisent des genres distincts ; on a augmenté le nombre des plumes de la queue, caractère qui est en général très-permanent et d'une grande importance pour la classification des oiseaux ; on a aussi changé à un degré merveilleux, la taille, la couleur et les mœurs de l'animal. Chez le chien, le degré de modification et la facilité avec laquelle elle s'effectue, sont presque aussi apparents. Quelles variations constantes, et cela dans des directions opposées, n'a-t-il pas fallu pour tirer d'une souche commune le barbet et le lévrier! Les instincts, les mœurs, l'intelligence, la taille, la vitesse, la forme et la couleur ont toujours varié, de façon à produire précisément les races dont l'homme avait besoin, ou que sa fantaisie ou sa passion lui faisaient désirer. Qu'il ait voulu un boule-dogue pour torturer un autre animal, un lévrier pour la chasse, un limier pour poursuivre ses semblables opprimés, les variations nécessaires ont toujours surgi.

Les faits nombreux, dont nous venons de faire une esquisse rapide, sont parfaitement expliqués par la loi de la variation énoncée au commencement de cet essai. La variabilité universelle, dont les effets sont petits, mais se produisent dans toutes les directions, et qui oscille sans cesse autour d'une moyenne jusqu'à ce qu'une marche précise lui soit imprimée par la sélection naturelle ou artificielle, telle est la base simple de la modification indéfinie des formes vitales; l'homme produit des modifications partielles, mal équilibrées et par conséquent instables, tandis que celles qui sont dues à l'action libre des lois naturelles, se mettent à chaque pas en harmonie avec les conditions externes par l'extinction de toutes les formes mal adaptées, et sont à cause de cela stables et comparativement permanentes. Pour être conséquents avec eux-mêmes, nos adversaires doivent affirmer que chacune des variations qui ont rendu possibles les changements produits par l'homme, a été déterminée à l'endroit et au moment nécessaire, par la volonté du Créateur. Toutes les races produites par l'horticulteur ou l'éleveur, par l'amateur de chiens ou de pigeons, par le preneur de rats, par le sportsman ou le chasseur d'esclaves, ont été créées au moyen de variétés qui se présentaient quand on en avait besoin; or ces variétés n'ont jamais fait défaut, il s'ensuivrait donc, que l'Être tout-puissant et tout sage aurait donné sa sanction à des choses que les esprits humains les plus élevés considèrent comme mesquines, triviales, ou dégradantes.

Ainsi me paraît complétement réfutée la théorie d'après laquelle toute variation assez caractérisée pour qu'on puisse l'augmenter dans une direction donnée, résulte d'une action directe de l'Esprit créateur, théorie que, du reste, son inutilité absolue suffirait à condamner. La facilité avec laquelle l'homme obtient des races nouvelles, dépend principalement du nombre des individus entre lesquels il peut choisir; lorsque des centaines d'horticulteurs ou d'éleveurs poursuivent tous le même but, le travail de modification s'effectue rapidement; or, une race commune à l'état de nature, renferme mille fois ou un million de fois plus d'individus qu'une race domestique, et la survivance des plus aptes doit infailliblement préserver tous ceux qui varient dans la bonne direction, que ce soit dans les caractères les plus apparents ou dans de petits détails, dans des organes externes ou internes; par conséquent, si les matériaux suffisent à la sélection effectuée par l'homme, ils ne sauraient manquer pour accomplir la grande tâche de maintenir en nombre suffisant des organismes modifiés, parfaitement adaptés aux conditions toujours variables du monde inorganique.

### De l'objection basée sur les limites de la variabilité.

Je crois avoir impartialement répondu aux principales objections du duc d'Argyll, et je vais prendre en considération une ou deux de celles qui sont présentées dans un travail sérieux et raisonné, sur l'origine des espèces, inséré dans la *North-British Review* en juillet 1867. L'auteur cherche d'abord à prouver que la variation est renfermée dans des limites strictes. Lorsque nous commençons à exercer la sélection dans un certain but, la marche de la modification est comparativement rapide, mais lorsqu'elle a atteint un degré considérable, elle se ralentit de plus en plus, et finit par atteindre ses limites, qu'aucun soin dans l'éducation et la sélection ne peut lui faire dépasser. On cite comme exemple le cheval de course ; il est admis que, étant donné pour commencer un certain nombre de chevaux ordinaires, une sélection attentive produirait en quelques années une grande amélioration, et que dans un temps relativement court on pourrait atteindre le type de nos meilleurs coureurs ; mais ce type lui-même n'a pas été perfectionné depuis bien des années, malgré les trésors d'argent et de travail qu'on y a consacrés. On voit dans ce fait la preuve que la variation, dans une direction quelconque, a ses bornes définies, et que nous n'avons aucune raison de croire qu'il n'en fût pas de même pour la sélection naturelle, malgré le temps illimité dont elle dispose. Mais l'auteur ne s'aperçoit pas que cet argument ne répond pas à la véritable question. Il ne s'agit pas, en effet, de savoir si un changement indéfini ou illimité est possible dans une ou dans toute direction, mais bien si les différences que l'on observe dans la nature peuvent avoir été produites par des variations accumulées par sélection. En ce qui concerne la vitesse les animaux terrestres sauvages ne dépassent pas un certain point; tous les plus rapides, le daim, l'antilope, le lièvre, le renard, le lion, le léopard, le cheval, le zèbre et beaucoup d'autres, ont atteint presque le même degré, et rien n'indique qu'ils fassent aucun progrès dans ce sens, quoique depuis des siècles chacune de ces espèces ait dû voir se conserver les individus les plus rapides, et périr les plus lents; ils sont depuis longtemps arrivés au maximum de vitesse compatible avec les conditions actuelles, et peut-être avec toutes les conditions terrestres imaginables. Mais, dans les espèces qui étaient restées beaucoup plus en arrière de leurs limites que le cheval, nous avons réussi à obtenir un progrès plus marqué, et à modifier leur forme d'une manière plus sensible. Le chien sauvage est un animal qui chasse beaucoup en société, et compte plus sur sa vigueur que sur sa vitesse : l'homme a produit le lévrier, qui diffère beaucoup plus du loup ou du dingo que le cheval de course du cheval arabe sauvage; en outre, les chiens domestiques présentent plus de variations de grandeur et de forme que la famille entière des Canidés à l'état de nature. Aucun loup, aucun renard, aucun chien sauvage, n'est aussi petit que nos plus petits terriers ou épagneuls, ni aussi grand que les plus grandes variétés du lévrier ou du terre-neuve, et certainement, parmi les individus sauvages de cette famille, il n'y en a pas deux qui diffèrent autant dans la forme et les proportions que le bichon et le lévrier italien, ou le boule-dogue et le lévrier commun. Par conséquent, l'étendue connue de la variation est plus que suffisante pour faire dériver d'un ancêtre commun, toutes les formes de chiens, de loups et de renards.

On objecte encore que l'on ne peut développer davantage les caractères spéciaux du pigeon grosse-gorge ou du pigeon-paon ; dans ces oiseaux la variation semble avoir atteint ses bornes. Mais elle les a aussi atteintes dans la nature : la queue du pigeon-paon n'a pas seulement un plus grand nombre de plumes qu'aucune des trois cent quarante espèces de pigeons connues, mais plus que les huit mille espèces d'oiseaux connues. Il y a nécessairement une limite au nombre de plumes que peut avoir une queue utile au vol, et on y est probablement arrivé chez le pigeon-paon. Beaucoup d'oiseaux ont l'œsophage ou la peau du cou plus ou moins dilatable, mais elle ne l'est chez aucun oiseau connu autant que chez le grosse-gorge ; ici encore on a probablement obtenu le maximum compatible avec une existence saine. De la même façon, les différences de grandeur et de forme du bec parmi les différentes races de pigeons domestiques, sont plus grandes que celles qu'on observe entre les formes extrêmes du bec chez les différents genres et sous-familles du groupe entier des pigeons.

De ces faits, et de beaucoup d'autres analogues, nous sommes en droit de conclure que, si l'on appliquait à un organe une sélection sévère, nous pourrions, dans un temps relativement court, produire des différences beaucoup plus grandes que celles qui existent entre les espèces à l'état de nature, puisque celles que nous obtenons sont souvent comparables à celles qui distinguent les genres ou les familles. Ainsi, les faits présentés par l'auteur de l'article auquel nous avons fait allusion, concernant les limites définies de la variabilité dans les animaux domestiques, ne sont pas en contradiction avec la théorie d'après laquelle toutes les modifications qui existent dans la nature, sont le résultat de variations faibles et utiles accumulées par la sélection naturelle. En effet, ces modifications mêmes ont des limites également définies et très-semblables.

### Objection à l'argument que nous tirons de la classification.

Le même auteur présente une autre objection à laquelle il est à peine nécessaire de répliquer. S'appuyant sur les calculs du professeur Thompson, d'après lesquels le soleil ne peut avoir existé à l'état solide plus de cinq cents millions d'années, il en conclut qu'il ne s'est pas écoulé un *temps* suffisant pour le développement très-lent de tous les organismes vivants. Quand même ces calculs pourraient prétendre à une exactitude approximative, on ne saurait affirmer sérieusement que cette période n'a pas pu suffire au travail des modifications et du développement organiques. Mais une autre objection de notre adversaire est plus plausible, c'est celle qu'il oppose aux déductions que nous tirons de la classification. L'incertitude qui règne parmi les naturalistes quant à la distinction de l'espèce et de la variété, est aux yeux de M. Darwin un motif très-sérieux pour affirmer que ces deux termes ne peuvent pas s'appliquer à des choses dont la nature et l'origine différeraient complétement. L'écrivain de la *North-British Review* conteste la valeur de ce raisonnement, parce que les œuvres de l'homme présentent exactement le même phénomène, et il donne comme exemples les inventions brevetées, pour lesquelles il est très-difficile de déterminer si elles sont nouvelles ou anciennes. J'accepte la comparaison, bien qu'elle soit très-imparfaite, et je dis qu'elle est tout en faveur des opinions de M. Darwin. En effet, les inventions de même nature ne se rattachent-elles pas toutes à un *ancêtre* commun, une machine à vapeur ou une horloge perfectionnée ne sont-elles pas les descendants directs d'une ancienne machine ou d'une ancienne horloge ? Y a-t-il dans l'art et la science, plus que dans la nature, des créations nouvelles? A-t-on jamais vu surgir une invention absolument originale, et dont aucune portion ne fût dérivée d'un objet déjà fabriqué ou décrit? Il est donc évident que la difficulté que l'on trouve à distinguer les différentes catégories d'inventions soi-disant nouvelles, est de même nature que celle qu'on trouve à discerner les espèces des variétés : ni les unes ni les autres ne sont des créations absolument nouvelles, mais toutes proviennent également de formes préexistantes, dont elles diffèrent, comme elles diffèrent aussi entre elles, à des degrés variables et souvent imperceptibles. Ainsi, quelque plausibles que puissent paraître les objections de cet auteur, aussitôt qu'il sort des généralités pour entrer dans les détails, ses arguments se trouvent en réalité confirmer d'une manière frappante les opinions de M. Darwin.

### Article du *Times*, traitant de la sélection naturelle.

Un article qui a paru dans le *Times* sur le « Règne de la Loi », montre bien quelles notions erronées règnent chez les critiques et les auteurs populaires sur le sujet qui nous occupe.

Parlant d'une prétendue économie, qu'on remarquerait dans les procédés que la nature emploie pour adapter chaque espèce à la place qu'elle occupe et à son usage spécial, l'auteur s'exprime ainsi : « La loi de la sé-« lection naturelle est en antagonisme direct avec cette « loi universelle de la plus grande économie possible, « car elle implique, au contraire, la plus grande perte « possible de temps et de puissance créatrice. Si nous « supposons qu'un canard, aux pieds palmés et au bec « spatulé, se nourrissant par succion, devienne une « mouette aux pieds palmés et au bec tranchant, se « nourrissant de viande, et que nous voulions nous re-« présenter cette transition aussi lente et aussi labo-« rieuse que possible, nous n'avons qu'à la concevoir « comme produite par la sélection naturelle. Dans la « lutte pour l'existence que devront soutenir les ca-

« nards, le péril augmentera sans cesse, à mesure que « par le changement de leur bec ils s'éloigneront de leur « première forme ; et il atteindra son *maximum*, au « moment où ils commenceront à être des mouettes. Il « faudra que plusieurs siècles s'écoulent, que des géné- « rations entières soient créées et périssent, pour que, « par le sacrifice d'innombrables individus d'une es- « pèce, il se produise un seul couple de l'autre. »

Ce passage présente la théorie de la sélection naturelle sous un jour si absurdement faux, que l'on serait tenté d'en rire, si l'on oubliait qu'un pareil enseignement, répandu par un journal aussi populaire, est de nature à égarer les esprits. Il semble reposer sur l'idée que le canard et la mouette sont des parties essentielles de la nature, l'un et l'autre bien conformé pour la place qu'il occupe, et que si l'un était dérivé de l'autre par une métamorphose graduelle, les formes intermédiaires auraient été inutiles, insignifiantes, et n'auraient eu aucune raison d'être dans le système de l'univers. Or cette manière de voir ne peut exister que dans l'esprit d'un homme qui ne comprend point la théorie de la sélection naturelle, car celle-ci a pour base et pour premier principe la conservation des variations *utiles* seules, ou, comme on l'a exprimé avec justesse, la survivance des plus aptes. Les formes intermédiaires qui auraient pu se produire, pendant la transition du canard à la mouette, n'auraient point eu à subir une lutte pour l'existence extraordinairement difficile, et n'auraient point couru un « maximum de danger » ; bien au contraire, chacune d'elles aurait été aussi exactement en harmonie avec le reste de la nature, et aussi bien conformée pour prolonger son existence, que le sont aujourd'hui le canard et la mouette ; sinon, elles n'auraient jamais été produites par la sélection naturelle.

### Que les formes intermédiaires et douteuses des animaux éteints sont une preuve de transmutation ou de développement.

L'erreur que nous venons de signaler met en lumière un autre point souvent négligé et qui est très-important dans la théorie de M. Darwin; c'est qu'aucune forme actuelle ne dérive d'une autre encore existante, mais que l'une et l'autre descendent d'un ancêtre commun, différent de toutes deux, mais dans ses caractères essentiels, intermédiaire entre elles. L'exemple du canard et de la mouette est par conséquent mal choisi, car l'un de ces oiseaux n'est pas dérivé de l'autre, mais tous deux le sont d'un ancêtre commun. Ce n'est point là une simple supposition, imaginée pour appuyer la théorie de la sélection naturelle, c'est un principe basé sur un certain nombre de faits incontestables. Si nous remontons dans le passé, nous rencontrons les restes fossiles d'un nombre toujours plus grand de races aujourd'hui éteintes, et nous voyons que beaucoup d'entre elles étaient intermédiaires entre des groupes d'animaux actuels. Le professeur Owen insiste souvent sur ce fait : il dit dans sa Paléontologie, p. 284 : « Les « reptiles éteints nous offrent l'exemple d'un orga- « nisme vertébré moins spécialisé, dans les affinités des

« Ganocéphales, dès Labyrinthodontes, et des Ichthyo-
« ptérygiens avec les poissons ganoïdes; dans celles des
« Ptérosauriens avec les oiseaux, et dans les rapports
« qui existent entre les mammifères et les Dinosau-
« riens. (Le professeur Huxley a récemment montré
« que ceux-ci ont plus d'affinité avec les oiseaux.) Nous
« en avons un autre exemple dans les Cryptodontes et
« les Dicnyodontes, qui réunissent les caractères des
« chéloniens, des lacertiens et des crocodiliens, et
« dans les Thécodontes et les Sauroptérygiens, qui
« combinent ceux du crocodile et du lézard. » Dans le même ouvrage, M. Owen dit encore que « l'Ano-
« plotherium ressemblait, dans plusieurs caractères
« importants, à l'embryon des ruminants, et qu'il con-
« serva toute sa vie ses analogies avec un type mammi-
« fère imparfait ; » il nous assure qu'il n'a « jamais
« négligé aucune occasion favorable pour insister sur
« les observations qui montrent des organisations moins
« spécialisées chez les races éteintes que chez les races
« actuelles. »

Les paléontologistes modernes ont découvert des centaines d'exemples de ces types primitifs moins spécialisés. Du temps de Cuvier, les ruminants et les pachydermes étaient considérés comme deux des ordres les plus distincts du règne animal, mais il est maintenant prouvé qu'il a existé une fois un certain nombre de genres et d'espèces qui relient par des degrés presque imperceptibles des animaux aussi différents que le porc et le chameau. Parmi les quadrupèdes actuels, nous ne pouvons guère trouver de groupe plus isolé que le genre Equus, qui comprend le cheval, l'âne et le zèbre; mais beaucoup d'espèces de Paleoplotherium, de Hippotherium, et de Hipparion, ainsi que de nombreuses formes éteintes d'Equus qu'on trouve dans l'Inde, l'Amérique et l'Europe, établissent une transition presque complète avec l'Anoplotherium et le Paleotherium éocènes, qui sont aussi les types primitifs ou élémentaires du tapir et du rhinocéros. Nous devons aux recherches récentes de M. Gaudry en Grèce, beaucoup de faits analogues. Il a découvert, dans les couches miocènes de Pikermi, le groupe des Simocyonides, intermédiaire entre les ours et les loups, le genre Hyœnictis, qui relie la hyène avec la civette, l'Ancylotherium, qui est à la fois allié aux mastodontes éteints et au pangolin actuel, et enfin l'Helladotherium, qui relie la girafe, aujourd'hui isolée, avec le daim et l'antilope. L'Archegosaurus des terrains de houille, est un type intermédiaire entre les reptiles et les poissons; le Labyrinthodon, du trias, réunissait les caractères des batraciens avec ceux des crocodiles, des lézards et des poissons ganoïdes. Les oiseaux même, qui paraissent être de toutes les formes vivantes la plus isolée, et celle qu'on trouve le plus rarement à l'état fossile, présentent des affinités incontestables avec les reptiles. L'Archeopteryx oolithique, avec sa queue allongée couverte de plumes de chaque côté, constitue l'un des anneaux de la chaîne rapprochés des oiseaux; enfin le professeur Huxley a montré que le groupe entier des Dinosauriens a des affinités remarquables avec les oiseaux, et qu'entre autres, le Compsognathus se rapproche plus de leur organisation, que l'Archeopteryx de celle des reptiles.

Nous trouvons des faits analogues dans d'autres classes d'animaux, et nous avons à ce sujet l'autorité d'un paléontologiste distingué, M. Barande, d'après laquelle M. Darwin affirme que, bien qu'on puisse certainement faire rentrer dans les groupes existants les invertébrés paléozoïques, cependant à cette époque reculée, les groupes n'étaient pas aussi distincts qu'ils le sont aujourd'hui ; M. Scudder nous apprend que quelques-uns des insectes fossiles découverts dans les terrains de houille en Amérique, présentent des caractères intermédiaires entre ceux des ordres actuels. En outre, M. Agassiz insiste fortement sur la ressemblance des animaux anciens avec les formes embryonnaires des espèces existantes ; mais, comme on sait que les embryons de groupes distincts se ressemblent entre eux plus que les individus adultes (il est même impossible de les distinguer à un âge très-peu avancé), cela revient à dire que les animaux anciens nous offrent exactement les formes qu'ont dû avoir, d'après la théorie de Darwin, les ancêtres des animaux actuels ; et cela, il faut le remarquer, dérive de faits admis par l'un des adversaires les plus importants de la théorie de la sélection naturelle.

## Conclusion.

J'ai essayé de répondre impartialement et clairement à quelques-unes des objections qu'on oppose le plus communément à la théorie de la sélection naturelle, et je l'ai toujours fait en m'appuyant sur des phénomènes certains et sur les déductions logiques qu'on peut en tirer.

Afin de rendre claire par un résumé général la suite des raisonnements que j'ai employés, je vais donner dans un tableau une démonstration abrégée de l'origine des espèces par la sélection naturelle. Pour ce qui est des faits, je renvoie le lecteur, soit aux ouvrages de M. Darwin, soit aux pages de ce volume où ils sont plus ou moins complétement exposés.

## DÉMONSTRATION DE L'ORIGINE DES ESPÈCES PAR LA SÉLECTION NATURELLE.

| FAITS PROUVÉS. | CONSÉQUENCES NÉCESSAIRES dont chacune devient à son tour un fait privé. |
|---|---|
| I | |
| A. *Accroissement rapide des organismes* (pages 30, 276). Origine des Espèces, 5e édit., p. 75.<br>B. *Le nombre des individus reste stationnaire* (pages 32, 277). | *Lutte pour l'existence.* La moyenne des morts étant égale à celle des naissances (Voy. *Origine des espèces*, ch. III). |
| II | |
| A. *Lutte pour l'existence.*<br>B. *Hérédité combinée avec la variation*, c'est-à-dire, ressemblance générale entre les parents et leur progéniture, combinée avec des différences individuelles (pages 277, 300, 303, 323).<br>Voyez *Origines des Espèces*, chap. I, II et V. | *Survivance des plus aptes*, soit, sélection naturelle, ce qui signifie simplement, qu'en somme, ceux qui sont le moins propres à conserver leur existence, périssent.<br>*Origine des espèces*, ch. IV. |

III

A. *Survivance des plus aptes.*

B. *Modifications des conditions externes:* elles sont universelles et incessantes.

Voyez Lyell, *Principes de Géologie.*

*Modifications des formes organiques ;* ayant pour but de les maintenir en harmonie avec les conditions externes modifiées ; les changements que subissent celles-ci sont *permanents,* en ce sens qu'elles ne deviennent jamais identiques à ce qu'elles ont été ; ceux des formes organiques doivent donc être permanents dans le même sens du terme, et c'est ainsi que se forme l'*espèce.*

## IX

## LE DÉVELOPPEMENT DES RACES HUMAINES D'APRÈS LA LOI DE LA SÉLECTION NATURELLE.

Parmi les savants qui ont porté le plus loin l'étude de l'homme, il existe une grande différence d'opinion sur quelques questions très-essentielles concernant son origine et sa nature. Les anthropologistes sont maintenant à la vérité à peu près d'accord sur ce point, que l'apparition de l'homme sur la terre n'est pas récente; elle doit remonter, d'après l'opinion de tous ceux qui ont étudié la question, à une très-haute antiquité. Nous avons, il est vrai, constaté avec une certaine exactitude, le *minimum* de temps pendant lequel il *doit* avoir existé ; mais nous n'avons fait encore aucun pas vers la détermination de la période beaucoup plus longue durant laquelle l'homme *peut avoir* existé, et *a probablement* existé. Nous pouvons affirmer avec une certitude suffisante qu'il doit avoir habité la terre il y a mille siècles ; mais nous ne sommes point certains et nous n'avons même aucune preuve positive, qu'il n'ait pas vécu il y a dix mille siècles. Nous savons à n'en pas douter que l'homme fut contemporain de beaucoup d'animaux aujourd'hui disparus, et qu'il a survécu à des changements géologiques qui furent cinquante ou cent fois plus considérables qu'aucun de ceux de l'époque historique ; mais nous ne pouvons assigner aucune limite précise au nombre des espèces auxquelles il a peut-être survécu, ou aux révolutions géologiques dont il peut avoir été témoin.

### Divergence des opinions concernant l'origine de l'homme.

Les opinions sont donc assez unanimes sur cette question de l'antiquité de l'homme, et, si certains points sont, de l'aveu de tous, encore douteux, chacun attend avec impatience que des preuves nouvelles viennent les éclaircir ; par contre, d'autres questions qui ne sont pas moins obscures et difficiles, sont souvent tranchées avec un esprit très-dogmatique : on avance des doctrines comme des vérités établies sur lesquelles on n'admet ni doute ni hésitation, et l'on paraît supposer que la preuve est complète, qu'aucun fait nouveau ne saurait jamais modifier nos convictions. C'est particulièrement le cas lorsqu'il s'agit de l'unité de l'espèce humaine. Est-ce que les différentes formes sous lesquelles l'homme existe aujourd'hui sont primitives, ou bien sont-elles dérivées de formes préexistantes ? En d'autres termes, est-ce que l'homme constitue une espèce ou plusieurs ? A cette question on fait des réponses distinctes et diamétralement opposées l'une à l'autre. Un parti affirme que l'homme constitue une *espèce* et essentiellement *une seule*, que toutes les différences observées ne sont que des variations locales et temporaires, produites par les conditions physiques et morales qui l'entourent; l'autre parti maintient avec la même assurance que l'homme est un genre, composé lui-même de *plusieurs espèces*, dont chacune est invariable, et a toujours été aussi distincte ou même plus distincte que nous ne la voyons aujourd'hui. Cette divergence d'opinion est assez remarquable, car les deux partis sont bien au courant du sujet; tous deux s'appuient sur un grand nombre de faits; tous deux rejettent ces anciennes traditions de l'humanité qui prétendent rendre compte de son origine, et tous deux affirment n'avoir d'autre but que la recherche courageuse de la vérité. Mais chacun persiste à ne regarder que la portion de vérité qui se trouve de son côté et l'erreur qui est mêlée à la doctrine opposée. Je désire montrer comment ces deux théories peuvent se combiner, de façon à éliminer l'erreur de chacune d'elles, en retenant ce qu'elle a de vrai; c'est au moyen de la célèbre théorie de M. Darwin sur la sélection naturelle, que j'espère y parvenir, conciliant ainsi les opinions contradictoires des anthropologistes modernes.

Examinons d'abord les arguments que présente chacun des partis.

Les partisans de l'unité de la race humaine font observer qu'il n'existe aucune race qui ne soit reliée aux autres par des transitions : chacune présente dans la couleur, les cheveux, les traits, la forme, des variations assez considérables pour combler la distance qui la sépare des autres. Aucune race, dit-on, n'est homogène ; il existe toujours une tendance à varier : le climat, la nourriture, les habitudes produisent et rendent permanentes des particularités physiques; et celles-ci, bien que faibles dans les périodes limitées soumises à notre observation, doivent, pendant la longue durée de l'existence de l'homme, avoir suffi pour produire toutes les différences que nous voyons aujourd'hui. D'ailleurs, ajoute-t-on, les partisans de la théorie opposée ne sont pas d'accord entre eux; les uns reconnaissent trois espèces d'hommes; d'autres en admettent cinq; d'autres encore cinquante ou cent cinquante; les uns pensent que chaque espèce fut créée par couples, tandis que d'autres veulent que les nations aient apparu d'un seul coup; il n'y a donc de stabilité et de conséquence dans aucune théorie, sauf celle d'une seule souche primitive.

D'autre part, les défenseurs de l'opinion contraire ont beaucoup d'arguments en leur faveur. Nous n'avons aucune preuve, disent-ils, que la race humaine ait subi des changements importants, les seules modifications dont nous soyons certains, sont insignifiantes; au contraire, la permanence de la race est attestée par des faits nombreux. Les Portugais et les Espagnols, établis depuis deux ou trois siècles dans l'Amérique du Sud, conservent leurs principaux caractères physiques, intellectuels et moraux; les Boers hollandais au Cap, et, aux Moluques, les descendants des anciens colons hollandais, n'ont point perdu les traits et la couleur des races germaniques; les Juifs, dispersés dans toutes les régions de la terre, ont encore partout le même type caractéristique; nous voyons par les sculptures et les peintures de l'Égypte que, pendant au moins quatre à cinq mille ans, les traits différents du Nègre et du Sémite n'ont subi aucun changement; enfin des découvertes récentes prouvent que les constructeurs des tumulus de la vallée du Mississipi et les habitants des montagnes du Brésil avaient, même à l'enfance de notre espèce, quelques traces du même type particulier qui aujourd'hui encore distingue la conformation de leur crâne.

Si nous voulons trancher impartialement cette controverse en ne jugeant que d'après les arguments avancés de part et d'autre, il est certain que la théorie de la diversité primitive de la race humaine semble la mieux établie. Ses adversaires n'ont point réussi à réfuter ce fait que les races existantes nous apparaissent permanentes aussi loin que nous pouvons remonter dans leur histoire, et ils n'ont point réussi non plus à faire voir qu'à une époque plus ancienne, les variétés bien tranchées actuellement aient été plus rapprochées qu'elles ne sont aujourd'hui.

Toutefois, ce n'est là qu'une preuve négative. L'immobilité pendant quatre ou cinq mille ans n'exclut point le progrès durant une période antérieure; elle ne le rend même pas improbable, s'il y a des arguments généraux pour l'admettre, et si nous pouvons montrer qu'il y a, dans la nature, des causes qui, lorsque certaines conditions sont remplies, doivent arrêter la marche de toute modification physique. Une telle cause existe, je le crois, je vais tâcher de faire voir quelle en est la nature et de quelle façon elle agit.

### Esquisse de la théorie de la Sélection naturelle.

Pour faire comprendre mon argument, il est nécessaire que j'expose en quelques mots la théorie de la Sélection naturelle que M. Darwin a publiée, et comment elle explique les modifications de formes que subissent les animaux et les plantes.

La multiplication des êtres organisés présente partout comme trait principal ce caractère, que la ressemblance générale exacte se combine avec plus ou moins de variation individuelle. L'enfant possède plus ou moins exactement les mêmes particularités que ses parents, leurs difformités comme leurs beautés; il leur ressemble en général plus qu'à aucun autre individu; cependant les enfants des mêmes parents ne sont pas tous semblables, et il arrive souvent qu'ils diffèrent considérablement, soit de leurs parents, soit les uns des autres. Cela est également vrai de l'homme, de tous les animaux et de toutes les plantes. De plus, on observe que ces différences n'ont pas lieu dans certains caractères seulement, tous les autres restant exactement semblables; bien au contraire, les individus diffèrent de leurs parents et entre eux dans tous les caractères, dans la forme, la grandeur et la couleur, dans la structure des organes internes ou externes, dans ces particularités subtiles dont dépend la constitution, aussi bien que dans celles encore plus insaisissables qui déterminent l'esprit et le caractère. En d'autres termes, les individus d'une même souche varient de toute façon dans tous leurs organes et dans leurs fonctions.

Ceci posé, la santé, la force, une vie longue, ont pour condition l'harmonie entre l'individu et l'univers qui l'entoure. Supposons qu'à un moment donné, cette harmonie soit complète : un certain animal est parfaitement conformé pour s'assurer de sa proie, pour échapper à ses ennemis, résister aux intempéries des saisons, et pour élever une descendance nombreuse et saine. Mais voici qu'un changement se produit. Il survient par exemple une série d'hivers rigoureux qui rend la nourriture plus rare, et cause une immigration d'autres animaux qui font concurrence à ceux du district. Le nouvel arrivé est rapide à la course, et surpasse ainsi ses rivaux dans la poursuite du butin; les nuits sont plus froides et exigent la protection d'une plus épaisse fourrure, ainsi qu'une alimentation plus riche pour maintenir la chaleur du corps. L'animal que nous supposions parfait a donc cessé d'être en harmonie avec le milieu où il vit, il court le risque de succomber au froid ou à la faim. Mais ses descendants ne sont pas tous identiques. Quelques-uns sont plus rapides que les autres : ils réussissent alors à se procurer une nourriture suffisante; d'autres sont plus robustes et doués d'une fourrure plus épaisse, et conservent ainsi leur chaleur durant les nuits froides. Les autres, plus lents, plus faibles, moins bien fourrés, s'éteignent bientôt.

Il en est ainsi successivement à chaque génération; c'est le cours naturel des choses, tellement inévitable qu'on ne saurait le concevoir différent : ceux qui sont le mieux conformés vivent, ceux qui le sont le moins bien meurent.

On dit quelquefois que nous n'avons aucune preuve directe de cette sélection dans la nature. Mais il me semble que nous en avons une plus universelle et par conséquent meilleure que ne le serait l'observation directe, c'est la nécessité même de la chose. En effet, puisque tous les animaux sauvages se multiplient suivant une progression géométrique, tandis que leur nombre réel reste stationnaire, il est clair qu'il en meurt annuellement autant qu'il en naît ; si donc nous nions la sélection naturelle, nous sommes forcés d'admettre que, dans un cas tel que nous l'avons supposé, les individus robustes, sains, rapides à la course, bien fourrés, bref bien organisés sous tous les rapports, ne possèdent aucun avantage, et qu'ils ne vivent pas en moyenne plus longtemps que ceux dont la conformation est moins bonne; or c'est là une assertion que ne soutiendra jamais un homme sain d'esprit.

Mais ce n'est pas tout; le rejeton ressemble en général à ses parents; ainsi les survivants de chaque génération seront plus forts, plus rapides, mieux fourrés que les précédents, et si ce développement se continue pendant des milliers de générations, l'harmonie sera redevenue parfaite entre l'animal et les conditions nouvelles auxquelles il est soumis. Mais ce sera alors un autre animal. Non-seulement il sera plus rapide et plus fort, mais il aura probablement changé de forme et de couleur, acquis peut-être une plus longue queue, ou des oreilles d'une forme différente, car on a constaté ce fait, que si une partie d'un animal subit une modification, d'autres parties changent également, comme s'il y avait entre elles une espèce de sympathie. C'est ce que M. Darwin appelle la corrélation de croissance, et il en donne comme exemples les chiens sans poils, dont les dents sont imparfaites, les chats blancs, qui sont sourds quand ils ont les yeux bleus, les pigeons à bec court dont les pattes sont petites, et d'autres cas également curieux.

Ainsi, admettant donc les prémisses suivantes : 1° Toute espèce de particularité est plus ou moins héréditaire; — 2° Les descendants de chaque animal varient plus ou moins dans toutes les parties de leur organisation; — 3° Le milieu, dans lequel vivent ces animaux, n'est pas absolument invariable; toutes propositions incontestables; considérant, en outre, que les animaux d'une contrée quelconque (ceux du moins qui ne sont pas en voie d'extinction) doivent à chaque période successive être mis en harmonie avec les conditions environnantes, nous avons tous les éléments d'un changement dans la forme et la structure des animaux, marchant d'accord avec les modifications quelconques du milieu ambiant. Ces changements, comme ceux qui se produisent dans le milieu, doivent nécessairement être très-lents, mais de même que ces derniers nous laissent apercevoir leur importance quand nous considérons leurs résultats après de longues périodes d'action, dans les révolutions géologiques par exemple, de même les modifications parallèles dans la vie animale deviennent de plus en plus frappantes en proportion de leur durée, comme nous le voyons en comparant les animaux aujourd'hui vivants avec ceux que nous exhumons des couches géologiques de plus en plus anciennes.

Telle est en peu de mots la théorie de la sélection naturelle, qui explique les changements du monde organique comme parallèles à ceux du monde inorganique et comme dépendant de ceux-ci dans une certaine mesure.

Nous devons voir maintenant si cette théorie peut s'appliquer à la question de l'origine des races humaines, ou s'il existe chez l'homme quelque chose qui le place en dehors de cette catégorie d'êtres organisés sur lesquels la sélection naturelle a exercé une si puissante influence.

### Différence des effets de la sélection naturelle sur les animaux et sur l'homme.

Pour étudier ces questions, nous devons d'abord rechercher pourquoi la sélection naturelle a une action si puissante sur les animaux. Nous trouverons, je crois, que cela tient à ce que l'individu, vivant isolé, est entièrement livré à ses propres ressources; une légère blessure, une courte maladie, amèneront souvent sa mort, simplement parce qu'il se trouvera à la merci de ses ennemis. Si un herbivore un peu malade n'a pas bien mangé pendant un ou deux jours, il sera inévitablement victime du premier carnassier qui attaquera le troupeau. De même, le moindre affaiblissement chez un carnassier l'empêche de poursuivre sa proie, et le fait mourir de faim. Il n'y a, en règle générale, aucune assistance mutuelle entre les adultes qui leur permette de traverser une période de maladie. Il n'y a non plus aucune division du travail, chacun doit remplir *toutes* les conditions de l'existence, et par conséquent la sélection naturelle maintient tous les individus à un niveau à peu près égal.

Il en est tout autrement pour les hommes tels que nous les connaissons aujourd'hui, car la sociabilité et la sympathie les réunissent. Chez les tribus même les plus sauvages, on vient en aide aux malades, tout au moins en les nourrissant ; un individu moins robuste et moins vigoureux que la moyenne n'est pas pour cela condamné à mourir, non plus que celui dont les membres ou les organes sont faibles ou imparfaits. La division du travail existe à quelque degré : les plus agiles chassent, les plus faibles pêchent ou recueillent des fruits, ils échangent ou partagent leur nourriture. L'action de la sélection est par là entravée, et la mort n'atteint pas toujours, comme chez les animaux, les faibles, les petits, les moins alertes, ceux dont la vue est la moins perçante. A mesure que les qualités physiques perdent de leur importance, les qualités morales et mentales en acquièrent, et exercent une influence croissante sur le bien-être de la race. La capacité d'agir de concert pour pourvoir à la sécurité de tous et se procurer des aliments ou un abri, la sympathie qui fait tour à tour assister les uns par les autres, le sens du droit qui nous empêche de faire du tort à notre prochain, la diminution des penchants querelleurs et destructeurs, la répression des appétits actuels et la prévoyance intelligente de l'avenir, toutes ces choses ont dû, dès leur apparition, produire un grand bien dans la communauté et devenir par là même les objets de la sélection naturelle. Car il est évident que ces qualités ont dû concourir au bien-être de l'homme, le protéger contre ses ennemis du dehors, contre les dissensions intestines, contre les intempéries des saisons ou la famine, bien plus efficacement qu'aucune modification purement physique. Les tribus chez lesquelles ces avantages moraux prédominaient, ont dû, dans la lutte pour l'existence, vaincre celles qui en étaient moins douées, maintenir et augmenter leur nombre, tandis que les autres diminuaient et finissaient par disparaître.

Quand aussi des changements dans la géographie physique d'un pays ou dans le climat forcent un animal à changer sa nourriture, son vêtement ou ses armes, il ne peut le faire que par des modifications correspondantes dans sa propre organisation. S'il s'agit de capturer des proies plus considérables, comme il arrive, par exemple, si, par suite de la diminution des antilopes, un carnassier est obligé de s'attaquer à des buffles, ce ne seront que les plus forts qui pourront persister, les mieux pourvus de dents et de griffes pourront seuls combattre et vaincre ces grands animaux ; la sélection naturelle commence immédiatement à agir, et par son action ces organes se trouvent peu à peu appropriés à leur tâche nouvelle. Mais l'homme, dans un cas semblable, n'a pas besoin d'accroissement dans sa force, sa vitesse, ses ongles ou ses dents. Il se fait des lances plus acérées, un arc mieux construit, il établit des piéges adroits, ou réunit une troupe nombreuse de chasseurs pour circonvenir sa proie. Les facultés qui lui permettent de faire cela ont seules alors besoin d'accroissement, ce sont elles qui seront modifiées par la sélection naturelle, tandis que la structure et la forme de son corps resteront les mêmes.

Quand une période glaciale arrive, les animaux doivent acquérir une fourrure plus épaisse ou une enveloppe de graisse, sous peine de mourir de froid, et ceux qui étaient naturellement les mieux vêtus seront conservés par la sélection naturelle. L'homme, dans ces circonstances, se fera des vêtements plus chauds ou des maisons mieux closes, et la nécessité de faire de la sorte réagira sur sa constitution mentale et sa condition sociale, qui progresseront, tandis que son corps demeurera nu comme par le passé.

Lorsque la nourriture habituelle d'un animal devient rare ou manque tout à fait, il ne peut continuer à exister qu'en devenant propre à se nourrir d'autres aliments, peut-être moins nutritifs ou d'une digestion moins facile. La sélection naturelle, dans ce cas, agira sur l'estomac et les intestins, et leurs variations individuelles seront utilisées, de manière à mettre la race en harmonie avec sa nourriture nouvelle. Il est cependant probable que, dans beaucoup de cas, ceci ne se vérifie pas : il est possible que, les organes intérieurs ne se modifiant pas assez rapidement, l'animal en question diminue de nombre et finisse par s'éteindre. Mais l'homme se préserve de semblables accidents en surveillant et en guidant l'action de la nature. Il sème la graine de la nourriture qu'il préfère, et s'assure ainsi des provisions indépendantes des accidents amenés par la variabilité des saisons, ou les causes naturelles de perte. Il domestique des animaux, dont il se nourrit ou se sert pour s'emparer de sa nourriture, et rend par là inutiles les modifications de ses organes digestifs ou de ses dents. L'homme, d'ailleurs, fait partout usage du feu, et peut par son moyen rendre comestibles un grand nombre de substances végétales et animales, dont il lui serait sans cela presque impossible de se servir; il obtient par là une variété et une abondance d'aliments telle qu'aucun animal ne la possède.

Ainsi donc, l'homme, par la seule faculté de se vêtir et de se faire des armes et des outils, a enlevé à la nature la puissance de modifier lentement, mais d'une manière durable, sa forme et sa structure pour les mettre en harmonie avec les changements du monde, puissance qu'elle exerce sur tous les autres animaux. Ceux-ci, pour pouvoir vivre et maintenir leur nombre, doivent subir dans leurs mœurs, leur structure et leur constitution des modifications correspondantes à celles par lesquelles passent les races qui les entourent, les animaux dont ils se nourrissent, le climat ou la végétation des contrées qu'ils habitent. L'homme atteint le même but au moyen de son intelligence, dont les variations lui permettent, tout en conservant le même corps, de se maintenir en harmonie avec le monde qui se modifie sans cesse.

Sous un rapport cependant la nature agit sur l'homme comme sur les animaux, et modifie en quelque degré ses caractères extérieurs. M. Darwin a montré que, chez les animaux comme chez les végétaux, la couleur de la peau est en corrélation avec certaines particularités constitutionnelles, de sorte que souvent des signes extérieurs indiquent, soit la prédisposition à certaines maladies, soit le contraire. Or, nous avons toute raison de croire que ce phénomène s'est présenté, et jusqu'à un certain point se présente encore dans la race humaine. Dans les localités où règnent certaines maladies, les individus des races sauvages qui y sont prédisposés doivent mourir rapidement, tandis que ceux qui ne le sont pas, survivent, et deviennent les ancêtres d'une race nouvelle. Ces individus favorisés seront probablement caractérisés par des particularités dans la *couleur*, avec lesquelles des différences dans la qualité et l'abondance des *cheveux* semblent être en corrélation ; ainsi ont pu se développer ces différences de couleurs entre les races, qui ne paraissent pas être le résultat de la température seule ni des particularités les plus frappantes du climat.

Dès le moment, par conséquent, où les instincts sociables et sympathiques sont entrés en action, et où les facultés morales et intellectuelles ont atteint leur plein développement, l'homme, semble-t-il, cesse d'être influencé par la sélection naturelle en ce qui touche sa nature purement physique. En tant qu'animal, il reste presque stationnaire, les changements du milieu qui l'entoure cessant de produire sur lui les effets puissants que nous reconnaissons dans le reste du monde organique. Mais, dès que ces mêmes influences ont cessé d'agir sur son corps, elles affectent son esprit; toute variation dans sa nature morale et mentale, qui lui permet de se préserver mieux des accidents, d'assurer en commun avec ses semblables son bien-être et sa sécurité, sera conservée et accumulée ; les meilleurs spécimens de la race se multiplieront, tandis que les êtres inférieurs et grossiers disparaîtront graduellement, et nous verrons cette marche rapide de l'organisation mentale, qui a élevé les races même les plus abjectes de l'espèce humaine si fort au-dessus de la brute, bien qu'elles s'en rapprochent beaucoup dans la conformation physique, et qui, conjointement avec quelques modifications à peine perceptibles dans la forme, a produit la merveilleuse intelligence des races européennes.

### Influence de la nature extérieure sur le développement de l'esprit humain.

Mais, dès l'époque où commença ce progrès moral et intellectuel, et où les caractères physiques de l'homme se fixèrent et devinrent pour ainsi dire immuables, une nouvelle série de causes devait entrer en jeu et prendre part au développement intellectuel de l'espèce humaine. Les aspects divers de la nature devaient se faire sentir à leur tour, et influencer profondément le caractère de l'homme primitif. Quand l'action de la force qui avait modifié le corps commença à s'exercer sur l'esprit, les races durent se perfectionner à la rude école des difficultés causées par la stérilité du sol et l'inclémence des saisons ; cette influence a dû produire une race plus robuste, plus prévoyante, plus sociable, que dans les régions où la terre produit chaque année en suffisance la nourriture végétale, et où il n'est pas besoin de prévoyance ou d'esprit inventif pour se mettre à l'abri des rigueurs de l'hiver. N'est-ce pas un fait que, dans tous les siècles et dans toutes les parties du monde, les habitants des zones tempérées ont été supérieurs à ceux des contrées plus chaudes ? Toutes les grandes invasions ou migrations ont été du nord vers le sud, plutôt que le contraire, et il n'existe, ni aujourd'hui ni dans les traditions du passé, aucune trace d'une civilisation indigène intertropicale. La civilisation et le système politique des Mexicains et des Péruviens venaient du nord, et avaient pris naissance, non dans les riches plaines tropicales, mais sur les plateaux élevés et stériles des Andes. La religion et la civilisation de Ceylan y furent apportées de l'Inde septentrionale, tous les conquérants successifs de l'Inde vinrent du nord-ouest, les Mongols du nord conquirent les Chinois du midi, et en Europe ce furent les tribus hardies et aventureuses du nord qui inondèrent le midi et lui communiquèrent une vie nouvelle.

### Extinction des races inférieures.

Cette même loi de la conservation des races favorisées dans la lutte pour l'existence, conduit nécessairement à l'extinction de toutes les races inférieures et peu développées sous le rapport intellectuel, avec lesquelles les Européens se trouvent en contact. L'Indien Peau-Rouge, dans l'Amérique septentrionale et au Brésil, le Tasmanien, l'Australien, le Maori dans l'hémisphère austral vont s'éteignant, non par suite d'une cause spéciale, mais par l'effet inévitable d'une lutte inégale au double point de vue physique et moral. Sous ces deux rapports, la supériorité de l'Européen est manifeste; en quelques siècles, il s'est élevé de l'état nomade où le chiffre de population était presque stationnaire, à son état actuel de civilisation, avec une plus grande force moyenne, une plus grande longévité moyenne, et une capacité d'accroissement plus rapide; et cela au moyen des mêmes facultés qui lui permettent de vaincre l'homme sauvage dans la lutte pour l'existence, et de se multiplier à ses dépens, tout comme les végétaux de l'Europe transplantés dans l'Amérique du Nord et l'Australie, étouffent les plantes indigènes par la vigueur de leur organisation, et par leurs facultés supérieures de reproduction.

### Origine des races humaines.

Si cette manière de voir est correcte, si, à mesure que les facultés morales, intellectuelles et sociables de l'homme se sont développées, sa structure physique a été soustraite à l'influence de la sélection naturelle, nous avons là une donnée très-importante sur la question de l'origine des races. Car il s'ensuit que les grandes modifications d'organisation et de forme extérieure, qui de quelque type animal inférieur ont fait sortir l'homme, ont dû se passer avant que son intelligence l'eût élevé au-dessus de la brute, à une époque où il vivait en troupes, on peut à peine dire en société, où son esprit était capable de perception, mais non de réflexion, où le sens du droit et la sympathie n'étaient point encore éveillés en lui ; comme tous les autres organismes, il était alors soumis à la sélection naturelle, qui maintenait sa constitution physique en harmonie avec le monde.

L'homme formait probablement, à une époque très-reculée, une race dominante, très-répandue dans les régions chaudes du globe tel qu'il était alors, et, comme nous le voyons chez les autres espèces dominantes, il se modifiait graduellement d'après les conditions locales. A mesure qu'il s'éloignait de sa patrie primitive, et se trouvait exposé à des climats extrêmes, à des variations dans sa nourriture, à des ennemis nouveaux appartenant au monde organique ou inorganique, de légères variations utiles dans sa constitution étaient rendues permanentes par la sélection, et, d'après le principe de la corrélation de croissance, étaient accompagnées de changements correspondants dans sa forme extérieure. Ainsi ont pu prendre naissance les caractères frappants et les modifications spéciales, qui distinguent encore les principales races : la couleur noire, rouge, jaune ou rosée de la peau, la nature bouclée, raide ou laineuse de la chevelure, l'abondance ou la rareté de la barbe, la direction horizontale ou oblique des yeux, les formes diverses du pelvis, du crâne et des autres parties du squelette.

Mais, pendant que ces évolutions s'accomplissaient, le développement intellectuel avait, par une cause inconnue, progressé beaucoup et atteint le point où il devait commencer à influencer l'existence tout entière, et subir lui-même, par conséquent, l'action irrésistible de la sélection naturelle. Celle-ci a dû bien vite donner la prépondérance à l'esprit ; c'est alors qu'a dû commencer le langage, ouvrant lui-même la voie à un développement toujours croissant des facultés mentales; dès lors, l'homme physique devait demeurer presque stationnaire. L'art de faire des armes, la division du travail, la prévision de l'avenir, la répression des appétits, les sentiments moraux, sociaux et sympathiques, exerçant une influence déterminante sur son bien-être, devaient être soumis au plus haut degré à l'action de la sélection naturelle, et, si l'on admet cette théorie, l'on explique la persistance étonnante des caractères purement physiques, qui a été jusqu'à présent une pierre d'achoppement pour les défenseurs de l'unité de l'espèce humaine. Nous pouvons donc maintenant concilier les opinions contradictoires des anthropologistes à ce sujet. L'homme *peut*, il *doit* même à mon sens avoir été une race homogène, mais cela, à une époque dont il ne nous reste aucune trace, à une époque si reculée dans son histoire, qu'il n'avait pas encore acquis ce merveilleux cerveau, organe de l'intelligence, qui même à l'état le plus inférieur élève cependant l'homme si fort au-dessus des animaux les plus parfaits ; à une époque où il avait la forme mais à peine la nature humaine, où il ne possédait ni la parole, ni les sentiments sympathiques et moraux, qui partout, quoique à des degrés divers, caractérisent aujourd'hui notre race. A mesure que ces facultés réellement humaines se développaient en lui, ses traits physiques acquéraient de la fixité, parce qu'ils perdaient de leur importance pour son bien-être, et les progrès de son esprit faisaient plus pour le mettre en harmonie avec le milieu, que ne l'auraient fait les variations de son corps. Si donc nous pensons que l'homme n'a été réellement *homme* qu'à partir du moment où ces facultés supérieures ont atteint leur plein développement, nous sommes fondés à soutenir la distinction originelle des races; si par contre nous croyons qu'un être, presque semblable à nous par sa forme et sa structure, mais à peine supérieur à la bête par ses facultés mentales, doit cependant être considéré comme un homme, nous avons le droit de soutenir l'origine commune de toute l'humanité.

### Application de cette théorie à la question de l'antiquité de l'homme.

Ces considérations nous permettent, comme nous le verrons, de placer l'origine de l'homme à une époque géologique beaucoup plus ancienne qu'on ne l'a cru possible jusqu'à présent. Il peut même avoir vécu pendant la période miocène ou éocène, alors qu'aucun des mammifères existants n'était identique avec une espèce aujourd'hui vivante. Car pendant les longues séries de siècles qui ont vu ces animaux primitifs se transformer lentement, et devenir les espèces qui habitent aujourd'hui notre globe, la force qui agissait sur eux n'affectait chez l'homme que l'organisation mentale. Seul son cerveau augmentait en volume et en complexité, et son crâne subissait les changements de forme correspondants, tandis que l'organisme entier des animaux inférieurs se métamorphosait peu à peu. Ceci nous aide à comprendre pourquoi les crânes fossiles de Denise et d'Engis sont si semblables aux formes actuelles, bien qu'ils aient indubitablement été contemporains des grands mammifères disparus depuis. Le crâne du Néanderthal est peut-être un spécimen d'une race inférieure qui occupait alors le rang assigné aujourd'hui aux Australiens. Nous n'avons aucune raison de supposer que les modifications du crâne, du cerveau et de l'intelligence, aient dû marcher plus vite que celles des autres parties de l'individu, et nous devons par conséquent remonter très-haut dans le passé pour y trouver l'homme dans une condition intellectuelle assez arriérée pour que la sélection naturelle et les circonstances extérieures exercent encore sur son corps leur action combinée. Je ne vois donc aucune raison de contester *à priori* la possibilité de découvrir dans les terrains tertiaires des traces de l'homme ou de ses œuvres. Leur absence dans les couches européennes de cette époque n'a que peu de poids ; car, à mesure que nous remontons vers l'origine, nous devons nous attendre à trouver la distribution de l'homme sur la terre moins universelle qu'aujourd'hui.

D'ailleurs l'Europe était en grande partie submergée pendant l'époque tertiaire, et, bien que ses îles éparses aient pu n'être pas habitées par l'homme, il ne s'ensuit pas qu'il n'ait pu exister à la même période dans les contrées chaudes ou tropicales. Si les géologues peuvent nous indiquer la plus vaste étendue de terre dans les régions chaudes du globe, qui n'ait pas été submergée depuis la période éocène ou miocène, c'est là que nous devrons chercher les traces des premiers ancêtres de notre race. C'est là que nous pourrons espérer de retrouver le cerveau toujours plus amoindri des races primitives, jusqu'à ce que nous arrivions au temps où le corps tout entier a varié d'une manière appréciable. Alors nous aurons atteint le point de départ de la famille humaine. Plus anciennement l'homme n'avait pas encore assez d'intelligence pour soustraire son corps aux modifications, et était ainsi soumis aux mêmes variations, relativement rapides, que les autres mammifères.

### Place de l'homme dans la nature.

Si les opinions ci-dessus énoncées sont réellement fondées, elles nous fournissent des motifs sérieux pour faire à l'homme une place à part, non-seulement comme étant la tête et le point culminant de la grande série des êtres organisés, mais encore comme étant en quelque degré un être nouveau et tout spécial. Dès les temps infiniment reculés, où les premiers éléments de la vie organique apparurent sur la terre, chaque plante et chaque animal ont été soumis à la même grande loi de modification physique. Son action irrésistible s'est exercée sur toutes les formes de la vie, pendant que la terre parcourait ses cycles d'évolution géologique, climatérique et organique. Elle les a toutes continuellement mais imperceptiblement façonnées de manière à les maintenir en harmonie avec le monde toujours changeant. Aucune créature vivante n'a pu échapper à cette nécessité de son être; aucune, si ce n'est peut-être les organismes les plus rudimentaires, n'aurait pu rester immuable et vivre, au milieu des changements incessants du monde qui l'entourait.

Enfin un être prit naissance, chez lequel cette force subtile que nous appelons l'*intelligence*, acquit une importance supérieure à celle de l'élément purement corporel. C'est elle qui donna à son corps nu et exposé, un vêtement pour le protéger contre l'inclémence des saisons. Incapable de lutter de vitesse avec le daim ou de force avec le bœuf sauvage, l'intelligence lui donna des armes pour les vaincre et s'en emparer. Suppléant à son inhabileté à se nourrir des herbes et des fruits sauvages, cette merveilleuse faculté lui enseigna à gouverner et à diriger la nature pour son propre avantage, la forçant à produire sa nourriture quand et où il lui plaisait. Dès le jour où la première peau de bête lui servit de manteau, où la première lance grossière fut employée à la chasse, où le premier feu servit à cuire la nourriture, où la première graine fut semée et le premier rejeton planté, une grande révolution s'accomplit dans la nature, révolution sans analogue jusque-là dans les âges de l'histoire du monde, car il avait paru un être qui n'était plus nécessairement sujet aux variations de l'univers, un être qui était jusqu'à un certain point supérieur à la nature, puisqu'il savait guider et régler son action, et pouvait se tenir en harmonie avec elle, non par les changements de son corps, mais par les progrès de son esprit.

C'est donc ici que nous voyons la vraie grandeur et la supériorité de l'homme. En considérant ainsi ses attributs particuliers, nous pouvons admettre que ceux qui réclament pour lui un ordre, une classe, ou même un sous-règne à part, ont pour eux quelque apparence de raison. L'homme est réellement un être à part, puisqu'il n'est pas soumis aux grandes lois qui s'exercent d'une manière irrésistible sur tous les autres êtres organisés. Il y a plus : ayant surmonté ces influences pour lui-même, cette victoire lui permet d'exercer une action directrice sur d'autres existences que la sienne. Non-seulement il a échappé lui-même à la sélection naturelle, mais il peut dérober à la nature une partie de cette puissance qu'elle exerçait universellement avant qu'il fût au monde. Nous pouvons concevoir un temps où la terre ne produira plus que des plantes cultivées et des animaux domestiques, où la sélection de l'homme aura supplanté la sélection naturelle, et où les profondeurs de l'Océan seront le seul domaine dans lequel la nature pourra exercer ce pouvoir qui lui a appartenu pendant des séries de siècles.

### Développement futur de l'humanité.

Nous pouvons maintenant répondre à une opinion souvent avancée. Quelques personnes affirment que si la théorie darwinienne de l'origine des espèces est vraie, l'homme lui-même doit changer de forme et devenir un être aussi différent de son état actuel qu'il l'est du gorille ou du chimpanzé; et ils cherchent à se représenter par imagination quelle pourra bien être la forme de cet homme futur.

Mais il est évident que ce ne sera pas le cas, car nous ne pouvons concevoir, dans ses conditions d'existence, aucun changement qui rende une altération importante de son organisme assez généralement utile et nécessaire, pour donner à ceux qui la subiraient des avantages sérieux dans la lutte pour l'existence, et conduire par là à la formation d'une espèce, d'un genre, ou d'un groupe d'hommes, nouveau et supérieur à l'homme actuel. D'ailleurs, nous savons que l'homme a été exposé à des modifications de la nature extérieure plus considérables qu'un animal supérieur ne pourrait les supporter sans changer lui-même, et qu'il les a traversées à l'aide d'une adaptation morale, et non corporelle. Entre l'homme sauvage et l'homme civilisé, la différence des mœurs, de la nourriture, du vêtement, des armes et des ennemis est énorme. En revanche, il n'y en a aucune dans la forme et la structure du corps, si ce n'est une légère augmentation dans le volume du cerveau, correspondante à l'accroissement de l'intelligence.

Nous avons donc toute raison de croire que l'homme peut avoir traversé et peut-être traversera encore une série d'époques géologiques, et que, sans changer lui-même, il verra toutes les autres formes de la vie animale se transformer plusieurs fois. Les seuls caractères qui chez lui se modifieront seront la tête et le visage, comme étant en relation immédiate avec l'organe de l'intelligence, et exprimant les émotions les plus élevées de sa nature; et aussi, en quelque degré, la couleur, la chevelure et les proportions générales, en tant qu'elles sont en corrélation avec une résistance constitutionnelle aux maladies.

### Résumé.

En résumé, l'homme a, par deux moyens distincts, échappé à l'influence des lois qui ont incessamment modifié le règne animal :

1° La supériorité de son intelligence l'a rendu capable de se pourvoir d'armes et de vêtements, et de se munir par la culture du sol d'une provision constante d'aliments convenables. Ceci rend son corps indépendant de la nécessité qui existe pour les autres animaux de se mettre en harmonie avec les conditions extérieures, d'acquérir une fourrure plus épaisse, des griffes ou des dents plus puissantes, de pouvoir en un mot se procurer et digérer de nouveaux aliments selon ce que peuvent exiger les circonstances.

2° Par la supériorité de ses sentiments moraux et sympathiques il devient apte à l'état social; il cesse de piller les membres faibles de sa tribu, il partage avec des chasseurs moins heureux le produit de sa chasse, ou l'échange contre des armes que les plus infirmes peuvent façonner, il sauve de la mort les malades et les blessés ; il est ainsi soustrait à l'action de cette force qui amène impitoyablement la destruction de tout animal incapable de se suffire entièrement à lui-même. Cette force est la sélection naturelle ; or, elle seule peut, en accumulant et en rendant permanentes les variations individuelles, former des races bien définies, il s'ensuit donc que les différences aujourd'hui existantes entre les animaux et l'homme ont dû se produire avant que se fussent développées chez lui l'intelligence et la sympathie. Cette manière de voir rend possible et même nécessaire l'existence de l'homme à une époque géologique comparativement reculée. Car, durant les longues périodes pendant lesquelles les animaux ont subi dans leur structure entière des modifications assez importantes pour constituer des genres et des familles distincts, des changements équivalents n'ont pu, chez l'homme, affecter que la *tête* et le *cerveau*, tandis que son corps restait génériquement, et même spécifiquement, le même. Nous pouvons ainsi comprendre pourquoi le professeur Owen, se basant sur les caractères de la tête et du cerveau, place l'homme dans une sous-classe distincte des mammifères, tout en admettant que par la charpente osseuse de son corps, il est très-semblable aux singes anthropoïdes, « chaque dent, chaque « os, étant exactement homologue, en sorte que la dé- « termination de la différence entre les genres *Homo* et

« *Pithecus*, constitue la grande difficulté de l'anatomie comparée. »

Notre théorie reconnaît ces faits et en rend compte; ce qui peut-être confirme encore sa vérité, c'est qu'elle ne nous oblige ni à diminuer l'abîme intellectuel qui sépare l'homme du singe, ni à contester le moins du monde les ressemblances frappantes qui existent entre eux à d'autres points de vue.

## Conclusion.

Je voudrais, à la fin de cette rapide esquisse d'un aussi vaste sujet, indiquer ses relations possibles avec l'avenir de la race humaine. Si mes conclusions sont justes, il arrivera inévitablement que les races supérieures moralement et intellectuellement, remplaceront les races inférieures et dégradées, et la sélection naturelle, continuant à agir sur l'organisation mentale, produira une adaptation toujours plus parfaite des hautes facultés de l'homme à la nature qui l'environne et aux exigences de l'état social. Ses formes extérieures demeureront probablement les mêmes, sauf qu'elles acquerront de plus en plus ce caractère de la beauté qui résulte de la santé et d'une bonne constitution physique, raffinée et ennoblie par les facultés intellectuelles les plus élevées et les plus pures émotions; mais sa constitution mentale continuera à progresser et à s'améliorer, jusqu'à ce que le monde soit de nouveau occupé par une seule race, presque homogène, et dont alors aucun individu ne sera inférieur aux plus nobles spécimens de l'humanité actuelle. Notre progrès vers ce résultat est très-lent, mais semble pourtant réel. Le moment actuel est une période anormale de l'histoire du monde, parce que les merveilleux développements de la science et ses vastes conséquences pratiques ont été donnés à des sociétés qui sont moralement et intellectuellement trop peu avancées pour en savoir faire le meilleur usage possible, en sorte que pour elles ils ont été un mal autant qu'un bien. Parmi les nations civilisées d'aujourd'hui il ne semble pas possible que la sélection naturelle agisse de manière à assurer le progrès permanent de la moralité et de l'intelligence, car ce sont incontestablement les esprits médiocres, sinon les plus inférieurs à ce double point de vue, qui réussissent le mieux dans la vie et se multiplient le plus rapidement. Cependant il y a positivement un progrès, en somme permanent et régulier, soit dans l'influence d'un sens moral élevé sur l'opinion publique, soit dans le désir général de culture intellectuelle. Comme je ne puis attribuer ce fait à la survivance des plus aptes, je suis forcé de conclure qu'il est dû à la force progressive inhérente aux glorieuses facultés qui nous élèvent si fort au-dessus des autres animaux, et qui nous fournissent en même temps la preuve de l'existence d'êtres autres que nous, supérieurs à nous, desquels nous tenons peut-être ces facultés, et vers lesquels nous tendons peut-être à nous élever.

---

## X

## LIMITES DE LA SÉLECTION NATURELLE APPLIQUÉE A L'HOMME.

J'ai cherché, dans tout le cours de cet ouvrage, à montrer que les lois connues de variation, de multiplication et d'hérédité, dont les conséquences sont la lutte pour l'existence et la survivance des plus aptes, ont probablement suffi pour produire toutes les variétés de structure, toutes les merveilleuses adaptations, toutes les splendeurs de couleur et de forme que nous remarquons, soit dans le règne animal, soit dans le règne végétal. J'ai répondu autant qu'il m'a été possible aux objections les plus naturelles et les plus souvent répétées ; et j'ai, je l'espère, accru la certitude de cette théorie, en montrant comment les phénomènes de la couleur, sur lesquels s'appuient surtout les défenseurs des créations spéciales, peuvent être expliqués, dans presque toutes leurs modifications, par l'influence combinée de la sélection sexuelle et du besoin de protection. J'ai aussi essayé de montrer comment la même force qui a modifié les animaux a agi sur l'homme, et je crois avoir prouvé qu'aussitôt que son intelligence, en se développant, eut dépassé un certain niveau inférieur, ce progrès rendant inutiles les modifications de son corps, celui-ci a dû cesser d'être matériellement affecté par la sélection naturelle.

Je vais donc probablement causer quelque surprise à mes lecteurs, en disant que, selon moi, ces principes dont je suis l'ardent défenseur, ne suffisent pas à rendre compte de tous les phénomènes naturels : car je vais moi-même faire des objections et tracer des limites à la puissance de la sélection naturelle.

Je crois en effet que, aussi sûrement que nous pouvons reconnaître l'action des lois naturelles dans le développement des formes organiques, et concevoir clairement que des connaissances plus étendues nous permettraient de suivre pas à pas la marche de ce développement, aussi sûrement nous pouvons reconnaître l'action d'une loi plus élevée, indépendante des autres lois à nous connues, et les dépassant de beaucoup. Nous la voyons plus ou moins distinctement à l'œuvre dans un grand nombre de phénomènes, dont les deux plus importants sont l'origine de la perception ou du sens intime, et la manière dont l'homme est sorti d'un type animal inférieur. Je m'occuperai d'abord de la seconde question, comme se rapportant plus immédiatement aux sujets traités dans ce volume.

### Ce que la sélection naturelle ne peut pas faire.

Quand nous considérons la question du développement de l'homme par les lois naturelles connues, nous devons avoir sans cesse présent à l'esprit le grand principe de la sélection naturelle et de la théorie générale de l'évolution, savoir, qu'aucun changement de forme ou de structure, aucun accroissement dans la dimension ou la complication d'un organe, aucun progrès dans la spécialisation ou dans la division du travail physiologique, ne peut se produire s'il ne concourt au bien de l'être ainsi modifié. M. Darwin lui-même a pris soin de nous pénétrer de cette idée, que la sélection naturelle ne peut pas produire la perfection absolue, mais seulement une perfection relative; elle ne peut placer aucun être beaucoup en avant de ses semblables, mais seulement autant qu'il le faut pour lui permettre de leur survivre dans la lutte pour l'existence. Elle peut bien moins encore produire des modifications qui seraient nuisibles à l'individu ainsi affecté, et M. Darwin va jusqu'à répéter, à plusieurs reprises, qu'un seul cas de ce genre serait fatal à sa théorie. Si donc nous trouvons chez l'homme des caractères quelconques qui, autant que nous pouvons le prouver, ont dû lui être nuisibles lors de leur première apparition, il sera évident qu'ils n'ont pas pu être produits par la sélection naturelle. Il en serait de même du développement spécial d'un organe si ce développement était, ou simplement inutile, ou exagéré par rapport à son utilité. De semblables exemples prouveraient qu'une autre loi ou une autre force que la sélection naturelle a dû entrer en jeu. Mais, si nous pouvions apercevoir que ces modifications, bien qu'inutiles ou nuisibles à l'origine, sont devenues de la plus haute utilité beaucoup plus tard et sont maintenant essentielles à l'achèvement du développement moral et intellectuel de l'homme, nous serions amenés à reconnaître une action intelligente prévoyant et préparant l'avenir, aussi sûrement que nous le faisons quand nous voyons l'éleveur entreprendre une amélioration déterminée d'une race d'animaux domestiques ou d'une plante cultivée. Je ferai d'ailleurs remarquer que cette étude est tout aussi légitime et tout aussi scientifique que celle même de l'origine des espèces. C'est une tentative de solution du problème inverse. Il s'agit de découvrir une force nouvelle, bien définie, pour rendre compte de phénomènes qui, d'après la théorie de la sélection naturelle, ne devraient pas avoir lieu. Ce genre de problèmes n'est pas inconnu à la science, et leur recherche a souvent conduit aux plus brillants résultats. En ce qui concerne l'homme, il existe des faits de la nature de ceux auxquels je fais allusion, et je crois qu'en appelant l'attention de ce côté et en recherchant leur cause, je reste dans les bornes de l'investigation scientifique aussi strictement que dans aucune autre portion de mon ouvrage.

### Que le cerveau du sauvage est plus grand que cela n'est nécessaire.

*Que la dimension du cerveau est un élément important de la force intellectuelle.* — Il est universellement admis que le cerveau est l'organe de l'intelligence, et l'on reconnaît avec presque autant d'unanimité, que sa dimension est l'un des plus importants entre les éléments qui déterminent la capacité intellectuelle. Il paraît indubitable que les cerveaux offrent des différences de qualité considérables, différences indiquées par le degré de complication des circonvolutions, par l'abondance de la substance grise, et peut-être par d'autres particularités encore inconnues ; mais ces différences de qualité semblent simplement accroître ou diminuer l'influence de la quantité, et non pas la neutraliser. C'est ainsi que tous les écrivains modernes les plus éminents voient une connexion intime entre la dimension très-réduite du cerveau chez les races inférieures, et leur faiblesse intellectuelle. Les collections du Dr J. B. Davis et du Dr Morton donnent les chiffres suivants comme capacité moyenne du crâne chez les principales races humaines :

| | | |
|---|---|---|
| Famille Teutonique............ | 94 | pouces cubes. |
| Esquimaux..................... | 91 | » |
| Nègres........................ | 85 | » |
| Australiens................... | 82 | » |
| Tasmaniens.................... | 82 | » |
| Bushmen....................... | 78 | » |

Les derniers chiffres sont toutefois déduits d'un nombre de spécimens relativement petit et peuvent être au-dessous de la moyenne ; de même nous trouvons un petit nombre de crânes finnois et cosaques donnant comme moyenne 98 pouces cubes, soit sensiblement plus que la race germanique. Il est donc évident que le volume absolu du cerveau n'est pas nécessairement beaucoup moindre chez le sauvage que chez l'homme civilisé, d'autant plus que nous connaissons des crânes d'Esquimaux mesurant 113 pouces cubes, soit presque autant que les plus grands crânes d'Européens. Mais, ce qui est plus curieux encore, c'est que les quelques débris aujourd'hui connus de l'homme préhistorique n'indiquent aucune augmentation appréciable de la cavité cérébrale depuis ces temps reculés. Un crâne suisse de l'âge de la pierre, trouvé dans les palafittes de Meilen, correspond exactement à celui d'un jeune Suisse d'aujourd'hui. La circonférence du fameux crâne du Néanderthal était au-dessus de la moyenne, et sa capacité, indiquant le volume du cerveau lui-même, était de 75 pouces cubes, ou à peu de chose près, la moyenne des crânes actuels en Australie. Le crâne d'Engis, peut-être le plus ancien aujourd'hui connu, et qui d'après sir John Lubbock, « fut incontestablement contemporain du mammouth et de l'ours des cavernes, » est cependant, selon le professeur Huxley, « un crâne d'une bonne moyenne, qui pourrait avoir appartenu à un penseur, ou avoir contenu le cerveau inintelligent d'un sauvage ». Le professeur Paul Broca dit en parlant des hommes des cavernes des Eyzies qui furent certainement contemporains du renne dans le midi de la France : « La « grande capacité du cerveau, le développement de la « région frontale, la belle forme elliptique de la partie « antérieure du profil du crâne, sont des caractères in- « contestables de supériorité, tels que nous sommes ha- « bitués à les trouver chez les races civilisées» (Mémoire lu au Congrès d'archéologie préhistorique, 1868) ; et cependant la grande largeur de la face, l'énorme développement de la branche ascendante de la mâchoire inférieure, l'étendue et la rugosité des surfaces d'attache des muscles, surtout des masticateurs, et le développement extraordinaire de l'arête du fémur, indiquent une immense force musculaire, et des mœurs sauvages et brutales.

Ces faits pourraient presque nous faire douter que la dimension du cerveau soit en elle-même un indice de force intellectuelle, si nous n'en avions pas la preuve la plus claire dans ce fait, que tout Européen mâle et adulte, dont le crâne ne mesure pas dix-neuf pouces de circonférence, et dont le cerveau n'atteint pas soixante-cinq pouces cubes, est invariablement idiot. Si nous ajoutons à ceci cet autre fait non moins certain, que les grands hommes, ceux qui combinent la finesse des perceptions avec la puissance de réflexion, la vigueur des passions, et l'énergie du caractère, comme Napoléon, Cuvier ou O'Connell, ont tous la tête plus grosse que la moyenne, nous devons tenir pour évident le fait que le volume du cerveau est l'une des mesures de l'intelligence, et peut-être la principale.

Dans ce cas, nous ne pouvons pas n'être pas frappés de l'anomalie apparente que présentent beaucoup de sauvages très-inférieurs, dont le cerveau est aussi considérable que celui de la moyenne des Européens, et cela fait naître en nous l'idée d'un excédant de force, d'un instrument trop parfait pour les besoins de son possesseur.

*Comparaison du cerveau de l'homme avec celui des singes anthropoïdes.* — Afin de découvrir si cette notion a quelque fondement, comparons le cerveau de l'homme à celui des animaux. L'orang-outang mâle et adulte est tout aussi gros qu'un homme de petite taille, tandis que le gorille est considérablement au-dessus de la moyenne des hommes, au moins comme corpulence et comme poids. Cependant, le cerveau de l'orang ne mesure que 28 pouces cubes, et celui du gorille 30, le plus grand spécimen connu va jusqu'à 34 1/2. Nous avons vu que si l'on se base sur les moyennes, la capacité crânienne des races sauvages les plus voisines de la brute, n'est probablement pas moins des 5/6 de celle des races civilisées les plus élevées, tandis que celle des singes anthropoïdes n'atteint que le tiers tout au plus de celle de l'homme ; ces proportions seront peut-être rendues plus claires si l'on dit que : la capacité crânienne de l'Européen étant 32, celle du sauvage sera 26 et celle du singe 10. Mais ces chiffres nous donnent-ils une idée approximative de l'intelligence relative de ces trois groupes ? Le sauvage est-il réellement aussi voisin du savant et aussi éloigné du singe que ceci le donnerait à penser ? Il ne nous faut pas oublier, d'ailleurs, que les têtes des sauvages sont de dimensions très-variées, presque autant que celles des hommes civilisés. Ainsi, tandis que le plus grand crâne germanique de la collection du Dr Davis mesure 112,4 pouces cubes, un crâne Araucanien mesure 115,5, un Esquimau 113,1, un indigène des Marquises 110,6, un Nègre 105,8, et même un Australien 104,5. Il n'est donc pas absurde de comparer le sauvage, soit avec l'Européen le plus parfait, soit avec le chimpanzé, le gorille et l'orang, et de voir s'il existe une relation proportionnelle entre le cerveau et l'intelligence.

*Étendue des facultés intellectuelles de l'homme.* — Il nous faut tout d'abord considérer de quoi est capable cet admirable instrument, le cerveau, arrivé à son plus haut point de développement. M. Galton, dans son remarquable ouvrage sur l'*Hérédité du talent* (1), fait remarquer l'énorme différence qui existe entre la puissance et la portée intellectuelle d'un savant ou d'un mathématicien exercé, et la capacité moyenne des Anglais. Le nombre des *points* obtenus par les lauréats en mathématiques dans les universités anglaises, est souvent plus de trente fois supérieur à celui des derniers candidats couronnés, qui sont cependant encore dans la bonne moyenne; et des examinateurs expérimentés disent que cette différence ne donne pas même la mesure exacte de celle qui existe dans les facultés des individus. Si nous descendons maintenant jusqu'aux tribus sauvages qui ne savent compter que jusqu'à trois ou à cinq, et sont incapables d'additionner 2 et 3 sans avoir les objets devant les yeux, nous trouvons entre eux et un bon mathématicien une différence telle, que la proportion de un à mille l'exprimerait à peine. Nous savons cependant que le volume du cerveau pourrait être le même dans les deux cas ou ne différer que dans la proportion de 5 à 6, d'où nous pouvons conclure avec quelque raison que

(1) Galton, *Hereditary Genius.* Londres, 1869.

le sauvage possède un cerveau, qui, s'il est cultivé, est capable de remplir des fonctions très-supérieures en espèce et en degré à celles qui sont exigées de lui.

Considérons ensuite le pouvoir que possède l'homme civilisé égal ou supérieur à la moyenne, de concevoir des idées abstraites et de suivre des raisonnements plus ou moins complexes; nos langages sont remplis d'expressions abstraites; nos affaires et nos plaisirs exigent la prévision continuelle d'un grand nombre de possibilités; nos lois, notre gouvernement, notre science, nous obligent sans cesse à raisonner sur des séries compliquées de faits pour arriver au résultat cherché; même nos jeux, les échecs, par exemple, nous forcent à exercer à un haut degré toutes nos facultés. Comparez avec cela l'homme sauvage, avec son langage qui ne possède aucun terme applicable aux conceptions abstraites; avec son manque absolu de prévoyance pour tout ce qui dépasse les nécessités les plus élémentaires, son incapacité de comparer, de combiner, ou de raisonner sur les généralités qui ne tombent pas immédiatement sous ses sens. De même, le sauvage ne possède, dans ses facultés morales et esthétiques, aucun de ces sentiments de sympathie universelle, de ces conceptions de l'infini, du bien, du beau et du sublime, qui occupent une si grande place dans la vie de l'homme civilisé. Leur développement lui serait, au fond, inutile ou même nuisible, puisqu'elles amoindriraient en quelque degré la prépondérance des facultés animales et perceptives dont dépend souvent son existence, dans la lutte acharnée qu'il soutient contre la nature et contre ses semblables. Cependant les rudiments de ces facultés et de ces sentiments existent sans doute en lui, puisque les unes ou les autres se manifestent quelquefois dans des cas exceptionnels ou des circonstances extraordinaires. Quelques tribus, par exemple, comme celle des Santals, sont connues pour un amour de la vérité aussi vif que l'éprouvent les plus moraux d'entre nous. L'Indou et le Polynésien ont un sens artistique remarquable, et les premières traces de ce sens sont clairement visibles dans les dessins grossiers des hommes paléolithiques, contemporains du renne et du mammouth en France. On voit quelquefois, chez les races les plus sauvages, des exemples d'amitié dévouée, de vraie reconnaissance, et d'un profond sentiment religieux.

Nous pouvons, je crois, tirer de ces faits la conclusion que l'infériorité du sauvage que nous avons constatée relativement aux mathématiques, se montre dans tout son développement moral et intellectuel; mais en revanche, puisque toutes ces facultés se manifestent chez lui occasionnellement, nous pouvons conclure qu'elles existent à l'état latent, et que la grandeur de son cerveau dépasse de beaucoup ses besoins dans son état actuel.

*L'intelligence des sauvages comparée avec celle des animaux.* — Comparons maintenant les besoins intellectuels du sauvage et le degré d'intelligence qu'il manifeste, avec ce que nous trouvons chez les animaux supérieurs. La vie des indigènes d'Andaman, d'Australie, de Tasmanie, de la Terre de Feu, et de certaines peuplades Indiennes (1) du Nord de l'Amérique, ne réclame guère que l'exercice de quelques facultés dont certains animaux jouissent presque au même degré que ces sauvages. Leur manière de prendre le gibier ou le poisson n'est pas plus ingénieuse et ne prouve pas plus de prévoyance que celle du jaguar, qui laisse tomber de la salive dans l'eau et saisit les poissons qui viennent la manger ; ou celle des loups et des chacals qui chassent en troupes ; ou celle du renard, qui enterre les restes de sa nourriture et les garde jusqu'au moment où il en a besoin. Les singes et les antilopes placent des sentinelles pour se garder, les castors et les mulots construisent des demeures compliquées, l'orang-outang se dispose une couche pour dormir, et d'autres singes anthropoïdes se font un abri dans les arbres : tous ces faits peuvent entrer en comparaison avec le degré de soin et de prévoyance que montrent certains sauvages dans les mêmes circonstances. L'homme possède des mains libres et perfectionnées, dont il ne se sert pas pour la locomotion, et qui lui ont permis de façonner des armes et des outils que les animaux ne pourraient pas faire, mais, après cela et dans la manière dont il s'en sert, il ne manifeste pas plus d'intelligence que ne le feraient des animaux. Qu'est-ce que la vie du

(1) *Digger Indians.* Ce sont des tribus réduites par des guerres malheureuses à un état de misère extrême. Elles paraissent avoir perdu l'usage des arts les plus élémentaires, même celui de construire des huttes, et vivent dans des trous et des cavernes. Voyez *Tylor*, *Researches into the early History of Mankind*, Londres 1870, p. 188. (*Note du trad.*)

sauvage, sinon la satisfaction de ses appétits par les moyens les plus simples et les plus faciles ? Où sont les pensées, les idées ou les actions qui l'élèvent beaucoup au-dessus du singe ou de l'éléphant ? Cependant, il possède, nous l'avons vu, un cerveau infiniment supérieur au leur en dimension et en complication, et ce cerveau lui donne des facultés à l'état rudimentaire dont il n'a jamais besoin. Si cela est vrai des sauvages de notre temps, à combien plus forte raison cela doit-il l'être de ces hommes dont les seuls outils étaient de grossiers silex, et qui, au moins en partie, étaient probablement plus dégradés qu'aucune race aujourd'hui existante ? Et cependant les seules données que nous possédions à leur sujet, nous les montrent doués d'un cerveau tout aussi volumineux que celui de la moyenne des races sauvages les plus arriérées.

Ainsi, soit que nous comparions le sauvage au type le plus perfectionné de l'homme, soit que nous le comparions aux animaux qui l'entourent, nous arrivons forcément à conclure qu'il possède dans son cerveau grand et bien développé, un organe tout à fait hors de proportions avec ses besoins actuels et qui semble avoir été préparé à l'avance, pour trouver sa pleine utilité au fur et à mesure des progrès de la civilisation. D'après ce que nous savons, un cerveau un peu plus grand que celui du gorille aurait pleinement suffi au développement mental actuel du sauvage. Par conséquent la grande dimension de cet organe chez lui ne peut pas résulter uniquement des lois d'évolution, car celles-ci ont pour caractère essentiel d'amener chaque espèce à un degré d'organisation exactement approprié à ses besoins et de ne jamais le dépasser; elles ne permettent aucune préparation en vue du développement futur de la race, en un mot, une partie du corps ne saurait jamais augmenter ou se compliquer si ce n'est en stricte coordination avec les besoins pressants de l'ensemble. Il me semble que le cerveau de l'homme préhistorique et du sauvage prouve l'existence de quelque puissance distincte de celle qui a guidé le développement des animaux inférieurs au travers de tant de formes variées.

### De l'utilité des poils qui couvrent les mammifères.

Considérons maintenant un autre point de l'organisation de l'homme, dont la portée a été presque entièrement négligée par les écrivains des deux partis. L'un des caractères les plus généraux de la classe des mammifères terrestres est le poil qui les couvre, et qui, toutes les fois que la peau est souple, tendre et sensible, forme une protection naturelle contre les intempéries, surtout contre la pluie. Ceci est en effet la principale fonction des poils, nous le voyons à la manière dont ils sont disposés pour faciliter l'écoulement de l'eau, étant toujours dirigés de haut en bas depuis la partie supérieure du corps. Ils sont toujours moins abondants sur les parties inférieures, et dans beaucoup de cas, le ventre en est presque dépourvu. Les poils de tous les mammifères marcheurs sont couchés de haut en bas de l'épaule aux doigts ; mais chez l'orang-outang, ils sont disposés de haut en bas de l'épaule au coude, et de bas en haut du coude au poignet ; ceci a sa raison d'être dans les mœurs de l'animal, qui, lorsqu'il se repose, élève ses longs bras au-dessus de sa tête ou s'accroche à une branche pour se soutenir, de sorte que la pluie coule le long du bras et de l'avant bras jusqu'aux longs poils qui se rencontrent au coude. Pour la même raison, les poils sont toujours plus longs et plus serrés depuis la nuque jusqu'à la queue le long de l'épine dorsale, où il se forme même souvent une crête de poils ou de soies. Nous retrouvons ce caractère chez tous les mammifères depuis les marsupiaux jusqu'aux quadrumanes, et il devrait, par cette longue durée, avoir acquis une persistance telle que nous le vissions reparaître constamment par hérédité, même après avoir été effacé par des siècles de la plus rigide sélection. Nous pouvons d'ailleurs être sûrs qu'il n'aurait jamais pu disparaître entièrement par l'effet de la sélection naturelle, à moins d'être devenu assez positivement nuisible pour conduire invariablement à l'extinction des animaux qui en seraient affectés.

### Que l'absence constante de poils sur certaines parties du corps de l'homme est un phénomène remarquable.

Chez l'homme, le poil a presque entièrement disparu, et, chose curieuse, plus complétement sur le dos que sur toute autre partie du corps. Les races barbues et imberbes ont également le dos lisse, et même dans les cas où les membres et la poitrine sont couverts d'une grande quantité de poils, le dos et en particulier l'épine dorsale, en sont absolument dépourvus; c'est là un caractère tout à fait opposé à ce qui se présente chez les autres mammifères. Les Aïnos des îles Kouriles et du Japon, sont, dit-on, une race velue, mais M. Bickmore, qui en a vu quelques uns et les a décrits dans un mémoire lu à la Société d'Ethnologie n'indique pas en détails sur quelles parties le poil est le plus abondant, et dit simplement qu'ils se distinguent par la grande abondance de leurs poils, non-seulement sur la tête et le visage mais sur le corps tout entier. Ceci pourrait parfaitement s'appliquer à tout homme dont les bras et la poitrine seraient velus, à moins qu'il ne fût spécifié que son dos l'était aussi, ce qui n'est pas le cas ici. La famille velue du pays des Birmans porte il est vrai des poils plus longs sur le dos que sur la poitrine, reproduisant ainsi le vrai caractère des mammifères, mais ceux du visage, du front et de l'intérieur des oreilles sont encore plus longs, ce qui est tout à fait anormal; et la grande imperfection de toutes leurs dents montre qu'ici nous avons à faire à une monstruosité plutôt qu'à un cas de retour au type humain tel qu'il était avant d'avoir perdu son vêtement de poils.

### L'homme sauvage souffre de l'absence de poils.

Voyons maintenant s'il existe des preuves, ou s'il y a quelque raison de croire qu'un dos velu fût nuisible, soit au sauvage, soit à la forme animale inférieure de l'homme à un degré quelconque de sa transformation; car, si les poils étaient simplement inutiles, comment pourraient-ils avoir disparu si complétement et ne pas se représenter fréquemment dans les races mêlées? C'est chez le sauvage que nous trouverons quelques éclaircissements. L'une des habitudes les plus communes aux sauvages c'est de porter un vêtement sur le dos et les épaules, même s'ils n'en ont sur aucune autre partie du corps. Les premiers explorateurs observèrent avec surprise que les Tasmaniens des deux sexes, portaient sur leurs épaules la peau de kanguroo, leur unique vêtement; ils n'étaient donc pas guidés par un sentiment de pudeur, mais cherchaient simplement à préserver leur dos du froid et de la pluie. Le costume national des Maories se composait aussi d'un manteau jeté sur les épaules. Les Patagons en ont un aussi, et les indigènes de la Terre de Feu portent souvent un petit morceau de peau lacé sur leur dos, et qu'ils changent de place selon la direction du vent. Les Hottentots se couvraient le dos d'une peau assez semblable, qu'ils n'enlevaient jamais et dans laquelle ils se faisaient même enterrer. Sous les tropiques même, les sauvages ont le plus grand soin de tenir leur dos à l'abri de l'humidité. Les natifs de Timor emploient la feuille du palmier éventail, soigneusement pliée et cousue, qu'ils portent toujours avec eux, et dont ils se font, en la déployant sur leur dos, une admirable protection contre la pluie. Presque toutes les races Malaises, ainsi que les Indiens de l'Amérique méridionale, se font de grands chapeaux de quatre pieds au moins de diamètre, qu'ils portent pendant leurs voyages sur mer pour préserver leur corps de la pluie, et ils en ont de plus petits du même genre dont ils se servent sur terre.

Cela est donc évident, non-seulement il n'y a pas de raison de penser que le développement des poils sur le dos eût été nuisible ou même inutile à l'homme préhistorique, mais les mœurs des sauvages actuels nous prouvent le contraire, puisqu'ils sentent le besoin de cette protection et cherchent à y suppléer de différentes manières. La position verticale de l'homme peut avoir contribué à conserver les cheveux de sa tête pendant que le reste de son corps s'est dépouillé; mais en marchant à la pluie ou au vent l'homme se penche instinctivement en avant et expose ainsi son dos; et ce fait indubitable, que c'est sur cette partie du corps que les sauvages souffrent le plus du froid et de l'humidité, démontre suffisamment que ce n'est pas à cause de leur inutilité que les poils ont cessé d'y croître. Il est d'ailleurs difficile d'expliquer par une simple diminution d'utilité, la disparition d'un caractère si longtemps persistant dans tout l'ordre des mammifères, car cette circonstance ne déterminerait qu'une action sélectrice très-faible.

### Que la peau nue de l'homme ne peut être le résultat de la sélection naturelle.

Il me semble donc certain que la sélection naturelle n'a pas pu produire la nudité du corps de l'homme. On ne saurait s'expliquer ce phénomène comme résultant d'une série de variations ayant pour point de départ un type primitif velu. Les données que nous possédons tendent au contraire à montrer que des variations dans ce sens n'ont pu être utiles et ont dû au contraire être jusqu'à un certain point nuisibles. Et même, si quelque corrélation inconnue avec des qualités nuisibles, pouvait expliquer la disparition du poil chez l'homme primitif des Tropiques, nous ne pourrions concevoir comment, à mesure que la race s'étendait dans des climats plus froids, un caractère si persistant à l'origine, n'aurait pas reparu sous l'influence puissante du retour au type. Mais une pareille supposition est d'ailleurs insoutenable, car nous ne pouvons pas supposer qu'un organe commun à tous les mammifères, ait pu, dans un seul cas, se trouver dans une corrélation assez constante avec une qualité nuisible pour être éliminé par la sélection, et cela d'une manière si complète et si efficace, que nous ne le voyons jamais ou presque jamais reparaître, même chez les métis des races d'hommes les plus diverses. Il est difficile de trouver deux caractères plus différents que le développement du cerveau, et la distribution du poil sur le corps : et cependant tous les deux nous conduisent à la même conclusion : c'est qu'une force autre que la sélection naturelle a concouru à leur formation.

### Le pied et la main de l'homme considérés comme offrant des difficultés à la théorie de la sélection naturelle.

On peut aussi mentionner, parmi les points caractéristiques de l'homme difficiles à expliquer par la sélection naturelle, quelques autres détails moins importants selon moi, que les précédents ; par exemple, la spécialisation et la perfection du pied et de la main. Le pied de tous les Quadrumanes est un organe de préhension, et il a fallu par conséquent une sélection très-sévère pour donner aux muscles et aux os, la disposition qui du pouce a fait un orteil, si complétement qu'il n'est plus opposable chez aucune race, bien que certains voyageurs aient vaguement affirmé le contraire. Il nous est difficile de comprendre pourquoi cette capacité de préhension s'est perdue. Elle a certainement dû être utile pour grimper, et l'exemple des babouins prouve qu'elle n'est pas incompatible avec la locomotion terrestre. Cela a pu gêner la marche parfaitement verticale, mais nous ne comprenons pas ce que l'homme primitif, en tant qu'*animal* avait à gagner à la station droite. De plus, la main de l'homme renferme des facultés latentes, dont les sauvages ne font aucun usage, et dont ont dû se servir encore bien moins l'homme de l'âge paléolithique et ses prédécesseurs plus grossiers encore. Elle a l'apparence d'un instrument préparé pour l'homme civilisé, et sans lequel la civilisation n'eût pas été possible. Les singes se servent peu de leurs doigts séparés et de leurs pouces opposables; ils saisissent les objets gauchement et rudement, et il semble qu'une extrémité moins perfectionnée leur rendrait les mêmes services. Je n'attribue pas beaucoup de valeur à cet argument, mais s'il est prouvé qu'une puissance intelligente a guidé ou déterminé le développement de l'homme, nous reconnaîtrons les traces de son action dans des faits qui, par eux-mêmes, ne peuvent pas servir à la prouver.

### La voix de l'homme.

La même remarque peut s'appliquer à un autre caractère particulier à l'homme, la puissance, l'étendue, la flexibilité et la douceur merveilleuse des sons musicaux produits par le larynx, surtout dans le sexe féminin. Les mœurs des sauvages ne nous indiquent pas comment la voix aurait pu se développer ainsi par la sélection naturelle, car ils n'en ont aucun besoin et n'en font aucun usage. Le chant des sauvages n'est qu'un cri plaintif plus ou moins monotone, et les femmes ne chantent en général pas du tout. La voix ne compte certainement pour rien dans le choix de leurs femmes, car ce qu'ils apprécient c'est la santé, la force, la beauté animale : la sélection sexuelle n'a donc pu développer cette admirable faculté, qui ne s'exerce que chez les peuples civilisés. Il semble que cet organe ait été préparé en vue du progrès futur de l'homme, puisqu'il renferme des facultés latentes qui sont inutiles à l'individu dans sa condition primitive. Les détails délicats d'organisation qui donnent au larynx sa merveilleuse puissance, n'ont donc pas pu être le résultat de la sélection naturelle.

**L'origine de certaines facultés intellectuelles ne peut s'expliquer par la conservation des variations utiles.**

Passant maintenant à l'étude de l'âme humaine, nous éprouvons de grandes difficultés à expliquer la formation des facultés spéciales qui la caractérisent par l'accumulation de variations utiles. Les notions de justice abstraite et de bienveillance par exemple, ne semblent pas avoir pu s'acquérir par ce moyen, puisqu'elles sont incompatibles avec la loi du plus fort, base essentielle de la sélection naturelle. Ici, toutefois l'impossibilité n'est qu'apparente, car nous devons considérer, non les *individus*, mais les sociétés, et il est clair que la justice et la bienveillance, exercées dans le sein d'une tribu, doivent la fortifier et lui donner la supériorité sur celles chez lesquelles le droit du plus fort prédominant, la majorité faible et maladive est abandonnée ou même impitoyablement détruite par les quelques individus forts.

Mais il existe une autre catégorie de facultés qui ne se rattachent pas à nos rapports sociaux, et qu'on ne peut par conséquent expliquer de la même manière.

Telles sont par exemple celles dont dépendent les idées d'espace et de temps, d'éternité et d'infini, celles qui font trouver dans des combinaisons de formes et de couleurs de vives jouissances artistiques, celles enfin qui par les notions abstraites de forme et de nombre ont rendu possibles les sciences mathématiques. Comment l'une ou l'autre de ces facultés a-t-elle pu commencer à se développer, puisqu'elle ne pouvait être d'aucun usage à l'homme dans son état primitif de barbarie? Comment la sélection naturelle, ou la survivance des plus aptes, ont-elles pu favoriser le développement de facultés si éloignées des besoins matériels du sauvage et qui, malgré notre civilisation relativement avancée, sont, dans leur plus complet épanouissement, en avance sur notre siècle, et semblent plus faites pour l'avenir de notre race que pour son état actuel?

### Origine du sens moral.

Nous retrouvons cette même difficulté, quand nous cherchons à nous rendre compte de l'origine du sens moral ou de la conscience chez l'homme sauvage, car, bien que la *pratique* de la bienveillance, de l'honnêteté, de la véracité, ait pu être utile aux tribus qui l'exerçaient, cela ne nous explique pas l'idée de *sainteté* attachée aux actions que chaque tribu considère comme bonnes et morales, en opposition avec celles qui sont tenues pour simplement *utiles*, et qui sont appréciées tout autrement. L'hypothèse utilitaire (qui n'est que la théorie de la sélection naturelle appliquée à l'intelligence), paraît insuffisante pour expliquer le développement du sens moral. Cette question a été récemment l'objet de longues discussions, et je ne donnerai ici qu'un seul exemple pour éclaircir ma pensée. La sanction utilitaire de la véracité n'est ni très-puissante ni très-universelle; peu de lois lui prêtent leur appui; le mensonge n'entraîne pas une bien sévère réprobation; dans tous les pays et dans tous les siècles, il a été tenu pour pardonnable en amour, et louable à la guerre; aujourd'hui ce n'est qu'un péché véniel dans l'opinion de la majorité de l'espèce humaine, en ce qui touche l'industrie, le commerce, la spéculation; un certain degré de fausseté fait partie intégrante de la politesse en Orient comme en Occident, et de sévères moralistes ont autorisé le mensonge quand il s'agit d'éviter un ennemi ou d'empêcher un crime. Si donc la véracité a eu à lutter avec tant de difficultés, si sa pratique admet tant d'exceptions, et a nombre de fois amené la ruine ou la mort de ses plus ardents adeptes, comment pouvons-nous croire, que des considérations d'utilité aient jamais pu la revêtir du caractère sacré de la première des vertus, et pousser des hommes à l'apprécier pour elle-même, et à la pratiquer en dépit des conséquences?

C'est un fait, cependant, qu'une idée mystique de culpabilité s'attache au mensonge, non-seulement chez les classes supérieures des peuples civilisés, mais encore chez des tribus entières de sauvages. C'est le cas par exemple pour les Kurubars et les Santals, tribus barbares des montagnes de l'Inde centrale, Sir Walter Elliott dit que ces sauvages sont connus pour leur véracité. « Le « fait que les Kurubars disent *toujours* la vérité a passé « en proverbe. » (*On the Characteristics of the population of central and Southern India*, Journal de la Société d'ethnologie de Londres. Vol. I, p. 107). Le major Jervis dit que les Santals sont les hommes les plus véridiques qu'il ait jamais rencontrés. Le fait suivant est cité comme exemple. Un certain nombre de prisonniers, faits pendant l'insurrection des Santals, furent renvoyés sur parole, et autorisés à aller travailler, moyennant un salaire, dans un certain lieu. Au bout de quelque temps, le choléra éclata parmi eux, et les obligea à s'en aller, mais tous, sans exception, revinrent remettre leur salaire à leurs gardiens. Ainsi deux cents sauvages, avec de l'argent dans leurs ceintures, firent trente milles pour rentrer en prison plutôt que de manquer à leur parole. Ma propre expérience des sauvages m'a fourni d'autres exemples analogues, quoique l'épreuve ne fût pas aussi sévère. De tels faits peuvent-ils s'expliquer par l'*utilité?* Mais alors, pourquoi cette utilité constatée par l'expérience auraitelle, dans quelques cas seulement, produit une impression profonde? Les expériences quant à l'utilité de la véracité doivent, en somme, être à peu près égales pour tous; d'où vient donc que leur résultat soit dans quelques cas un sentiment de vénération qui efface toute considération d'avantage personnel, tandis qu'ailleurs, ce sentiment est à peine à l'état rudimentaire?

La théorie des idées innées, que je soutiens en ce

moment explique cela par la supposition de l'existence d'un sentiment du bien et du mal, inhérent à notre nature, antérieur à toute expérience d'utilité. Là où les relations d'homme à homme sont libres de toute entrave, ce sentiment s'attache à ces actes d'utilité générale ou de dévouement, que nous appelons moraux, et qui sont le produit de nos affections ou de nos sympathies : mais il peut être perverti, il l'est en effet souvent, et donne alors sa sanction à des actes d'utilité conventionnelle et étroite qui sont en fait immoraux. C'est ainsi que l'Indou, qui ment sans scrupule, se laissera mourir de faim plutôt que de toucher à des aliments impurs, et considère le mariage des femmes adultes comme une immoralité révoltante.

La force du sentiment moral dépend de la nature de l'individu ou de la race, de l'éducation et des mœurs; les actes qu'il sanctionne dépendront du degré de modification subi par les sentiments et les affections primitives de notre nature, sous l'influence des usages, des lois ou de la religion.

Il est difficile de comprendre comment ce sentiment mystique du bien et du mal, qui est assez intense pour triompher des idées d'avantage et d'intérêt personnels, aurait pu se développer par une accumulation d'expériences d'utilité; il l'est plus encore de comprendre comment des sentiments produits par cette voie auraient pu être transférés à des actes dont l'utilité serait partielle, imaginaire ou même absolument nulle. Mais si le sens moral est une partie intégrante de notre nature, il est aisé de concevoir qu'il peut donner sa sanction à des actes inutiles ou immoraux, comme le besoin naturel de boire, perverti, devient pour l'ivrogne un moyen de destruction.

### Résumé des considérations qui prouvent l'insuffisance de la sélection naturelle pour expliquer le développement de l'homme.

Résumons brièvement ce qui précède. J'ai montré que le cerveau des races sauvages les plus inférieures, et autant que nous pouvons le savoir, celui des hommes préhistoriques, est peu inférieur en dimensions à celui du type le plus parfait de l'homme, tandis qu'il est infiniment supérieur à celui des animaux les plus élevés. Il est universellement admis que le volume du cerveau est l'un des éléments les plus importants parmi ceux qui déterminent la force intellectuelle, et probablement le plus essentiel. Cependant, les facultés dont le sauvage fait usage, non plus que ses besoins intellectuels, ne dépassent guère ceux des animaux. Les sentiments élevés de morale pure, et d'émotions raffinées, la faculté de comprendre les raisonnements abstraits et les conceptions idéales, leur sont inutiles, se manifestent rarement, sinon jamais, et ne sont pas en relation nécessaire avec leurs mœurs, leurs besoins, leurs désirs ou leur bien-être. Ils possèdent un organe mental trop développé pour eux. La sélection naturelle n'aurait pu donner au sauvage qu'un cerveau un peu plus grand que celui du singe, tandis que celui qu'il possède est presque égal à celui du penseur.

La peau douce, nùe, et sensible de l'homme, entièrement libre du vêtement de poils commun à tous les mammifères, ne peut pas non plus s'expliquer par la sélection naturelle. Les habitudes des sauvages nous montrent qu'ils ressentent le besoin de ce vêtement, qui chez l'homme manque complétement surtout dans les parties du corps qui chez les animaux en sont le mieux pourvues. Nous n'avons aucune raison de croire qu'il ait pu être nuisible ni même inutile à l'homme primitif, et, dans ces circonstances, sa suppression absolue, si absolue qu'il ne reparaît même pas dans les races mêlées, nous démontre que l'action d'une force autre que la loi de la survivance des plus aptes, a dû entrer en jeu pour faire sortir l'homme d'un type animal inférieur. Nous trouvons encore des difficultés du même genre, quoique moins importantes, dans quelques autres détails. Ainsi la perfection du pied et de la main semble superflue pour l'homme sauvage, chez lequel cependant les extrémités sont aussi complétement et aussi humainement développées que chez les races supérieures. La structure du larynx, qui donne à l'homme la parole articulée et la faculté d'émettre des sons musicaux, et surtout son développement extrême chez les femmes, sont, nous l'avons vu, supérieurs aux besoins des sauvages, et à leurs habitudes connues, et il est impossible que cette faculté ait été acquise par sélection sexuelle, ou par la survivance des plus aptes.

L'âme de l'homme nous fournit des arguments du même genre, et presque aussi concluants que ceux que nous tirons de sa structure corporelle. Un grand nombre de ses facultés intellectuelles ne s'appliquent ni à ses relations avec ses semblables, ni à son progrès matériel. La conception de l'éternité et de l'infini, et toutes les notions abstraites de forme, de nombre et d'harmonie qui jouent un si grand rôle dans la vie des nations civilisées, sont absolument en dehors du cercle des idées du sauvage, et n'ont aucune influence sur son existence individuelle ni sur celle de sa tribu; elles n'ont donc pas pu se développer par la conservation des formes utiles de la pensée; et cependant nous en trouvons des traces au milieu d'une civilisation très-peu avancée, et dans un temps où elles ne pourraient avoir aucun effet pratique sur le succès de l'individu, de la famille ou de la race. Nous ne pouvons pas davantage nous expliquer par la sélection naturelle le développement du sens moral ou de la conscience.

D'autre part, nous trouvons que ces caractères sont tous indispensables au perfectionnement de la nature humaine. Les progrès rapides que fait la civilisation quand les conditions sont favorables, ont pour première condition que l'organe de la pensée humaine ait été préparé d'avance, ait atteint son plein développement de volume, de proportions et d'organisation, de façon à n'avoir plus besoin que d'être exercé pendant quelques générations pour coordonner ses fonctions complexes. La nudité et la sensibilité de la peau, rendant nécessaires les vêtements et les maisons, ont dû développer chez l'homme un esprit inventif et ingénieux, et, en faisant naître par degrés les sentiments de pudeur, ont pu influencer sa nature morale. La station verticale, affranchissant les mains de tout service de locomotion, était nécessaire à son avancement intellectuel ; la perfection extrême de ses mains a seule rendu possibles les arts de la civilisation qui placent certaines races si fort au-dessus des sauvages, et qui, dans leur état actuel, ne sont peut-être que les précurseurs d'un progrès moral et intellectuel plus considérable encore. L'admirable arrangement des organes vocaux a donné d'abord le langage articulé, et a produit ensuite ces sons musicaux, que les races supérieures seules apprécient, et dont les modulations harmonieuses serviront peut-être à des usages encore plus élevés et à des jouissances encore plus vives, dans un état supérieur à celui auquel nous sommes parvenus. De même, ces facultés qui nous permettent de dépasser le temps et l'espace, de réaliser les conceptions merveilleuses des mathématiques et de la philosophie, et qui nous inspirent un désir ardent de la vérité abstraite, sont évidemment essentielles au développement de l'homme comme être spirituel ; nous voyons déjà ces facultés se manifester occasionnellement, à une époque historique si reculée, qu'elles dépassaient énormément même les quelques applications pratiques qui en ont été faites depuis ; or, il nous est impossible de concevoir leur développement par l'action d'une loi qui ne concerne, et ne peut concerner que le bien-être matériel et immédiat de l'individu ou de la race.

La conclusion que je crois pouvoir tirer de ces phénomènes, c'est qu'une intelligence supérieure a guidé la marche de l'espèce humaine dans une direction définie et pour un but spécial, tout comme l'homme guide celle de beaucoup de formes animales et végétales. Les seules lois d'évolution n'auraient peut-être jamais produit une graine aussi bien appropriée à l'usage de l'homme que le maïs ou le froment, des fruits tels que celui de l'arbre à pain et la banane sans graines, des animaux comme la vache laitière de Guernsey ou le cheval de camion de Londres. Cependant, ces divers êtres ressemblent énormément aux productions de la nature laissée à elle-même, nous pouvons donc bien nous imaginer qu'une personne, connaissant à fond les lois du développement des formes organiques dans le passé, refusât de croire que dans ces cas-ci une force nouvelle soit entrée en jeu, et rejetât dédaigneusement la théorie d'après laquelle une intelligence directrice aurait contrôlé dans un but personnel, l'action des lois de variation, de multiplication et de survivance; de même ma théorie sera peut-être rejetée par des personnes, d'ailleurs d'accord avec moi sur d'autres points. Nous savons, cependant, que cette action directrice s'est exercée, et nous devons par conséquent admettre comme possible que, si nous ne sommes pas les plus hautes intelligences de l'univers, un esprit supérieur a pu diriger le travail de développement de la race humaine, par le moyen d'agents plus subtils que ceux que nous connaissons. Je dois d'ailleurs reconnaître que cette théorie a le désavantage de requérir l'intervention d'une intelligence individuelle distincte, concourant à la production de l'homme intellectuel, moral, indéfiniment perfectible, que nous ne pouvons nous empêcher de considérer comme le but final et le dernier résultat de toute existence organisée. Cette théorie implique donc, que les grandes lois qui régissent le monde matériel ont été insuffisantes à produire l'homme, à moins d'admettre (ce que nous pouvons faire de bonne foi), que le contrôle d'intelligences supérieures est une partie nécessaire de ces lois, comme l'action du monde ambiant est l'un des agents du développement organique. Mais, quand même mon opinion personnelle ne serait pas confirmée, les objections que j'ai présentées demeureraient, et elles prouvent, je crois, qu'au delà de la loi de la sélection naturelle, il en existe une autre plus générale et plus fondamentale. Telle serait l'hypothèse d'une intelligence inconsciente répandue dans toute la nature organique, proposée par le Dr Laycock et adoptée par M. Murphy, mais elle a selon moi le double défaut d'être inintelligible et impossible à prouver. Il est plus probable que la loi véritable est hors de la portée de notre esprit ; mais nous avons, ce me semble, de nombreux indices de son existence et de sa connexion probable avec l'origine première de la nature vivante organisée. (*Note* A.)

### Origine du sens intime.

Nous ne pouvons toucher que très-brièvement à la question de l'origine de la perception et de la pensée, car ce sujet est assez vaste pour remplir à lui seul un volume. Aucun physiologiste ni aucun philosophe ne s'est encore hasardé à proposer une théorie intelligible, expliquant comment la perception peut être le produit de l'organisation, tandis qu'un grand nombre d'entre eux ont déclaré que le passage de la matière à l'esprit ne peut se concevoir. Le professeur Tyndall s'exprimait comme suit dans son discours présidentiel à la section de physique de l'Association Britannique à Norwich en 1868 :

« Le passage des phénomènes physiques du cerveau « aux faits correspondants de perception ne saurait se « concevoir. En admettant l'apparition simultanée d'une « pensée définie et d'une action moléculaire définie « dans le cerveau, nous ne possédons pas, même sem-« ble-t-il à l'état rudimentaire, l'organe intellectuel qui « nous permettrait de passer par le raisonnement, de « l'un de ces phénomènes à l'autre. Tous deux se mani-« festent en même temps, mais nous ne savons pas pour-« quoi. Quand notre intelligence et nos sens seraient « assez étendus, assez forts, assez éclairés, pour nous « laisser voir et sentir les molécules mêmes du cerveau, « quand nous serions capables de suivre tous leurs « mouvements, tous leurs groupements, toutes leurs « décharges électriques, s'il en existe, et, quand nous « connaîtrions à fond tous les états correspondants de « la pensée et du sentiment, nous serions aussi loin « que jamais de la solution de ce problème : Quelle est « la connexion entre ces phénomènes physiques et la « perception ? L'abîme entre les deux classes de phé-« nomènes demeurerait infranchissable. »

Dans son dernier ouvrage (Introduction à la classification des animaux, 1869) le professeur Huxley adopte sans hésitation « la théorie bien établie, que la vie est la « cause et non la conséquence de l'organisation. » Il soutient cependant dans son fameux article sur la « Base physique de la vie, » que la vie est une propriété du protoplasme, et que celui-ci doit ses propriétés à la nature et à la disposition de ses molécules. C'est pourquoi il l'appelle « la matière vitale, » et croit que toutes les propriétés physiques des êtres organisés sont dues à celles du protoplasme. Nous pourrions peut-être le suivre jusqu'ici, mais il va plus loin. Il cherche à jeter un pont sur l'abîme que le Prof. Tyndall avait déclaré « intellectuellement infranchissable, » et, par des moyens qu'il présente comme logiques, il arrive à la conclusion que « nos pensées sont l'expression de change-« ments moléculaires dans cette même matière de la vie « qui est la source des autres phénomènes vitaux. » Je n'ai pu trouver dans les écrits de M. Huxley aucune indication de la marche qu'il suit pour passer de ces phénomènes vitaux, qui en dernière analyse consistent simplement en mouvements des particules de la matière, à ces autres phénomènes que nous appelons pensée, perception ou sens intime; mais, sachant qu'une affirmation aussi positive de sa part aura un grand poids auprès de beaucoup de personnes, je tâcherai de montrer, aussi brièvement que je pourrai le faire sans devenir obscur, que non-seulement cette théorie est impossible à prouver, mais encore qu'elle est, selon moi, inconciliable avec une conception juste de la physique moléculaire. Je dois dans ce but, et pour pouvoir développer ma pensée, donner une rapide esquisse des travaux et des découvertes les plus récentes, touchant la nature essentielle et la constitution de la matière.

### Nature de la matière.

Les philosophes les plus sérieux ont reconnu depuis longtemps que les atomes, en appelant ainsi des corps solides très-petits, desquels émanent les forces d'attraction et de répulsion qui donnent ses propriétés à ce que nous appelons la matière, — que les atomes, dis-je, ne peuvent servir absolument à rien, puisqu'il est universellement admis que ces atomes supposés ne se touchent jamais, et nous ne pouvons concevoir comment ces unités homogènes indivisibles et solides pourraient être eux-mêmes la *cause* première des forces qui émanent de leurs centres.

Si donc aucune des propriétés de la matière n'est due aux atomes eux-mêmes, mais seulement aux forces qui émanent des points de l'espace désignés comme centres atomiques, il est logique de se représenter les atomes comme toujours plus petits jusqu'à ce qu'ils disparaissent, et qu'il ne reste plus à leur place que des centres de force localisée. Il a été fait de nombreuses tentatives pour montrer comment les propriétés de la matière peuvent être dues à des atomes ainsi modifiés et considérés comme de simples centres de force. La meilleure, parce qu'elle est la plus simple et la plus logique, est celle de M. Bayma. Dans sa « Mécanique moléculaire, » il a montré comment en partant de la simple supposition que ces centres sont doués de forces attractives et répulsives (agissant l'une et l'autre en raison inverse des carrés, comme la gravitation) et en les groupant en figures symétriques, composées d'un centre répulsif, d'un noyau attractif, et d une ou plusieurs enveloppes répulsives, on peut expliquer toutes les propriétés générales de la matière, et, par des arrangements de plus en plus complexes, rendre même compte des propriétés spéciales, chimiques, électriques ou magnétiques, de certaines formes de la matière (1).

Chaque élément chimique consiste donc en une molécule formée d'atomes simples (ou *éléments matériels*, comme les appelle M. Bayma, pour éviter toute confusion) en nombre plus ou moins grand et d'un arrangement plus ou moins complexe; cette molécule est en équilibre stable, mais sujette à changer de forme par l'action attractive ou répulsive de molécules autrement constituées. Tel est le phénomène de la combinaison chimique, duquel résulte une nouvelle forme de

(1) L'ouvrage de M. Bayma, intitulé *Éléments de mécanique moléculaire* a été publié en 1866, et n'a pas excité l'attention qu'il méritait. Il est remarquable par une grande lucidité, une disposition logique et des démonstrations géométriques et algébriques comparativement simples, de sorte qu'une connaissance peu approfondie des mathématiques suffit pour le comprendre et pour l'apprécier. Il consiste en une série de propositions, déduites des propriétés connues de la matière, il en tire un certain nombre de théorèmes à l'aide desquels on résout les problèmes plus compliqués. Rien, dans tout l'ouvrage, n'est admis pour vrai sans démonstration, et le seul moyen d'échapper à ces conclusions serait, ou de démontrer la fausseté des propositions fondamentales, ou de trouver des erreurs dans le raisonnement subséquent.

molécule, plus complexe et plus ou moins stable.

Les composés organiques dont sont formés les êtres vivants, sont, comme on sait, d'une complexité extrême et d'une grande instabilité, d'où résultent les changements de forme auxquels la matière organisée est continuellement soumise. Cela permet de concevoir comme possible que les phénomènes de la vie végétative soient dus à une complexité presque infinie de combinaisons moléculaires, assujetties à des changements définis sous l'influence de la chaleur, de l'humidité, de la lumière, de l'électricité, et probablement de quelques autres forces inconnues. Mais cette complexité croissante, quand même elle serait portée à l'infini, ne peut avoir d'elle-même aucune tendance à faire naître le sens intime dans ces molécules ou groupes de molécules. Si un élément matériel, ou mille éléments matériels combinés dans une molécule, sont tous inconscients, nous ne pouvons pas croire que la seule addition de un, deux ou mille autres éléments matériels pour former une molécule plus complexe, puisse, en aucune façon, tendre à produire un être conscient. Ces choses sont essentiellement distinctes. Dire que l'esprit est un produit, une fonction du protoplasme, un de ses changements moléculaires, c'est employer des termes auxquels nous ne pouvons attacher aucune conception claire. Nous ne pouvons admettre dans le *tout* une propriété qui manque à chacune de ses *parties;* et ceux qui raisonnent ainsi devraient proposer une définition précise de la matière, énonçant clairement ses propriétés, et montrer qu'un certain arrangement complexe de ses éléments ou atomes produirait nécessairement le sens intime. On ne peut échapper à ce dilemme : ou bien toute la matière est consciente, ou bien le sens intime est quelque chose de distinct de la matière, et, dans ce dernier cas, sa présence dans des formes matérielles prouve l'existence d'êtres conscients, en dehors et indépendants de ce que nous appelons la matière. (Note B.)

### Identité de la matière et de la force.

Les considérations qui précèdent nous amènent à la conclusion très-importante que la matière est essentiellement de la force et rien que de la force; que la *matière*, dans l'acception populaire du mot, n'existe pas, et qu'elle est, en fait, philosophiquement inconcevable. Quand nous touchons de la matière, nous n'éprouvons réellement qu'une sensation de résistance, qui implique une force répulsive, et certes le toucher est bien celui de nos sens qui nous donne les preuves en apparence les plus certaines, de la réalité de la matière. Ce principe, si on l'a constamment présent à l'esprit, jette une vive lumière sur presque tous les problèmes élevés de la science et de la philosophie, et spécialement sur ceux qui se rapportent à notre propre existence consciente.

### Toute force est probablement force de volonté.

Une fois convaincus que la force ou les forces sont tout ce qui existe dans l'univers matériel, nous sommes immédiatement conduits à rechercher ce que c'est que la force. Nous connaissons deux espèces de forces radicalement distinctes, au moins en apparence. Ce sont : d'une part, les forces élémentaires de la nature, la gravitation, la cohésion, la répulsion, la chaleur, l'électricité, etc., et, d'autre part, notre propre force de volonté. Beaucoup de personnes nieront dès l'abord l'existence de celle-ci. On dira qu'elle n'est qu'une simple transformation des forces élémentaires, que la corrélation des forces comprend celles de la vie animale, et que la *volonté* elle-même n'est que le résultat d'un changement moléculaire dans le cerveau. Je crois cependant pouvoir montrer qu'on n'a jamais prouvé cette dernière assertion, ni même sa seule possibilité, et qu'elle constitue un saut téméraire du connu à l'inconnu. On peut admettre d'emblée que la force *musculaire* des animaux et de l'homme n'est qu'une transformation des forces élémentaires de la nature. Cela est, sinon prouvé, du moins très-probable, et parfaitement en harmonie avec ce que nous savons des forces et des lois naturelles. Mais on ne prétendra pas que le bilan physiologique ait jamais été établi d'une manière assez précise, pour pouvoir dire que, dans aucun corps organisé, ni dans aucune de ses parties, on ne constate l'emploi d'une force qui dépasse même d'une quantité infinitésimale, ce qui a été dérivé des forces élémentaires connues du monde matériel. S'il en était ainsi, il deviendrait impossible d'admettre l'existence de la volonté, car, si celle-ci est quelque chose, elle est la puissance directrice des forces accumulées dans le corps, et cette *direction* ne saurait s'exercer sans l'emploi de quelque force dans quelque partie de l'organisme. Quelque délicate que soit la construction d'une machine, quelque ingénieuses que soient les détentes qui servent à mettre en mouvement un poids ou un ressort avec le minimum d'effort, *un certain degré* de force extérieure sera toujours nécessaire. De même, dans la machine animale, si minimes que soient d'ailleurs les changements qui doivent s'opérer dans les cellules et les fibres du cerveau, pour faire agir, par l'intermédiaire des courants nerveux, les forces tenues en réserve dans certains muscles, ici encore un certain degré de force est nécessaire. Si l'on dit que ces changements sont automatiques et provoqués par des causes extérieures, alors on annule une portion essentielle de notre sens intime, savoir, une certaine liberté dans la volonté, et l'on ne saurait concevoir comment, dans de tels organismes purement automatiques, il aurait pu naître un sens intime ou une apparence quelconque de volonté. S'il en était ainsi, ce qui semble être notre *volonté* serait une illusion, et l'opinion de M. Huxley, que « notre volition compte pour « quelque chose parmi les conditions qui déterminent « le cours des événements, » serait erronée, car notre volition ne serait plus alors dans la chaîne des phénomènes, qu'un anneau ni plus ni moins important que tout autre.

Ainsi, nous trouvons dans notre propre volonté, bien qu'en quantité minime, l'origine d'une force, tandis que nous ne constatons nulle autre part, aucune cause élémentaire de force : il n'est donc pas absurde de conclure, que toute force existante se ramène peut être à la force de volonté, et que par conséquent l'univers entier ne dépend pas seulement de la volonté d'intelligences supérieures, ou d'une Intelligence Suprême, mais qu'il *est* cette volonté même.

On a dit souvent que le vrai poëte est un prophète, et ce qui sera peut-être reconnu comme le fait le plus élevé de la science et la plus grande vérité de la philosophie, se trouve exprimée dans ces beaux vers :

God of the Granite and the Rose !
Soul of the sparrow, and the bee;
The mighty tide of being flows
Through countless channels, Lord, from thee.
It leaps to life in grass and flowers,
Through every grade of being runs;
While, from Creation's radiant towers,
Its glory flames in Stars and Suns (1).

### Conclusion.

Ces considérations sont en général tenues pour dépasser de beaucoup les limites de la science ; mais elles me paraissent être des déductions plus légitimes des faits scientifiques, que celles qui réduisent l'univers entier à la matière ; bien plus, à la matière entendue et définie de façon à être philosophiquement inconce-

(1) Dieu du granit et de la rose ! Ame du passereau et de l'abeille ! Le flot puissant de l'être, découle de toi, Seigneur, par d'innombrables ruisseaux. Il jaillit, portant la vie dans l'herbe et dans les fleurs ; toute la chaîne des êtres le reçoit, et, des sommités radieuses de la création, sa gloire éclate en astres et en soleils.

vable. C'est certainement un grand progrès que de se débarrasser de l'opinion qui admet l'existence de trois choses distinctes : d'une part la matière, objet réel existant par lui même, et qui doit être éternelle puisqu'on la suppose indestructible et incréée; d'autre part la force, ou les forces de la nature, données ou ajoutées à la matière, ou bien constituant ses propriétés nécessaires; enfin l'intelligence, qui serait, ou bien un produit de la matière et des forces qu'on lui suppose inhérentes, ou bien distincte quoique coexistant avec elle. Il est bien préférable de substituer à cette théorie compliquée, qui entraîne des dilemmes et des contradictions sans fin, l'opinion bien plus simple et plus conséquente, que la matière n'est pas une entité distincte de la force, et que *la force* est un produit de *l'esprit.*

La philosophie a depuis longtemps démontré notre incapacité de prouver l'existence de la matière, dans l'acception ordinaire de ce terme, tandis qu'elle reconnaît comme prouvée pour chacun, sa propre existence consciente. La science a maintenant atteint le même résultat, et cet accord entre ces deux grandes branches des connaissances humaines doit nous donner quelque confiance dans leur enseignement. La manière de voir à laquelle nous sommes arrivés me paraît plus grande, plus sublime et plus simple que toute autre. Elle nous fait voir dans l'univers un univers d'intelligence et de volonté. Grâce à elle, nous pouvons désormais concevoir l'intelligence comme indépendante de ce que nous appelions autrefois la matière, et nous entrevoyons comme possibles une infinité de formes de l'être, unies à des manifestations infiniment variées de la force, tout à fait distinctes de ce que nous appelons matière, et cependant tout aussi réelles.

La grande loi de continuité que nous voyons dominer dans tout l'univers, nous amène à conclure à des gradations infinies de l'être et à concevoir tout l'espace comme rempli par l'intelligence et la volonté. D'après cela, il n'est pas difficile d'admettre que dans un but aussi noble que le développement progressif d'intelligences de plus en plus élevées, cette force de volonté primordiale et générale, qui a suffi pour la production des animaux inférieurs, ait été guidée dans de nouvelles voies, convergeant vers des points définis. S'il en est ainsi, ce qui me paraît très-probable, je ne puis admettre que cela infirme en aucun degré la vérité générale de la grande découverte de M. Darwin. Cela implique simplement que les lois du développement organique ont été appliquées à un but spécial, de même que l'homme les fait servir à ses besoins spéciaux. En montrant que l'homme n'est pas redevable de tout son développement physique et mental à la sélection naturelle, je ne crois pas réfuter cette dernière théorie ; ce fait est aussi bien compatible avec elle que l'existence du chien barbet ou du pigeon grosse gorge, dont le développement ne peut pas non plus être attribué à sa seule action.

Telles sont les objections que je voulais opposer à l'opinion qui rapporte la supériorité physique et mentale de l'homme à la cause qui paraît avoir suffi pour la production des animaux. On essayera sans doute de les contester ou de les réfuter; j'ose penser cependant qu'elles résisteront à ces attaques, et qu'elles ne peuvent être vaincues que par la découverte de nouveaux faits ou de nouvelles lois, entièrement différentes de tout ce que nous connaissons aujourd'hui.

J'aime à croire, que mon exposition de ce sujet, quoique très-incomplète, a été claire et intelligible, et j'espère qu'elle portera à de nouvelles recherches, soit les adversaires, soit les partisans de la théorie de la sélection naturelle.

---

# NOTES

## NOTE A (page 379).

Quelques critiques me paraissent s'être complétement mépris sur le sens des expressions que j'ai employées ici. Ils m'ont reproché de chercher à surmonter une difficulté en faisant un appel inutile et peu philosophique aux « causes premières »; d'admettre que « notre cerveau est l'œuvre de Dieu, et que nos poumons sont celle de la sélection naturelle », enfin, d'avoir fait de l'homme « l'animal domestique de Dieu ». Un savant éminent, M. Claparède, me fait continuellement appeler à mon aide une « Force supérieure », la lettre majuscule F, voulant dire, je pense, que cetteForce supérieure est la Divinité. Je ne puis expliquer ce malentendu que par l'impuissance où est aujourd'hui tout esprit cultivé, de se représenter l'existence d'une intelligence supérieure intermédiaire entre l'homme et la Divinité. Les anges et les archanges, les esprits et les démons, sont depuis si longtemps bannis de nos croyances, que nous ne pouvons plus nous les figurer comme des réalités, et la philosophie moderne ne met rien à leur place. Cependant, la grande loi de la *continuité*, dernier terme de la science moderne, qui semble absolue dans tous les domaines de la matière, de la force et de l'esprit, aussi loin que nous pouvons les explorer, ne peut manquer d'être vraie aussi au delà de l'étroite sphère de notre vision. Il ne peut y avoir un abîme infini entre l'homme et le Grand Esprit de l'univers; une telle supposition me paraît au plus haut degré improbable.

En parlant de l'origine de l'homme et de ses causes possibles, j'ai employé les expressions : « quelque autre force », — « quelque force intelligente », — « une intelligence supérieure », — « une intelligence directrice ». — Ce sont les seules expressions que j'aie employées pour désigner la force à laquelle il me semble qu'on pourrait attribuer le développement de l'homme; et je les ai choisies à dessein pour montrer que je rejette l'hypothèse d'une *cause première* pour expliquer tous les phénomènes *spéciaux* quelconques qui composent l'univers, à moins que l'on ne considère aussi comme cause première l'action de l'homme ou de tout autre être intelligent. Ce n'est qu'en traitant de l'origine des forces et des lois universelles, que j'ai parlé de la volonté ou de la puissance d'une « Intelligence suprême ».

En me servant des termes que je viens de rappeler, je désirais faire bien comprendre que, selon moi, le développement des portions essentiellement humaines de notre organisation et de notre intelligence peut être attribuée à des êtres intelligents, supérieurs à nous, dont l'action directrice se serait exercée conformément aux lois naturelles universelles. Une pareille croyance peut être fondée ou ne pas l'être, mais elle est intelligible, et n'est pas *essentiellement* impossible à prouver. Elle repose sur des faits et des arguments parfaitement analogues à ceux par lesquels un esprit suffisamment puissant, constatant sur la terre l'existence de plantes cultivées et d'animaux domestiques, en inférerait la présence de quelque être intelligent supérieur à ceux-ci.

## NOTE B (page 385).

L'un de mes amis m'a reproché de ne m'être pas suffisamment expliqué dans cet endroit et m'a objecté que la matière n'est pas plus douée de *vie* que de *sens intime;* si donc l'une peut être produite par les lois de la matière, pourquoi l'autre ne le serait-elle pas? Ma réponse est, que ce sont deux choses radicalement différentes. La vie organique ou végétative, consiste essentiellement dans des transformations chimiques et des mouvements moléculaires, qui ont lieu sous certaines conditions et dans un certain ordre; nous connaissons très-bien la matière et les forces qui agissent sur elle : si quelques autres, encore inconnues, contribuent à produire la vie végétative (ce qui est une question discutable), nous pouvons les concevoir comme analogues à celles que nous connaissons déjà, telles que la chaleur, l'électricité ou l'affinité chimique. Nous pouvons aussi *concevoir* clairement la transition de la matière morte à la matière vivante. Une masse complexe, qui entre en décomposition ou en pourriture, est morte, mais si cette masse a le pouvoir d'attirer à soi, du milieu ambiant, de la matière semblable à celle dont elle est composée, nous avons le premier rudiment de vie végétative. Supposons que ce phénomène se prolonge pendant un temps considérable; si l'absorption de nouvelle matière fait plus que compenser la perte qui résulte de la décomposition, et si la masse est de nature à résister aux forces mécaniques ou chimiques à l'action desquelles elle est habituellement exposée, gardant ainsi une forme à peu près constante, nous l'appelons alors un organisme vivant. Nous pouvons *concevoir* un organisme ainsi constitué, nous pouvons aussi concevoir qu'un fragment quelconque détaché soit par accident, soit parce que la masse est devenue trop grande pour maintenir la cohésion entre toutes ses parties, commence à s'accroître lui-même, et parcoure la même carrière. Voilà la croissance et la reproduction dans leur forme la plus élémentaire. Partant d'un rudiment aussi simple, on peut concevoir le développement d'organismes plus complexes résultant de toute une série de petites modifications de composition, et de l'action de forces internes et externes. La *vie* dans un pareil organisme n'est peut-être rien de plus que ce que je viens de décrire, elle n'est peut-être que le nom par lequel nous désignons la permanence de la forme et de la structure individuelle résultant de l'équilibre entre les forces internes et externes. La vie ainsi conçue s'offrirait à nous sous sa forme la plus simple dans la goutte de rosée. Celle-ci doit son existence à l'équilibre établi entre l'évaporation de sa propre substance et la condensation de la vapeur d'eau contenue dans l'atmosphère; elle perd bientôt son existence individuelle, si l'un de ces éléments est en excès. Je n'affirme pas que la vie végétative *soit* entièrement due à un pareil équilibre de forces, mais seulement que nous pouvons la *concevoir* comme telle.

Quant au *sens intime*, il en est tout autrement. Ses phénomènes ne peuvent se comparer à aucun de ceux qui se manifestent dans la *matière* soumise à l'action de l'une des *forces* connues ou concevables de la nature; et nous ne pouvons *concevoir* une transition graduelle de l'inconscience absolue à la possession du sens intime, d'un organisme insensible à un être sentant. La perception et la conscience de soi-même, à l'état le plus rudimentaire, sont à une distance infinie de la matière absolument insensible ou inconsciente. Nous ne pouvons concevoir aucun accroissement physique, aucune modification, qui rendrait consciente une masse inconsciente; aucun pas dans la série des changements que peut subir la matière organisée, ne saurait produire la perception là où immédiatement avant il n'y avait ni perception, ni faculté de l'éprouver. C'est parce que les choses sont absolument incomparables et incommensurables, que nous ne pouvons nous représenter la *perception* dans la matière si ce n'est comme lui ayant été communiquée du dehors; la *vie*, au contraire, peut se concevoir comme une simple combinaison spécifique et une coordination de la matière et des forces qui composent l'univers, éléments dont chacun nous est connu.

Nous pouvons admettre avec le professeur Huxley, que le *protoplasme* est la « matière vitale » et la cause de l'organisation. Mais nous ne pouvons admettre ou concevoir que le protoplasme soit la source première de la perception et du sens intime, ni qu'il puisse jamais de lui-même devenir *conscient*, tandis que nous pouvons peut-être concevoir qu'il devienne *vivant*.

## RÉPONSE AUX OBJECTIONS PRÉSENTÉES PAR M. ÉDOUARD CLAPARÈDE (1).

Dans la livraison de juin 1870 des Archives des sciences physiques et naturelles, M. Edouard Claparède me fait l'honneur de faire de mon ouvrage le sujet de quelques observations critiques auxquelles je me propose de répondre en quelques mots; je remercie d'abord mon honorable contradicteur des termes très-flatteurs dans lesquels il a parlé des vues générales énoncées dans mon travail, ainsi que du soin et de l'exactitude qu'il a mis à résumer les opinions qu'il combat spécialement, et qui sont presque toutes renfermées dans le dernier essai de ce volume.

Les objections que M. Claparède paraît faire à la théorie de la sélection sexuelle, s'appliquent aussi bien aux opinions de M. Darwin qu'aux miennes; je n'ai pas l'intention de les discuter ici, car ce sujet doit être traité à fond dans le nouvel ouvrage dont M. Darwin a déjà annoncé la publication, et dans lequel, comme toujours, il apportera sans doute à l'appui de ses opinions une grande abondance de faits. Je vais donc m'appliquer à répondre aux objections qui me concernent plus particulièrement.

Je lis à la page 15 des Remarques de M. Claparède: « Son « étude est consacrée à la coloration des oiseaux, et, absorbé « dans son sujet, l'auteur oublie que d'autres facteurs peuvent, « aussi bien que la couleur, attirer l'attention des ennemis « de la gent ailée. Un nid couvert d'un dôme volumineux « échappera tout aussi peu, grâce à ses dimensions, à l'œil « d'un animal en quête de proie, que quelques plumes bril- « lamment colorées. Les gamins de nos villages en savent

(1) Publiée pour la première fois du vivant de M. Claparède dans le journal anglais *Nature*, 3 nov. 1870.

« quelque chose, comme l'a remarqué M. le duc d'Argyll, et « ils ne réussissent que trop, à la présence d'un gros nid, à de- « viner l'oiseau caché et sa couvée. »

Cette objection ne me paraît pas très-sérieuse, pour deux raisons : en premier lieu les nids, quelque grands qu'ils soient, s'harmonisent généralement par leurs teintes, avec les objets environnants, et, à distance, ne se voient pas aussi bien qu'une tache de couleur brillante. En second lieu, les « gamins » ne sont pas les principaux ennemis naturels des oiseaux, et quant aux oiseaux de proie, bien qu'ils attaquent et dévorent souvent les petits oiseaux, ils ne détruisent pas les nids eux-mêmes.

Après avoir résumé d'une manière qui, je le reconnais, est très-impartiale, les motifs pour lesquels je pense que la sélection naturelle n'a pas agi seule dans le développement de l'homme, M. Claparède donne à entendre que j'ai si complétement abandonné mes propres principes darwinistes, que le lecteur n'aura pas de peine à me réfuter. Il se borne par conséquent, à présenter quelques « réflexions ». Je regrette qu'il n'ait pas cru devoir prendre la peine de faire davantage ; car je serais très-curieux de savoir comment mes arguments peuvent être si facilement réfutés, j'ai vainement cherché chez mes critiques autre chose que des objections très-générales. Néanmoins, je répondrai aux « réflexions » de M. Claparède, attendu qu'elles ont tout à fait le caractère de véritables objections. Il dit, pages 25-27 : « M. Wallace n'a pas re- « culé devant l'explication de la formation graduelle du chant « de la fauvette et du rossignol par voie de sélection naturelle. « La chose est toute simple, bien fou serait celui qui voudrait « recourir ici à l'intervention d'une force supérieure, amie « du beau ! Les fauvettes femelles et les rossignols de même « sexe ont toujours accordé leurs faveurs aux mâles bons « chanteurs. C'était la conséquence de leurs goûts musicaux « et des aptitudes harmoniques de leur oreille. Malheur aux « pauvres mâles à registre peu étendu ou à timbre fêlé ; les « douceurs de la paternité leur ont été impitoyablement re- « fusées ; ils sont morts de jalousie dans la tristesse et l'iso- « lement. Ainsi s'est formée la race des bons chanteurs qui

« peuplent nos bocages. Pourquoi n'y a-t-il pas de chan-
« teuses ? Sans doute que les oiseaux mâles ne se sont jamais « souciés de la voix de leurs épouses, soit parce qu'ils n'avaient « pas l'oreille juste, soit plutôt, car cela serait contradictoire, « parce que leurs goûts musicaux étaient suffisamment sa-
« tisfaits par leurs concerts personnels. Peut-être aussi les fe-
« melles n'avaient-elles point d'aptitude virtuelle au perfec-
« tionnement de la voix, peut-être avaient-elles atteint l'ex-
« trême limite de développement vocal compatible avec l'or-
« ganisation d'un oiseau du sexe féminin ; ou bien la sélection « produite sous l'influence des poursuites exercées par des « ennemis de toutes sortes contre les belles couveuses, sélec-
« tion favorable, selon M. Wallace, à la production de couleurs « sombres, a-t-elle mystérieusement éteint même l'éclat de la « voix. Quoi qu'il en soit, il est évident pour M. Wallace que « la sélection sexuelle, en d'autres termes le goût des dames « fauvettes pour la musique, a amené le grand perfectionne-
« ment de la voix des virtuoses de l'autre sexe. Mais, dans « l'espèce humaine, la chose aurait-elle pu se passer ainsi ? Le « chant harmonieux et enchanteur d'une *prima donna* aurait-il « pu naître et se perfectionner par voie de sélection ? Le goût « musical des auditeurs pourrait-il avoir eu une influence sé-
« lectrice sur ce phénomène ? Jamais, au grand jamais ! Seule « l'intervention d'une Force supérieure a pu amener un ré-
« sultat pareil, car jamais homme primitif n'a eu de goût pour « la musique. M. Wallace le sait bien, il a vécu si longtemps « parmi les sauvages qui ont pu le lui dire ! Au contraire, les « femelles fauvettes primitives et les femelles rossignols pri-
« mitives, avaient déjà le goût musical, longtemps avant que « leurs époux eussent appris à chanter. Comment M. Wallace « le sait-il ? Le lui ont-elles dit ? N'importe, il le sait. »

Tout ceci est très-brillant, mais me paraît être à côté du sujet. Il est positif que les oiseaux mâles chantent aux femelles à l'époque de l'accouplement : M. Darwin dit, dans son Origine des Espèces : « Tous ceux qui ont étudié le sujet, ad-
« mettent que, dans beaucoup d'espèces, les mâles *rivalisent* « *avec ardeur* pour *attirer* les femelles par leur *chant.* » Les oiseaux femelles ne chantent pas. Tels sont les faits, et ils sont

parfaitement d'accord avec l'idée que la perfection du chant a été développée chez les oiseaux mâles par la sélection sexuelle. Chez l'homme les choses se passent tout autrement, et même d'une façon absolument contraire. Chez les sauvages, les femmes ne choisissent généralement pas leurs maris et, lorsque le choix leur est possible, nous n'avons pas la preuve qu'il soit jamais déterminé par la possession d'une voix harmonieuse. Cette circonstance n'exerce non plus aucune influence sur l'homme sauvage dans le choix de sa compagne; et cependant, il s'est développé dans les deux sexes un organe musical merveilleux, dont on n'a pu encore ni prouver ni concevoir l'utilité pour l'homme dans la lutte pour l'existence. C'est là certainement une difficulté qu'il fallait attaquer avec des faits et des arguments, et que les traits d'esprit les plus brillants ne suffisent pas à résoudre.

Ensuite, répondant aux arguments que j'ai tirés de l'absence complète de poils sur le dos de l'homme, M. Claparède dit, que cela ne saurait être une difficulté pour celui qui admet que les mammifères *velus* et les oiseaux *emplumés* sont tous dérivés des reptiles *écailleux*. Mais, ce n'est certes pas l'argument d'un darwiniste, car le poil et les plumes sont *utiles* à leur possesseur, autant que les écailles l'étaient à leurs ancêtres supposés, tandis que mon objection est essentiellement basée sur ce fait, que, pour l'homme, on n'a pas pu prouver qu'il tirât quelque avantage de la nudité de son dos.

M. Claparède, dit, page 28 : « Que M. Wallace soit au moins « conséquent sur la question de la chute des poils: si l'inter« vention d'une Force supérieure lui semble nécessaire pour « épiler le dos de l'homme, qu'il sache se résoudre à la faire « agir de même sur l'échine de l'éléphant, du rhinocéros, de « l'hippopotame ou du cachalot. »

Mais ces quatre mammifères sont tous des animaux à peau épaisse; l'un est aquatique, l'autre amphibie, les deux autres habitent des contrées chaudes, et se plaisent dans l'ombre et l'humidité. N'est-il pas parfaitement clair, que pour tous les quatre, le poil n'avait que peu ou point d'utilité, et qu'il a en conséquence partiellement disparu, par suite du défaut d'usage, suivant les lois de l'économie physiologique et de la sélection naturelle? D'autre part, l'exemple du mammouth fossile, et celui du rhinocéros velu, prouvent que le poil était toujours conservé ou reparaissait, lorsque les besoins de l'animal l'exigeaient. Si la suppression du poil sur le dos de l'homme primitif des tropiques est due aux mêmes causes qui l'ont fait disparaître en partie chez l'éléphant tropical, pourquoi n'a-t-il pas reparu chez les Finnois et les Esquimaux aussi bien que chez le mammouth polaire? Certainement c'est bien moi qui peux dire: « Que M. Claparède soit au moins conséquent dans la question de la chute des poils! »

La dernière remarque de M. Claparède a trait à l'argument que j'ai tiré du cerveau chez le sauvage. J'ai dit que, cet organe dépassant ses besoins, il ne pouvait l'avoir acquis par l'action de la sélection. Mon contradicteur demande pourquoi je n'ai pas appliqué le même raisonnement à beaucoup d'autres cas; il cite spécialement le grand groupe d'oiseaux dont le larynx est complexe, qui comprend tous les oiseaux chanteurs, et de plus, beaucoup d'espèces qui ne chantent pas. « Ces oiseaux, » dit-il, « possèdent dans leur larynx un organe beau« coup trop bien conformé pour l'usage qu'ils en font. Il est « donc nécessaire d'admettre l'intervention d'une Force supé« rieure pour façonner cet appareil, inutile aux oiseaux qui « le possèdent, mais calculé en vue de générations nouvelles « qui, dans un avenir plus ou moins éloigné, et dans des con« ditions déterminées, apprendront à chanter. Que M. Wal« lace aurait-il à répondre à une semblable argumentation? » La réponse est facile. Les cas ne sont pas comparables; pour qu'ils le fussent, il faudrait que la grande majorité des oiseaux doués d'un larynx complexe ne fussent pas chanteurs, et que les quelques espèces qui le seraient, eussent été les dernières à se développer. Mais, bien loin qu'il en soit ainsi, le plus grand nombre des espèces de ce groupe ont la voix plus ou moins musicale ou sonore, et rien absolument ne nous prouve que cet appareil vocal compliqué ait été entièrement développé avant que l'oiseau ait commencé à chanter. Nous n'avons aucun exemple semblable au développement cérébral de l'homme, et M. Claparède ne réfute point les arguments par lesquels j'ai prouvé que le cerveau du sauvage et de l'homme préhistorique était trop parfait pour l'usage qu'il en pouvait faire.

A la fin, M. Claparède essaye de m'enfermer dans le dilemme suivant : « Ou bien M. Wallace a eu raison de « faire intervenir une Force supérieure pour expliquer la « formation des races humaines et guider l'homme dans « la voie de la civilisation, et alors il a eu tort de ne pas « faire agir cette même Force pour produire toutes les autres « races et espèces animales et végétales ; ou bien il a eu raison « d'expliquer la formation des espèces végétales et animales « par la seule voie de la sélection naturelle, et alors il a eu « tort de recourir à l'intervention d'une Force supérieure pour « rendre compte de la formation des races humaines. »

Ce raisonnement, au lieu d'être logique, me paraît être une pétition de principe. Il suppose que l'homme ne présente aucun phénomène différent de ceux que nous observons chez les animaux ; or j'ai exposé des faits qui prouvent le contraire, et que M. Claparède n'a ni réfutés ni contestés. Mon raisonnement est tout entier basé sur des faits certains : mon adversaire admet ces faits, et ne réfute pas les déductions que j'en tire, et cependant il affirme que ma conclusion est inadmissible, parce que la théorie de la sélection naturelle doit, ou bien expliquer tous les phénomènes du monde organique, ou bien n'en expliquer aucun ! Mais je demanderai pourquoi on exigerait cela de cette théorie. M. Darwin lui-même ne réclame pas pour elle cette universalité ; le fait important d'une origine commune aux animaux et aux plantes, n'a même selon lui d'autre base que l'analogie, et il ajoute qu'il est indifférent de l'accepter ou de le rejeter (*Origine des espèces*, 4e édit., p. 571). Mais M. Claparède est plus darwiniste que M. Darwin, et, pour être conséquent, il est obligé d'affirmer qu'il n'y a pas deux espèces, végétales ou animales, qu'on puisse, par la sélection naturelle, faire remonter à une origine commune, si l'on ne peut en prouver autant pour tous les animaux et pour toutes les plantes.

Ma manière de voir n'implique pas une négation aussi complète de cette théorie ; car j'admets que l'homme est descendu d'une forme animale inférieure, mais j'avance des faits, tendant à prouver qu'il a été modifié d'une manière spéciale par une autre force, dont l'action s'est ajoutée à celle de la sélection naturelle. Si M. Darwin n'est pas anti-darwiniste quand il admet que peut-être les animaux et les plantes n'ont pas eu d'ancêtre commun, et que par conséquent leur origine est due à un autre moyen que la sélection naturelle, je ne le suis donc pas davantage moi-même, quand je fais voir que chez l'homme certains phénomènes ne peuvent être complétement expliqués par la sélection naturelle, et semblent dès lors indiquer l'existence de quelque loi supérieure.

FIN

# ERRATA.

Page 88, ligne 13, au lieu de *Swainson*, lisez *Stainton*.

Page 314, ligne 2, au lieu de *Paleoplotherium*, lisez *Paleotherium*.

# INDEX

R.F.

A

R

# TABLE DES MATIÈRES

## IV. Les papillonides des îles Malaises, preuves qu'ils apportent à la théorie de la sélection naturelle.



## V. L'instinct chez l'homme et les animaux.



## VI. Philosophie des nids d'oiseaux.

### VII. Théorie des nids d'oiseaux, montrant la relation de certaines différences de couleur chez les femelles, avec le mode de nidification.



### VIII. Création par loi.



### IX. Le développement des races humaines d'après la loi de la sélection naturelle.

FIN DE LA TABLE DES MATIÈRES.

CORBEIL. — Typ. et stér. de CRÉTÉ FILS.

www.ingramcontent.com/pod-product-compliance
Lightning Source LLC
LaVergne TN
LVHW010101240826
846091LV00017B/159
*9782019711238*